养蛇女人手中玩耍的分别是王锦蛇和黑眉锦蛇的幼蛇

养蛇女人与王锦蛇

记者采访养蛇女人

养蛇女人观察王锦蛇

“比长短”的王锦蛇

“闻风而动”的王锦蛇

正在喝水的王锦蛇

戏水游弋的王锦蛇

正在交配的王锦蛇

赤链蛇

欢乐的赤链蛇

棕黑锦蛇

棕黑锦蛇上树“锻炼”

棕黑锦蛇的蛇鞭，露着红色带倒肉刺的物质便是

蛇园内老鼠洞的修补

蛇进窝图

下雪天的对比：屋里屋外两重天

冬暖大棚

蛇园修缮

在“地下大蛇房”通风窗小憩的棕黑锦蛇和赤峰锦蛇

蛇的美味“点心”，
供蛇儿们自由享用

劣质水胆与正常蛇胆的对比。颜色浅的是水胆，基本无药用价值

劣质蛇胆——水胆

目录

第一章　养蛇前景及经济效益 …………………………… 1
第一节　养蛇前景 …………………………………………… 1
第二节　养蛇的注意事项 …………………………………… 2
第三节　养蛇的经济效益 …………………………………… 4
第四节　民俗促蛇也走俏 …………………………………… 5
第二章　蛇类概述 ……………………………………………… 7
第一节　蛇类的生物学特征 ………………………………… 7
第二节　蛇类的生活习性 …………………………………… 20
第三节　蛇类的生长、蜕皮和寿命 ………………………… 23
第四节　蛇类的活动规律 …………………………………… 25
第五节　蛇的种类及分布 …………………………………… 29
第六节　有毒蛇与无毒蛇的区别 …………………………… 31
第七节　经济蛇类简介 ……………………………………… 37
第三章　繁养结合与捕蛇技巧 ………………………………… 60
第一节　繁养结合　平衡生态 ……………………………… 60
第二节　野外寻蛇的方法 …………………………………… 61
第三节　野外捕蛇的方法 …………………………………… 65
第四节　野外捕蛇常用工具及制作方法 …………………… 70
第五节　野外捕蛇的注意事项 ……………………………… 73

第四章　种蛇的获取及运输 …………………………… 75
第一节　种蛇的获取 ……………………………………… 75
第二节　种蛇的运输 ……………………………………… 77
第五章　蛇类的养殖 …………………………………… 83
第一节　蛇场建造 ………………………………………… 83
第二节　蛇类的饲养与管理 ……………………………… 99
第六章　蛇类的繁殖、孵化与幼蛇饲养 ……………… 109
第一节　蛇类的繁殖……………………………………… 109
第二节　蛇卵的孵化……………………………………… 111
第三节　幼蛇的饲养……………………………………… 116
第四节　幼蛇的越冬管理及打破冬眠期养殖…………… 118
第七章　几种常见蛇类的养殖方法 …………………… 121
第一节　人工饲养蟒蛇技术……………………………… 121
第二节　赤链蛇的人工养殖技术………………………… 125
第三节　蝮蛇的饲养技术………………………………… 128
第四节　王锦蛇的养殖方法……………………………… 130
第五节　棕黑锦蛇的养殖方法…………………………… 139
第八章　蛇病害与天敌的防治 ………………………… 144
第一节　几种常见的蛇类疾病…………………………… 144
第二节　蛇天敌的防治…………………………………… 152
第九章　毒蛇咬伤的防治 ……………………………… 154
第一节　毒蛇咬伤时的鉴别与诊断……………………… 154
第二节　我国常见10种毒蛇咬伤的鉴别 ……………… 160

第三节　毒蛇咬伤中毒程度的估计 …… 171
第四节　毒蛇咬伤的自救或急救 …… 174
第五节　毒蛇咬伤的治疗 …… 185
第十章　蛇类的综合利用 …… 201
第一节　蛇肉的食用价值 …… 201
第二节　蛇的药用价值 …… 211
第十一章　养蛇放生 …… 238
第十二章　宠物蛇养殖 …… 246
附记一　养蛇“养”出好眼力是有科学根据的 …… 254
附记二　虎斑游蛇与蟾蜍之间捕食时有“借毒”关系 …… 256
附记三　山东有大美　蛇岛在烟台 …… 257
参考文献 …… 259

第一章　养蛇前景及经济效益

第一节　养蛇前景

人工养殖蛇类，是一门新兴的特种养殖业，近年来在我国各地发展势头持续不衰，基本上已经遍本全国大部分地区。大家已认识到蛇类的养殖投资小、效益高、发病少、占地面积小的诸多优点。特别是由于人类对蛇的大量捕杀，出现了野生蛇类的日益减少、市场畅销并且价格上扬的局面；另外，在科技高速发展的今天，许多蛇类保健品、日用品的不断面市，如蛇酒、蛇粉、蛇胆制品、蛇类化妆品等，又加大了市场对蛇类的要求。许多成功的养蛇专业户或蛇类养殖场家认为：饲养一条蛇，胜养一头猪。《农民日报》、《农村大众》、中央电视台《金土地》栏目及各大知名报刊均有这方面的专题报道。所以，目前我国许多地方掀起一股养蛇热潮，把人工养殖蛇类当作一条致富的好路子，其发展前景是有目共睹的。要想把蛇喂好、养好、繁殖好、管理好是一个不简单的问题，重要的是掌握好养蛇技术，并在实践中不断地研究和提高，与同行多交流切蹉，方能取得较好的经济效益。

第二节　养蛇的注意事项

一、养殖过程中应注重技术的不断钻研和提高

人工养蛇具有较强的技术性。有些蛇场发现蛇养得不理想，不去寻找原因和钻研技术，而是简单地把蛇杀掉或卖掉来解决困难，技术上的关键问题始终未能解决。

在蛇的人工养殖过程中，蛇场建造得是否合理？在防逃、防盗、水源、食源、温度、湿度、密度、光照、越冬、越夏等方面的设计是否合乎要求？无论哪一方面有问题，均可能导致养蛇失败。

二、由小到大，量力而行，稳步发展

从我们蛇园收到大量养蛇爱好者的来信了解到，有些人因操之过急、求胜心切，以致发生初养蛇受挫的事情。由于对蛇的生活习性尚未完全了解，技术上也不十分过硬，就盲目从外地购买了一大批活蛇来喂养，结果是这些蛇始则病、终则死，给养殖户造成不应有的经济损失，使得养蛇的热情和信心一落千丈。分析其受挫的原因是：所养的这批蛇并非本地所产，在气候、环境等方面均不适应；或者蛇在运输过程中，因操作不当受了伤害，自身的免疫功能大大减弱。另外，从远地购蛇养殖，经济开支大，更加重了经济上的损失。

蛇虽然有它们共同的习性，但不同的蛇种在养殖过程中，也有不同的特性，在饲养技术方面要区别对待。如果开始从养本地蛇上摸索技术和经验，确实取得了较为丰富的养蛇经验后，再逐渐以少品种、少数量引进外地蛇种来养殖，相信在技术方面就容易解决了，养蛇的成功率会相应地大大提高。

总之，刚开始时养蛇规模一定要由小到大，品种应由少到多，这样在经验上有个积累的过程，从而避免损失。同时初建蛇场养蛇，场

地投资也要量力而行,切忌贪大求全。

三、应建造适合蛇类生存的蛇场和蛇窝

蛇类属于变温动物,它在生长的过程中要求有适当的温度和湿度。蛇类喜欢栖息在阴暗潮湿、通风多草、近水的环境里,不喜欢暴露在明亮和毫无遮掩的地方。在蛇的饲喂过程中,全国各地区均有越冬、越夏这二关。众所周知,蛇类有冬眠的习惯,可它也有“夏眠”的习惯,以此来消极地度过炎热的盛夏。可是许多养蛇户并没有注意到这一点,有的蛇场将蛇窝建在直接受到阳光暴晒的露天环境中,或是让蛇栖息在人工堆砌的假山内。这样,夏季蛇窝内的温度过高,而且蛇窝内通亮,让蛇缺乏安全感,从而影响正常的生长发育,最终蛇受不了持续的高温而导致厌食、掉膘、生病,严重的会造成死亡。

值得推广的方法是建造地下蛇窝。实践证明:采用地下蛇窝不仅扩充了土地使用面积,增加蛇的存养量,减少场地资金投入,而且能够提供不同的温度湿度层次,供蛇自由选择。多年的实践还证明,采用了地下蛇窝(建造时预留有通风口)对蛇窝内的空气流通有了很大改善,这是其他蛇窝所不能比拟的。这样,所养的蛇即使在炎热的夏季食欲也很旺盛,并且在酷夏季节竟奇迹般地成为增膘的高峰期,因为这段时期的蛇食最丰富。地下蛇窝还很适合于炎热多雨的长江以南诸省(区),为南方蛇类安然越夏提供了有力保障,明显优于南方普遍使用的露天蛇场。

四、初次养蛇不必从养幼蛇开始

根据我们多年的养蛇经验,初次养蛇不必从养幼蛇开始。因为幼蛇的饲养技术难度比养成蛇要高,而且它在长势、吃食、抗病、适应新环境方面均不如青年蛇和成蛇。初养时最好以青年蛇为对象,这不仅便于饲喂,而且养不久便可产卵或产仔。如遇市场蛇价高场时,当年可适当地出售一部分,一来有利于回笼资金,二来可增加养蛇者

的信心。同时,在养好青年蛇的过程中,更便于积累养蛇的实践经验,对于今后繁殖、孵化幼蛇是十分有利的。

第三节 养蛇的经济效益

人工养殖和繁殖蛇类,是开发利用蛇类资源和发家致富的新途径。这样既能满足国内外市场对蛇类越来越多的需求,又可以脱贫致富;同时还有效地避免滥捕滥杀现象发生,为保护蛇类、防止破坏自然界的生态平衡起到至关重要的作用。

目前,全国许多地方的政府部门,在发展高产高效农业的同时,积极因势利导地发动群众大搞庭院特种养殖业,利用房前屋后或坑洼荒地大搞特种养殖,并把养蛇当作一项致富门路来抓,从而出现了一大批养蛇致富的带头人。如浙江省兰溪市一养蛇专业户,1990 年开始养蛇,每年饲养各种蛇类达 1.5 万条,经济收入 15 万元。江西省信丰县一户农民,于 1992 年在县科委的支持下办起了养蛇场,在养蛇的同时,他还与外地酒厂联营生产加工蛇酒,年收入达 12 万元。广西壮乡蛇妹黄清莉养蛇致富更是闻名全国,成为当地家喻户晓的新闻人物,她先后被自治区评为“三八红旗手”和“全国农村青年星火带头人”等光荣称号,并多次受到自治区领导的亲切接见。在北方也有不少养蛇成功的事例,他们依据本地区养蛇的自然优势率先养起了蛇,形成了一批养蛇专业户,均取得了较好的经济效益。

据有关蛇类专家分析和预测,近 10 年内蛇类养殖业非常火爆,将呈现前所未有的新局面。有关各种蛇产品的深度开发,探讨科学化人工养蛇迫在眉睫。另外,蛇类养殖专业户的生意普遍看好。行家还断言,未来几年的养蛇业将是一个波及全国、深度开发、规模养殖、综合加工、出口创汇的黄金时代。

第四节 民俗促蛇也走俏

民俗促蛇也能走俏吗？我国历来有“立夏五月五，喝蛇汤有大补”的风情民俗，农历五月五日，迎来二十四节气中的“立夏”。“立夏”表示春季结束，夏天开始了。此时，气温节节升高，天气转热，身体虚弱的人群要格外当心自己的身体了，在此季节吃蛇肉喝蛇汤对身体最滋补，补益正当时。天文学家提醒说：立夏以后，天气全面转热，传统中医认为“暑易伤气，暑易入心”。值此时节，人们在重视精神方面调养的同时，要做到劳逸结合，根据自身的情况适当地参加户外活动，以加强对心脏的保护。尤其是老年人更要有意识地进行精神调养，保持神情气和、心情愉快的状态，切忌大悲大喜，以免伤心、伤神、伤身，对身体不益。蛇肉自古就是大自然赐给人们的一种天然美食，它味道鲜美，营养丰富，可食药兼用，食之有大补，入药有奇效，是不可多得的人间珍品。夏天吃蛇可以驱除痱子，营养身体，大有药膳之誉。因此，我国南方的民间有“立夏喝蛇汤，不劳医生开药方”的说法，福建一带也流传有“立夏五月五，喝蛇汤有大补”习俗。当然了，信不信由你，民间就是这么传的，它“挂”在人们的口头上，“传”在子孙间。

端午节吃蛇有传说。相传过去，湘鄂一带的老百姓很少吃蛇。但一年中有一日却是除外的，那就是每年的五月初五端午节。俗语相传，人们相信这一天可以破例，信奉吃蛇后可以扫除体内百毒百脏、疤瘌百疮，但忌讳还是有的，那就是不能在屋内煮炒熬炖食，只能在家外的露天场所挖灶架锅，生火做之。他们对此小心翼翼的解释是：屋子里扬尘粉屑若掉进做蛇的锅里后，人吃了蛇肉会中毒，轻则大病一场，重则要死人的。那人们为什么平常不准吃蛇肉，也不敢破忌吃蛇肉呢？道理很简单：就是把蛇图腾化了，既然是图腾，远古的图腾社会早期都严禁捕猎、禁食图腾物。那么为何单单在端午节这天可以例外，无所顾忌呢？原来，在远古的图腾社会还有另一种习俗，即“俗中俗”。原来，人们把蛇认做图腾象征物后，蛇就被当时的人们视为蛇氏族的神圣动物。平时人们自我约束，主要是人们共同迷信的结果。但在举行蛇图腾隆重仪式时，尤其是在举行繁殖仪式时，不仅不禁杀，而且还要举行蛇图腾圣餐，俗称“蛇图腾大宴”，每一个蛇族成员都必须吃，大有人手一份，人人必吃的意味。此时吃蛇肉，人们认为，人和蛇图腾之间具有超自然、超异化的联系，蛇图腾不仅能够很好地保护吃蛇人，而且能把蛇图腾的无穷力量和蛇的神奇技能完完全全地传给吃蛇人。人们要想获得蛇图腾带给人们的超人本领，就必须吃了蛇图腾后才有可能获得。因此，远古的图腾社会即蛇族每年都要举行一次或两次的蛇图腾圣餐仪式，以加强和巩固人们与蛇之间既神圣又超自然的联系，以期获得蛇图腾的神奇技能。因此，吃蛇肉这天，是蛇族社会最隆重的庆典仪式。

从湖南、湖北、福建、海南、四川、贵州过来的多个养蛇同行，也多次和我聊起此风俗，好多省份的偏远农村在 20 世纪 80 年代及其以前端午节吃蛇的盛况还是很隆重的：全村男女老少齐出动，围坐在打谷场边，依旧露天挖灶支起一口大铁锅，全村合炖一锅蛇，熟后共同食之，并且每个人都是洗手净面后怀着虔诚或敬畏之心来吃的。蛇肉好分好吃，人人有份，但有一条：就是不准端进屋子里吃。也许，从这淳朴的民风民俗里还能看到远古社会人们吃食蛇圣餐的影子吧。现在人们关于端午节吃蛇，但绝不能在屋内食用的普遍说法是：蛇是“家神”，“家神”是用来供奉的，而不是用来随便砍剁吃食的。户有“家神”即蛇祖，如果在“家神”的面前杀戳煮蛇，碗盛寸段蛇汤，祖宗看到“蛇子蛇孙们”大脍同族，大快朵颐，能不伤心伤肺，撕心裂肺而降罪于不肖子孙么！在这里人们对蛇怀就的敬畏之心再次体现，民俗有时还是很深入人心的。

第二章　蛇类概述

蛇属爬行动物，体细长，体表被鳞片密布，像盔甲一样保护着全身。蛇类的体型大小相差十分悬殊，有些种类体长仅 10 厘米，体重只有几克；大部分种类体长 1～1.5 米，体重在 500～1 200 克之间，稍大者可达 2 000 克以上；最大的蛇为蟒科的一些种类，体长可达 10 米以上，体重可达 75 千克。

第一节　蛇类的生物学特征

一、蛇头部鳞片介绍及有关术语(见图 1)

(一)吻鳞

位于吻端正中的一单片鳞，其下缘(唇缘)通常有缺凹，当蛇口闭合时，细长而有分叉的舌(信子)即由此伸缩。

(二)鼻间鳞

在吻鳞后方，左右鼻鳞之间，通常为 2 片，有的种类只有 1 片或没有，如海蛇。

(三)额鳞

单片呈六角形，位于头顶中央两眶上鳞之间，略似龟甲状。

(四)顶鳞

额鳞后方的一对大鳞。

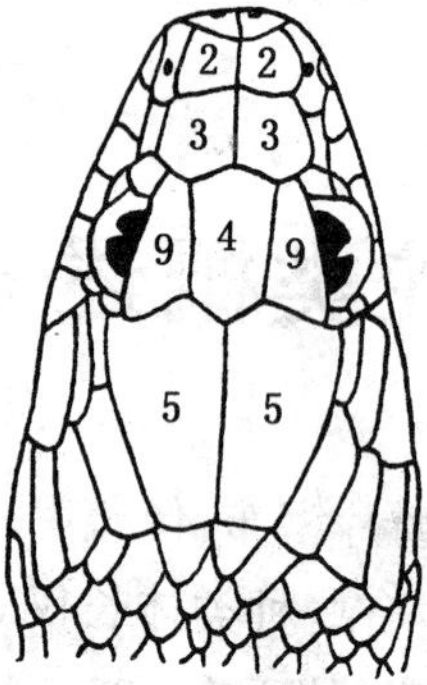

A 蛇头背鳞片

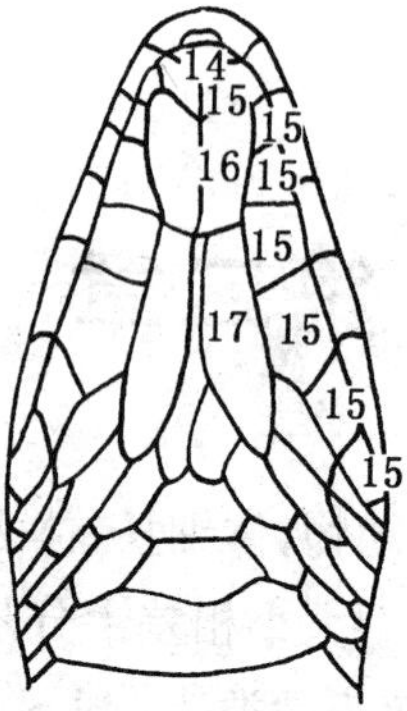

B 蛇头腹鳞片

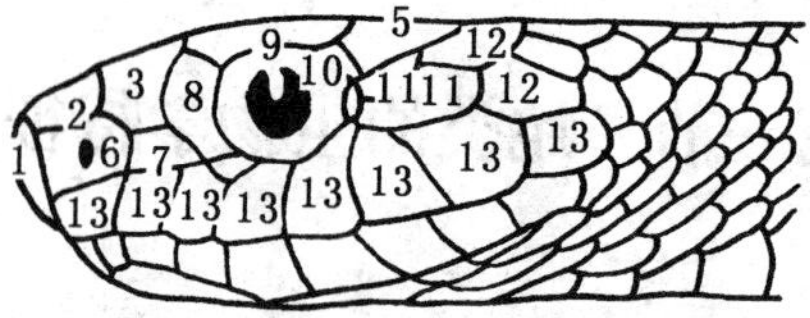

C 蛇头侧鳞片

图1　蛇头

1.吻鳞　2.鼻间鳞　3.前额鳞　4.额鳞　5.顶鳞
6.鼻鳞　7.颊鳞　8.眶前鳞　9.眶上鳞　10.眶后鳞
11.前颞鳞　12.后颞鳞　13.上唇鳞　14.颏鳞
15.下唇鳞　16.前颏片　17.后颏片

(五)枕鳞

顶鳞正后方的一对大鳞片,为眼镜王蛇所独有(见图2)。

(六)鼻鳞

鼻孔开口于此鳞上,有的种类鼻鳞是完整的一对,有的种类有一裂缝把鼻鳞部分或全部分开,成为前后两半。

(七)颊鳞

通常为一对,介于鼻鳞或眶前鳞之间。

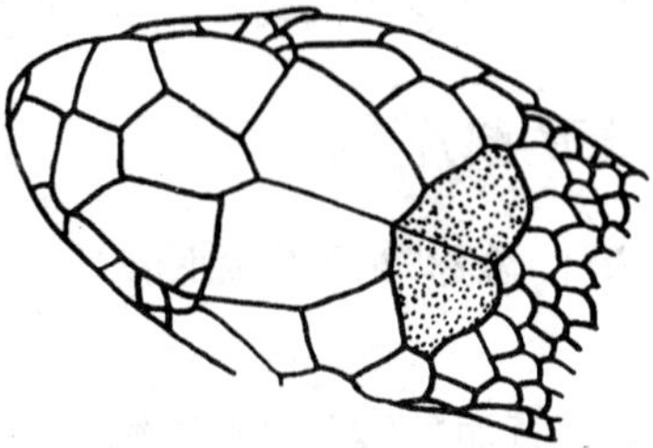

图 2 眼镜王蛇头部(加网点为枕鳞)

(八)眶前鳞

位于眼的前方,1 至数片。

(九)眶上鳞

位于眼上缘,通常为 1 片。

(十)眶后鳞

在眼后缘 1 至数片。

(十一)眶下鳞

位于眼窝下方和上唇之间,大多没有或数片,鳞较小。

(十二)颊窝

鼻眼之间的陷窝,仅蝮蛇类有。如五步蛇(尖吻蝮)、蝮蛇、竹叶青。

(十三)颞鳞

眼眶之后,介于顶鳞和上唇鳞之间,通常分为前后两列。

(十四)上唇鳞

位于吻鳞之后,上颌两侧唇缘的鳞片均是。

(十五)颏鳞

位于下颌前缘中央,与吻鳞相应,单片呈三角形。

(十六)下唇鳞

颏鳞之后,下颌两侧的鳞片。

(十七)颏(颌)片

位于颏鳞后方,左右下唇鳞之间,较窄长,一般为 2 对,分别称为前颏片和后颏片。左右颏片之间的鳞缝，叫颏缝。

二、躯干及尾部的鳞片

蛇通身覆盖的鳞片，总称“鳞被”（见图3）。

（一）背鳞

又称体鳞。躯干部背面的鳞片，除腹鳞和肛鳞以外被覆于躯干的鳞片，统称背鳞。

（二）脊鳞

位于背正中线上的鳞片，称为脊鳞。有的种类脊鳞明显扩大呈六角形，有的种类脊鳞排列呈明显的斜行鳞。

（三）腹鳞

在躯干腹面、肛鳞之前，正中的一行较为宽大的鳞片。

（四）肛鳞

紧覆于肛孔外的半圆形鳞片，一般是纵分为2片，或者是完整的1片。

（五）尾下鳞

尾部腹面的鳞片，通常成对，少数种类的为单行，有的种类则为成对或单行。

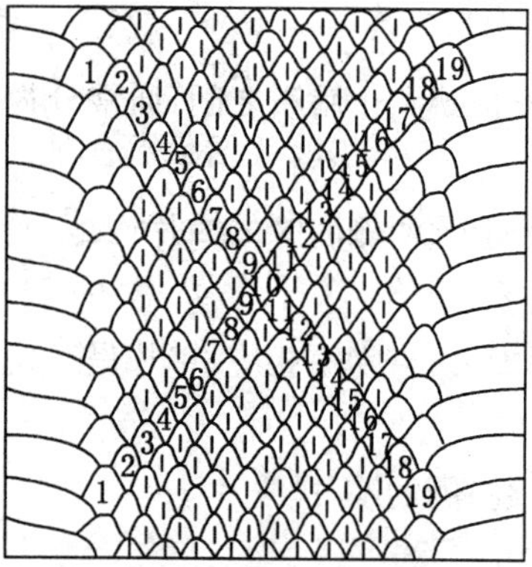

A 背鳞

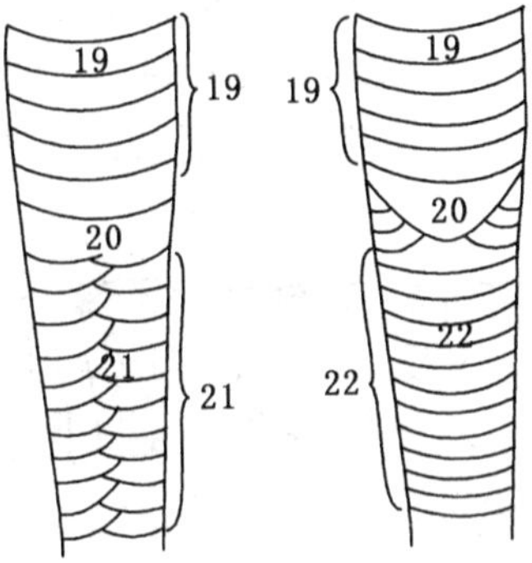

B 蛇的腹鳞、肛鳞及尾下鳞

图 3 蛇鳞图

1—18. 背鳞 19. 腹鳞 20. 肛鳞 21. 成对尾下鳞 22. 单行尾下鳞

三、蛇类的外部形态

蛇体可分为头、躯干和尾三部分。腹面的泄殖肛孔是躯干和尾的分界处。蛇没有四肢，低等蛇类(如蟒蛇)，在肛孔两侧各有一呈爪状的、已经退化了的后肢残余(见图 4)。它虽然没有四肢，但宽大的腹鳞有助于它的运动爬行。

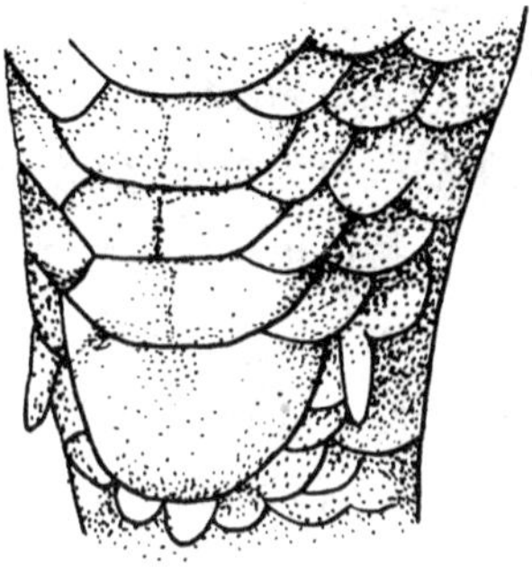

图 4 蟒蛇后肢残迹

蛇的头呈椭圆形和三角形两种。绝大部分无毒蛇的头呈椭圆形，而大部分有毒蛇的头为三角形。躯干呈圆筒形或“∧”型。尾部自肛孔后端(尾基部)起逐渐变细,雄蛇的尾略长,雌蛇的尾稍短。当用两手指紧捏肛孔后端时,雌蛇的肛孔显得平凹,雄蛇的肛孔中会露出雄蛇的标志——两根半阴茎(交接器),这是区分雌雄蛇的主要区别点(见图 5)。

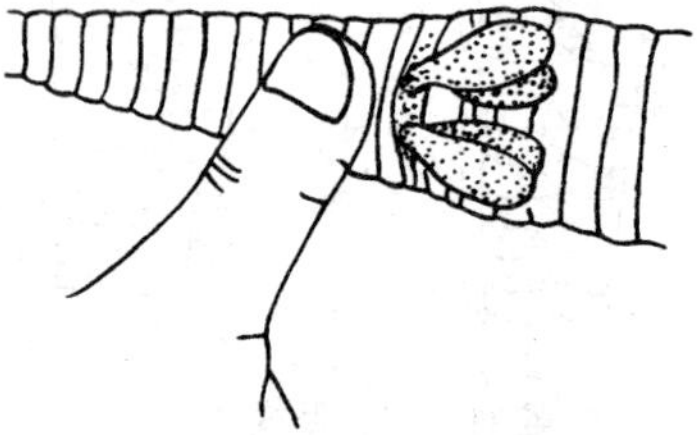

图 5 雄蛇的两根半阴茎(交接器)

四、蛇类的鳞片和色泽

蛇的鳞片是由表皮衍生而成的,不同种类的蛇鳞片大小、形状、数目及排列组合形式各不相同,是蛇分类的重要依据之一。尤其是头部的鳞片变化较大,一般蛇头部的鳞片较大而多,以对称形式排列,鳞片之间排列紧密;背部的鳞片细小;腹部的鳞片因其生活方式不同而有异。穴居蛇类腹鳞细小;树栖蛇类、陆栖蛇类的腹鳞大而宽,呈覆瓦状的长方形横列腹面,尾部鳞片的尾下鳞一般为双行,呈左右交错形式排列,但最后一枚为单行,少数种类为单行排列。一般雄性的较雌性的为多,这一特征也是区分蛇类性别的另一个依据(见图 6)。

蛇类表面的色泽因其种类不同而有差异。蛇的色彩具有警戒作用。同时它又与蛇所栖息的生存环境的主色调相近,从而又具有保护色的功能。

五、蛇类的感觉器官

蛇的头部是中枢神经的指挥部,也是蛇感觉器官最集中的部位。

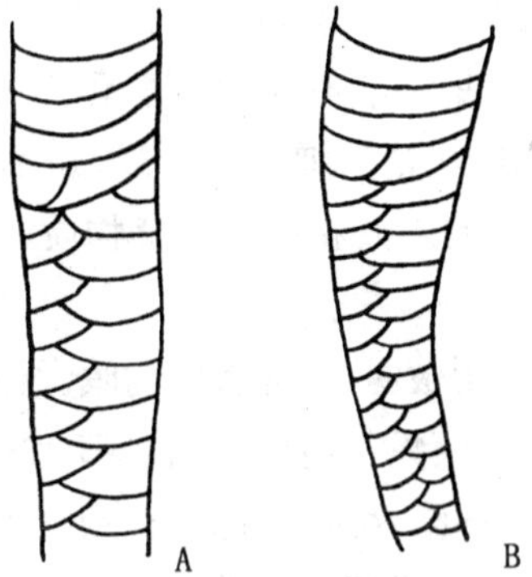

图 6　蛇类雄雌两性尾基部的比较

A. 雄性　B. 雌性

蛇的一对眼睛又亮又圆，看似炯炯有神，实则视力较弱，是个十足的近视眼。对 1 米以外的物体很难看见，只能辨别物体的移动或移动的物体，并且它没有活动的眼睑，只有一层固定的透明薄膜。所以，蛇的眼睛永远是睁着的，就是睡觉或死后也是如此。蛇蜕皮前，眼睛透明的角质膜变得浑浊看不清东西。蛇蜕皮时从头开始，一旦蜕去浑浊的角质膜，眼睛即刻又明亮如初了。蛇的眼球为圆形，瞳孔有圆形和裂孔形两种。有毒蛇及夜行性的蛇类大都为裂孔形，无毒蛇及白天活动的蛇类一般为圆形瞳孔。

蛇既是瞎子也是聋子，这是因为它没有外耳、鼓膜、鼓室和耳咽管，故听不见周围传来的声音。但是蛇有发达的听骨和内耳，能十分敏锐地接受地面振动传来的声波刺激。所以，“打草可以惊蛇”，说的就是这个道理。

蛇的嗅觉是比较发达的，它的主要嗅觉器官是由锄鼻器和生长在口腔内的舌头共同组成。蛇的锄鼻器有一对，位于口腔顶部腭骨前方深凹处，通过嗅觉神经与脑神经相连。但是锄鼻器并不与外界相通，要实现它的嗅觉功能，必须借助于舌头。蛇的舌头又叫“蛇信子”，它细长而有分叉，并且总是不停地吞吐着。特别是在它爬行的时候，舌头吞吐得更快，样子令人畏惧，常被人们误认为是有毒器官，实际上它并没有毒。舌头的基部有舌鞘，鞘内可以容装整条舌头，当舌鞘收缩时，舌头迅速从鞘内弹出。所以，蛇不用张口即可以吐舌。蛇的舌头尖上有丰富的黏液和许多敏感物质，起触觉和味觉的双重功能。

蛇鼻腔的嗅觉作用微弱，成为次要的嗅觉器官。

蝮蛇科的毒蛇，如蝮蛇、五步蛇、竹叶青、烙铁头等，在头部两侧鼻孔与眼之间各有一凹陷，称为"颊窝"。颊窝系上颌骨的深凹，前宽后窄呈三角形，有一颊窝膜把它分成里外两部分，外面由一个小孔与空气接触。薄膜上布满神经末梢，对红外线特别敏感，故又被称为"热感应器"。只要周围的温度改变千分之几摄氏度就能被察觉，并且能准确无误地确定方位，对于它们寻找食物和御敌有着重要作用。蟒科的部分种类在唇部有唇窝，也是热测位器，能感知摄氏百分之几的温差。蝰科中的某些种类在鼻孔上方有小窝，其神经分布与颊窝相似。

具有颊窝的有毒蛇有扑明火的习性，所以夜间用明火照明在野外行走或捕蛇时应特别小心，以免被它咬伤（见图 7）。

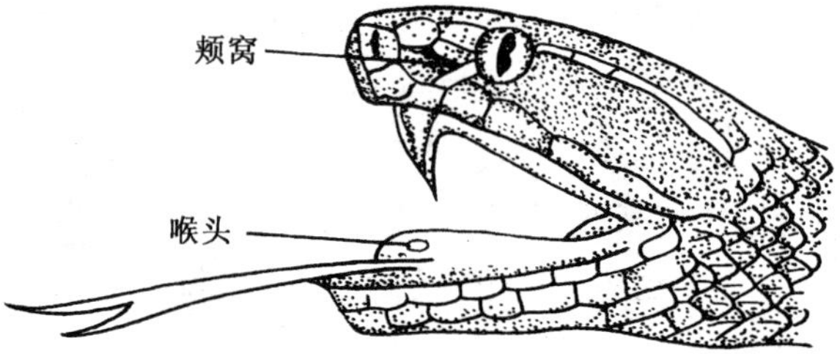

图 7　蝮蛇的颊窝

六、蛇类的摄食习性

蛇的牙齿一般长在上颌骨、腭骨和下颌骨的齿骨上，低等蛇类的前颌骨上也有牙齿，一般为圆锥状态，有帮助咬食物的作用。无毒蛇生长着二排或四排尖细的实心牙，咬住食物后能钩挂住，并配合下颌骨的转动，将食物送往咽部。所有的蛇类都不具备咀嚼的功能，而是直接吞咽。有毒蛇除有实心牙外，在上颌骨的前端或后端，各生有一对或数对长大的管牙或沟牙，这类蛇在捕食时，将毒液注入被咬物体的伤口里，待被咬物中毒死亡后再慢慢吞咽。

除了较低等的穴居蛇类外，大多数的蛇类具有吞食比自身直径大几倍或比头部大四五倍食物的本领。如蟒蛇可以吞食整只小猪、小羊或小牛。原来蛇的下颌是可以活动的方骨，加之左右下颌骨在颏部以韧带相连。所以，蛇的口不仅能上下张得特别大，可以达到130°(人的口只能张得 30°)，还能把下颌骨向左右分别扩大，这是其他众多动物所没有的特殊功能(见图 8、图 9)。

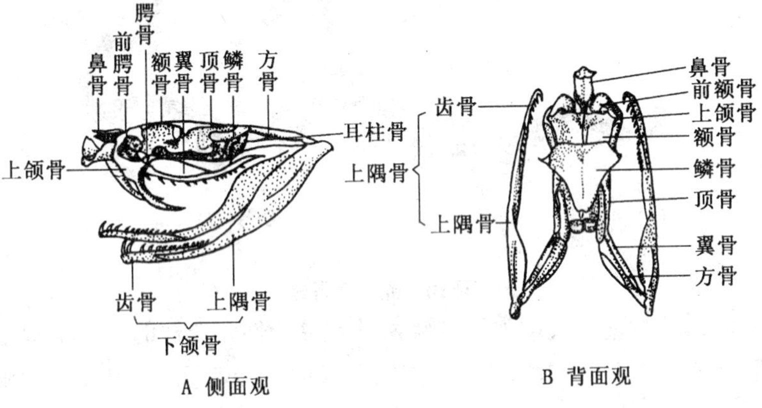

图 8 蛇的头骨

七、蛇类的运动

蛇的运动主要由脊椎骨、肋骨、腹鳞和与之有关的肌肉共同组成(见图 10)。

蛇没有胸骨，但有长长的脊柱，通常有 100～400 个脊椎骨组成。比较特殊的是每个脊椎骨除了具有正常的前后关节外，还都具有双

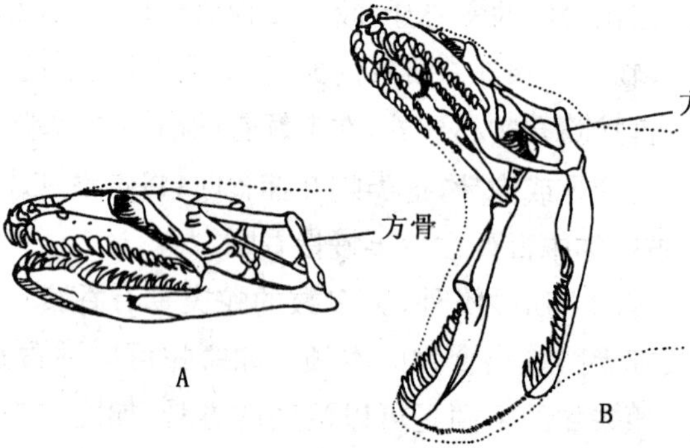

图 9　蛇头部骨骼

A. 闭嘴　B. 张大嘴(约 130℃)

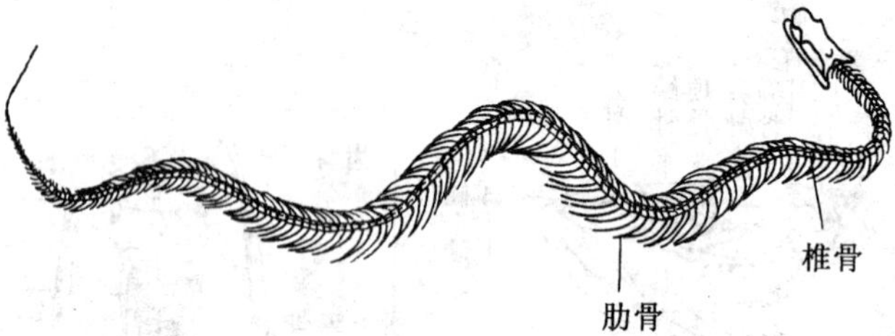

图 10　蛇全身骨骼

重关节，这样就大大增加了其绕曲性和灵活性。脊柱的每一个脊椎骨，都有一对肋骨和活动关节相连；肋骨的末端又通过极其发达的皮下肌肉与腹鳞相连。因此，蛇在爬行时不仅能以肋骨牵动腹鳞做前后运动，还凭借罕见的双重关节做“S”形的左右弯曲运动。

蛇的运动方式大致可以分为蜿蜒运动、直线运动、伸缩运动、弹跳运动、侧向运动等。

蛇类的爬行运动速度是许多人比较关心的问题，大多数蛇类的最快速度是每小时 1.5 公里左右，有几种速度较快的蛇每小时约 6 千米，与我们人类步行的速度差不多。

八、蛇类的繁殖

蛇类是雌雄异体行体内受精，繁殖分为卵生或卵胎生。蛇的雌雄两性在外部形态上区别不很明显。雌蛇的体内有卵巢、输卵管，输卵管上端连于卵巢，下端开口于泄殖腔。雄蛇有成对的交接器(半阴茎)位于泄殖腔两侧，平时缩在泄殖腔内，在交配时突出泄殖腔外插入雌蛇体内输送精子，使雌蛇体内成熟的卵受精，成为受精卵。有的雌蛇输卵管后端还具有“子宫”的作用存留受精卵，等胚胞发育成幼蛇后再生产下来，称为卵胎生。一般生活于高原地区或水中的蛇，其繁殖方式多为卵胎生。

雄蛇虽然有两个交接器，但每次交配只能使用一个，另一个留作下次交配时再用。因此，一条雄蛇可以与几条、甚至多达 40 条雌蛇进行交配。但通常在人工饲养条件下，雌雄蛇的比例应在 10∶1 或 10∶2 左右比较适宜。另外，雌蛇输卵管有贮存雄蛇精子的功能，雌蛇一旦与雄蛇交配后，即使几年未曾与雄蛇交配，也可以连续产下受精卵。据有关资料报道，实验室的雌雄蛇一经交配后，便分别隔离喂养，雌蛇能连续 4～6 年产下受精卵，但在人工孵化的过程中，发现有部分的未受精卵，从而使孵化出壳率有所下降。孵化出的幼蛇吃食、生长均很正常。据观察，一条雌蛇一经交配后，便不再与其他雄蛇交配了。所以，在人工养殖的条件下，应尽量减少雄蛇的数量。

蛇的生殖情况见表 1。

表1　蛇类生殖情况一览表

科名	种类	生殖方式	交配期（月）	产卵或仔期（月）	产卵或仔量
游蛇科	棕黑锦蛇	卵生	5～6	7～8	12～18
	赤峰锦蛇	卵生	5～6	7～8	12～22
	乌梢蛇	卵生	3～5	6～7	8～19
	灰鼠蛇	卵生	4～6	6～7	6～16
	百花锦蛇	卵生	8～9	5～7	5～17
	王锦蛇	卵生	5～6	7～8	8～23
	黑眉锦蛇	卵生	5～6	7～8	7～25
	赤链蛇	卵生	8～9	6～7	8～15
	虎斑游蛇	卵生	3～6	7～8	6～14
	中华水蛇	卵胎生	3～9	8～9	3～13
	铅色水蛇	卵胎生	3～9	5～8	2～19
眼镜蛇科	银环蛇	孵生	8～10	5～8	3～20
	金环蛇	卵生	5～6	6～7	8～12
	眼镜蛇	卵生	4～6	6～8	6～19
	眼镜王蛇	卵生	3～5	6～8	20～39
蟒科	南斑蟒	卵生	5～7	5～7	8～32
	沙蟒	卵生	6～7	7～8	12～40
蝮亚科	五步蛇	卵生	3～5	6～9	6～29
	竹叶青	卵胎生	4～10	7～8	3～15
	烙铁头	卵生	3～11	7～8	4～8
	蝮蛇	卵胎生	5～10	8～10	2～17
	高原蝮	卵胎生	6～11	8～9	5～7
蝰科	蝰蛇	卵胎生	4～11	6～7	30～63
	草原蝰	卵胎生	3～4	8～9	3～17
	极北蝰	卵胎生	3～4	8～10	6～20

续表

科名	种类	生殖方式	交配期（月）	产卵或仔期（月）	产卵或仔量
海蛇科	青环海蛇	卵胎生	7～8	10	3～15
	环纹海蛇	卵胎生	10		2～4
	小头海蛇	卵胎生	7～8	10	1～6

小型蛇类出生后一般生长 2～3 年便达到性成熟；大型蛇类一般需 2 年左右达到性成熟。雄性较雌性的性成熟期稍早，生活在北方寒冷地区的蛇性成熟要晚 1～2 年；反之，热带和亚热带的蛇由于冬眠期极短，性成熟较北方要缩短许多，个别长势快的只需 13～18 个月即可达到性成熟而进行交配繁殖。

蛇类的嗅觉在逐偶过程中起重要作用。在蛇的交配季节，雌蛇的皮肤和尾基嗅腺能分泌出一种特有的强烈气味，雄蛇可跟踪气味找到雌蛇进行交配。蛇类冬眠群居有利于增加雌雄蛇相遇的机会。春天蛇出蛰后，雌雄蛇往往就在冬眠场所附近进行交配，然后才分开各自寻食活动。各种蛇类在交配期间情绪格外暴躁、凶猛，对外来的惊扰会给予猛烈的攻击，此时的雌雄蛇配合相当默契。在此期间饲养人员应尽量减少对它们的惊扰。

蛇类的产卵或产仔量一般由种类、年龄、身体大小决定。大多情况下，较大型的蛇产卵或产仔多于小型种类的蛇；健康、体大的青年蛇明显多于不健康、体小的年老或年幼的蛇。雌蛇大多为多产，它们一般产卵或产仔十几枚（条）左右，产卵最多的是蟒蛇，一次多达 100 枚以上；产卵最少的是盲蛇，每次只产 2 枚。少数蛇类有护卵、孵卵的习性，如五步蛇、眼镜王蛇和蟒蛇。这类蛇产完卵后就伏于卵上，自此以后除离巢饮水外，一直待到幼蛇孵出为止。而绝大多数蛇类则把卵产于它认为合适的地方便离去，任由蛇卵自然孵化出幼蛇。

第二节　蛇类的生活习性

我国地域广阔，气候温暖，极适宜蛇类的生长。蛇类的生活环境与其所栖息的生存环境是一个既统一又协调的整体，研究、探讨蛇类的生活习性，不仅能帮助我们了解其生存条件及其生活方式，更重要的还在于掌握蛇类的生活习性及其活动规律，更好地为人工养殖、综合开发、利用好蛇类和防治蛇伤打好基础。

一、蛇类的不同栖息环境

蛇类跟其他动物一样是有窝的，而且窝的形式也是多种多样。多位于温度适宜、离水不远、隐蔽良好和植被丰茂的地方。另外，它的窝附近还必须有丰富的食物来源，如有较多的蛙类、鼠、鸟、鱼、蜥蜴和各种昆虫等。它们的窝小到岩石隙缝的简陋巢穴，大到石洞、树洞、坟洞等。蛇类栖息的环境随蛇种类的不同而不同，是与其生活方式相适应的。大致可以分为穴居生活、地面生活、树栖生活、淡水生活、海水生活等。

二、蛇类的食性

蛇类主要是以活的小动物为食，如蚯蚓、蛞蝓、昆虫、泥鳅、小杂鱼、蜥蜴、鸡雏、鸟类、蛙类、鼠类及鸟蛋等。偶尔也发现个别的蛇类吃死动物，如王锦蛇、赤链蛇。各种不同种类的蛇，所吃的食物是有区别的，一般根据它所捕食动物的品种将其分为广食性蛇类和狭食性蛇类两大类。狭食性的蛇只吃某一类或几种食物，如眼镜王蛇专吃蛇类和蜥蜴；乌梢蛇只吃蛙类（但在人工饲养条件下经驯化也吃泥鳅和小白鼠）。广食性蛇类大多在地面栖居，捕食的范围大，食源也较广泛，如王锦蛇、黑眉锦蛇、眼镜蛇等。我国常见蛇类食性情况见表 2。

表 2 我国常见蛇类食性一览表

蛇类	鸟类	鼠类	蛙类	鱼类	昆虫	蜥蜴	蛇	蚯蚓
黄脊游蛇	√	√	√		√			
赤链蛇	√	√	√	√		√	√	
黄链蛇			√			√	√	
王锦蛇	√	√	√			√	√	
玉斑锦蛇		√	√					
百花锦蛇	√	√	√	√				
红点锦蛇			√	√				
三索锦蛇	√	√	√	√				
棕黑锦蛇	√	√	√		√			
黑眉锦蛇	√	√	√					
颈棱蛇			√	√				
水赤链游蛇			√	√				
渔游蛇			√	√				
虎斑游蛇	√	√	√	√		√		
翠青蛇					√			√
灰鼠蛇	√	√	√		√		√	
滑鼠蛇	√		√			√	√	
乌梢蛇			√	√		√		
中华水蛇			√	√				
金环蛇			√	√		√	√	
银环蛇		√	√	√			√	
眼镜蛇	√	√	√	√		√	√	
眼镜王蛇						√	√	

续表

蛇类	鸟类	鼠类	蛙类	鱼类	昆虫	蜥蜴	蛇	蚯蚓
蝰蛇	√	√	√					
五步蛇	√	√	√			√	√	
蝮蛇	√	√	√		√	√	√	
烙铁头	√	√				√	√	
竹叶青		√	√			√		

蛇的食物种类并非是固定不变,究竟以何类食物为主,与它们所栖息的环境和分布区域有关,如草原蝰在春季以食蜥蜴为主,到夏季蝗虫多时,则主食蝗虫。赤链蛇在野外以食蛙、食蛇为主,人工饲养时投喂泥鳅仍能摄食。人工养殖条件下的蛇类,在食源供应不足时,可采取填喂精肉块来解决,但填喂时间不宜过长,否则会导致营养不良而影响正常的生长发育。

蛇在捕食时,不是将咬住的动物咬碎后一口一口地往下吞咽,而是以"囫囵吞枣"的形式整体吞食。但它并不因吞吃巨食而引起窒息,这是因为蛇的喉头一直前伸至下颌边缘,可以随时顺利地进行闭口呼吸,根本不受吞食大体食物的影响,犹如潜水员通过潜水通气管来呼吸一样。如果它捕到较大动物难以吞咽时,便用自己细长身体的前半部把动物缠绕窒息,并挤压变细后再慢慢吞食。蟒蛇吞食大动物时就是采取这种方式。有毒蛇因为生有毒牙,它们捕食较无毒蛇容易些,凡是捕到食物后,立即把毒液注入被捕获的动物体内或咬住后稍等片刻,一般被咬后 2～3 分钟即会中毒死亡,经 3～10 分钟吞入胃内。蛇类的消化能力很强,只有动物的毛、羽及角不能消化,从大便中排出。有毒蛇的毒液中含有多种酶,能起到促进消化的作用。所以它比无毒蛇的食量大一些,食物消化的间隔时间也比无毒蛇提前许多。在正常情况和适合的温差范围内,蛇的消化速度与其生活环境的温度有关，在同等条件下环境周围的温度高，它的消化速度就快些；温度较低时，消化速度则相应缓慢些。

蛇的耐饥能力也很强，常常可以几个月甚至一年以上不吃东西。我蛇园观察中的两条王锦蛇，自 1995 年 5 月下旬饱食一顿后即断食，当时称重为 2 250 克，至 11 月底此期间只供饮水不投食，存活很正常，但其体重则下降减至 2 000 克。国外还有眼镜蛇饿上数年仍能存活的报道。不过，正常蛇类的一次吞食量很大，如黑眉锦蛇一次可连食 2～3 只小白鼠或鸡雏。蛇类有饮水的习惯，有水无食的情况下耐饥时间较长，反之则相反。

蛇类在正常的人工饲养情况下，一般 7～10 天投足食物一次，或蛇园内有充足多样的食物任其自由捕食。据初步观察，蛇在活动季节每月的摄食量至少要达到自身的体重才能维持正常消耗，且饮用水必须保证清洁、卫生，才能确保蛇类的健康与生长。

蛇类蜕皮时，大多数停止了摄食，而穴栖类、水栖类和半水栖类的蛇照样能摄食。这是因为前者觅食以视觉为主，嗅觉为辅，蜕皮时视觉处于模糊状况。后者觅食以嗅觉为主，视觉为辅，蜕皮时视觉虽模糊不清，但对嗅觉无碍，故不影响正常的捕食。

第三节 蛇类的生长、蜕皮和寿命

一、蛇类的生长

许多动物的幼年时期生长较快，在达到性成熟时，就已生长到该物种的固定大小，以后则停止生长。而蛇类则不同，它在幼年时生长最快，以后的长势逐渐减缓，性成熟后仍然继续生长。也就是说蛇在从幼蛇到成蛇的生长过程中，是间断的、分阶段的生长。一般幼蛇的生长速度快于成蛇，而年轻的成蛇又快于年老的成蛇。幼蛇只要经过 1～3 年就可以达到性成熟。影响蛇生长速度的因素很多，如蛇的种类、温度、光照、食物、环境和水分等，而同一种蛇因性别的或个体的不同，其生长速度也有差别。以温度为例，在蛇适宜的温度范围内，温度高则蛇类生长快，反之较慢一些。这是因为温度直接影响代谢率及觅食和捕食频率，而且也间接影响与生长有关的内分泌系统。光线的强弱则主要影响内分泌系统，而影响到生长的速度。食物及水是影响蛇类生长的关键性物质因素。环境是否适宜是直接影响蛇类正常生存的先决条件之一。

二、蛇类的蜕皮

伴随着生长，蛇类会出现蜕皮现象。蛇蜕是蛇类皮肤的角质层，许多动物一生中不断地有角质层脱落，但不像蛇类能蜕出一条比较完整的长筒形蛇蜕。蛇在蜕皮时，身体呈半僵状，并且在粗糙的地面、砖头、瓦块、石块或树干上不断用力摩擦，先从吻端把下颌的表皮磨破一个裂隙，然后从头至尾向后翻脱，直至完全蜕脱出来。蜕皮后的蛇身体就随着长大起来。因为，原来的皮已包覆不了现在的身体，所以，它每蜕一次皮，就意味着长大一次。蛇蜕皮与其生长是成正比的。一般蛇在每年的出蛰后不久就进行一次蜕皮，入蛰之前也有一次较集中的蜕皮，其余时间大多是 45～60 天蜕皮一次。蛇类在冬眠期间是不蜕皮的。不同种类的蛇以及它们的生活环境、饲喂条件或营养状况等多因素的不同，它具体蜕皮的次数也不同，一般每年蜕皮为 3～8 次，年轻的蛇因为生长快，蜕皮次数较成蛇频繁。

在人工养殖情况下的蛇类，正常蜕皮的次数明显多于野生蛇类。蛇一旦蜕不下皮就会导致死亡。由于蛇在蜕皮期间，需要消耗体内大量的养料，从而促使蛇处于半僵状态，这个时期的蛇不仅乏力，而且性情温顺，很少扑咬人。快要蜕皮的蛇，很容易辨别，因为其身体的颜色比平时的颜色要浅得多。不过最明显、最可靠的依据还是看它的眼睛，在它要蜕皮的前一两天，眼睛从乌黑色慢慢地变成蓝白色，最后变成乳白色。蜕皮后的蛇表皮十分光洁，色泽油亮清晰极富有弹性，眼睛也明亮如初了。

蛇类蜕皮时，多数要爬到洞外的草丛中或乱石堆旁，但也有少数蛇会在洞内蜕皮。

三、蛇类的寿命

蛇类的寿命在野外较难观察，大多根据饲养条件下的记载而得知。

蛇在野生状态下，由于所栖息的生活环境不稳定，食物有时缺乏，加之天敌的存在和疾病的危害等，寿命要比人工饲养的短些。一般较大型种类的寿命往往长于较小型的种类。大部分蛇可以存活10～25年。有报道说，蟒蛇在人工饲养条件下，存活了100多年，蝮蛇存活12～15年。

第四节　蛇类的活动规律

人们触摸蛇体时有一种冰凉的感觉，于是称之为“冷血动物”。其实并不确切，蛇体内能产生少量的热量，由于没有完善的保温构造和调节能力，其热量很容易散失，需要从外界获得所必需的热量。因此，蛇的体温在很大程度上取决于外界变化的环境温度，故又称为“变温动物”。

人们还往往以为蛇的体温与周围气温近乎相似，这种认识也并不完全正确。确切的说，蛇的体温与它所栖息的环境温度有直接的关系，如蛇所在的土壤、岩石、树干等，体温随环境的高低而波动。因此，在环境温度变化和其他因素影响下，它的活动有一定的特点和规律，主要表现为：

一、季节性差异

蛇类活动最适宜的温度是20～30℃，10℃以下它就不大爱活动，高于 40℃又无水供应时，很快引起死亡。因此，全年之中从春末到秋初，是蛇类活动最旺盛的季节；特别是夏天和秋天蛇最活跃，实际上这是蛇类在觅食或繁殖。我国民间流传着“七横八吊九缠树”，指的就是蛇类在 7 月份喜欢横卧在地面上；8 月份常常吊挂在树枝上；而到 9 月份则喜欢缠绕在树干上。这说明了 7、8、9 这 3 个月份是蛇类活动的高峰期。在气温高于蛇体承受能力时，它受不了长时间的高温暴晒，便会本能地寻找树荫、草丛、石下、溪边的阴凉场所荫蔽休息。初春和秋末气温较低时，蛇的活动量便明显减少；初冬气温下降到 10℃以下的时候，它就不吃也不动，缩盘成一团准备冬眠了。

二、蛇类昼夜的活动规律

蛇类每天的活动有一定的区别，可以分成三种类型：

（一）昼出活动

主要是白天外出活动觅食，如乌梢蛇、眼镜蛇、眼镜王蛇等。

（二）夜出活动

主要在晚上活动觅食，以有毒蛇类为主，如五步蛇、烙铁头、竹叶青、喹蛇等。

（三）晨昏活动

此类多在早晨或黄昏时间外出活动觅食，如赤链蛇、蝮蛇等。

无论哪一种蛇，在哪一个时间外出活动，目的多为了寻觅食物。因此，蛇类的活动规律在很大程度上取决于所捕食动物的活动时间。

三、湿度对蛇类活动有明显的影响

各种不同种类的蛇，对于所栖居的环境湿度都有各自的需求，它们喜欢在湿度适宜的状况下外出活动：如眼镜蛇多于晴天活动；五步蛇、竹叶青等则喜欢在阴雨天活动；在天气闷热、大雨将至或暴雨后骤晴，外界湿度较大时，蛇类较活跃。同时湿度还与蛇正常蜕皮有直接关系。

四、蛇类的冬眠规律

蛇类冬眠是对低温气候的一种适应，也是长期以来形成的一个遗传特性。虽然不同种类的蛇进入冬眠期的时间不完全一致，但到了每年的秋季，都吃得膘肥体壮，体内积蓄了足够的营养，然后到一定时期就钻入干燥的洞内冬眠，以此度过漫长的冬季。据测定，当外界温度下降到2～3℃时，蛇就处于麻痹状态；如果蛇的体温下降到-2～-6℃时，就会引起自然死亡。在野外自然条件下，冬眠期的蛇死亡率高达34%～35%。

与冬眠特点相似，生活在热带和亚热带的南方蛇类，往往在炎热的夏季也要休眠，这种现象在动物学上称为“夏眠”。处于夏眠的蛇类不食不动，基本与冬眠状态一样，这也是蛇对自然界的一种本能的适应行为。

五、蛇耐饥饿能力的实例展示

蛇在不理想环境下耐饥特征和具体的失重数字到底如何呢？相信也是对蛇感兴趣者较为关心的话题。通过各种文献已知：蛇是耐饥饿能力很强的爬行动物之一，在不断水的情况下，有的蛇数月甚至几年不吃食物仍然可以存活。但仅仅是存活，根本谈不上正常的生长和健康的常态，会瘦得皮包骨头、褶皱累累，充其量只是不死而已。正常的蛇，尤其是在饱食一顿的情况下，可以几个月到一年不吃都问题不大。可真正的养蛇场或养蛇户谁舍得拿它们做实验？别人怎么做我不管，反正我是硬不下心来，硬生生的便不给它们吃了。还不如当初不养呢！

养蛇女人不做试验不证明别人不做，这不说着说着真实的数据就来了。2011年正月还没出，就来了个江西的养蛇同行，他在家就是个闻名乡里的捕蛇能手，2007年3月份的一天，他从野外捕到一条当地常见的虎斑游蛇，重约3两。为了观察它在不算理想环境下的耐饥饿能力，他当天就把蛇放入以前搁放其他野生蛇的小容器里，目的就是观察虎斑游蛇在狭小的（有水）、没有活动场所的进食和寿命情况。他说虎斑游蛇当年吃食 5 次，蛇蜕皮 4 次后安全过冬。第二年蛇吃食 4 次，蜕皮 3 次。第三年蛇吃食 2 次，蜕皮 1 次。第四年一次没吃，蜕皮 1 次，但蛇明显消瘦，当年入秋后便死亡，体重仅为 1.3 两，失重一大半以上。

六、从自然界生物链中看野生蛇类的自然长势

人们谈蛇色变，把毒蛇与洪水猛兽并称，“见蛇不打三分罪”，则成了人类世代相承的传统观念。但凡事有两面，须两点论：蛇全身是宝，活蛇观赏，蛇肉可吃，蛇皮制革，蛇胆入药，蛇毒治病，蛇骨补钙，粪作肥料，蛇鞭壮阳，它在维护生态平衡中，更是占据重要的一席。例如：虫啃草叶，蛙吃虫蚁，蛇吃蛙鼠，鹰吃蛇兔，彼此相克相制，相互依存，每一个环节的增减，都直接影响大自然的生态平衡。

地球上，一片森林，一块农田，一口池塘，一个村庄，一座城镇，各自成为一个近似独立的小生态系统。在这些生态系统中，绿色植物把自己固定能量的 1/10 转移给下个系统，如昆虫，它再转给下下个系统，依次类推。在各级的能量转换中，都存在 1/10 的定量关系。即 1000 斤浮游生物养大 100 斤浮游动物，100 斤浮游动物养大 10 斤鱼，猫吃了 10 斤鱼，体重能增加 1 斤。这就是自然界的 1/10 法则。

蛇类在生态食物链中，居于中级位置。蛇吞吃鼠类约占老鼠种群死因的 1/4，可见蛇类是维护生态平衡的一个重要物种，保护的目的在于有效控制，科学利用，维护长远利益。目前各地滥捕蛇类十分严重，若不加以有效控制，让蛇有一个恢复期，蛇类资源必将逐渐枯竭，甚至走上灭绝的可能，那将是人类无法挽回的损失呀！

第五节 蛇的种类及分布

蛇的种类在全世界多达 2 700 多种，有毒蛇约为 650 多种，剧毒蛇仅占整个蛇类的 1/10 左右。我国现有蛇类 200 多种，其中毒蛇约有 50 多种，包括海蛇 16 种(均为剧毒蛇)，陆生剧毒蛇 10 多种，其余为无毒蛇，具体情况见表 3。从统计数字不难看出，绝大多数是无毒蛇。

表 3 我国蛇类分科及分布

科 别	分 布	特 征
盲蛇科	华南各省区	体型较小形似蚯蚓，全身被覆大小相似的鳞片，眼隐于鳞下呈一黑点，地下穴居或隐匿，无毒
蟒科	华南及西北	穴居或树栖的大型蛇类，腹鳞较小，有后肢带及后肢残余，无毒
闪鳞蛇科	广东、海南、云南、浙江	穴居，腹鳞较小，4 枚顶鳞中央有 1 枚顶间鳞，无毒
游蛇科	全国各地	本科小型，大型蛇类均有，一般体形修长适度，腹鳞宽大。地面、穴居、树栖、水栖、半水栖的都有。除少数种类具后沟牙是毒蛇外，其余都无毒
眼镜蛇科	基本上分布于长江以南诸省区	陆栖，体形修长适度，腹鳞宽大，具有沟芽，前身可竖立，扁颈。有以神经毒为主的混合毒
海蛇科	北起山东，南到海南及广西沿海	一般头略呈三角形，体粗尾短，上颌骨极短，可以竖立，其上只有管牙，有毒，主要是血循毒

续表

科 别	分 布	特 征
蝰科 (1)蝰亚科 (2)蝮亚科	华南及新疆、吉林、大多数种类分布在长江以南，少数种类分布于北方	没有颊窝的管牙类毒蛇。具有颊窝的管牙类毒蛇
瘰鳞蛇科	海南	无腹鳞终生生活在沿海河口地带

一、蛇的分类

生物学家将蛇分为八科，它们分别是盲蛇科、蟒科、闪鳞蛇科、瘰鳞蛇科、游蛇科、眼镜蛇科、海蛇科、蝰科。无毒蛇类包括盲蛇科、蟒蛇科、闪鳞蛇科。有毒蛇又分为管牙类毒蛇、前沟牙类毒蛇、后沟牙类毒蛇(包括在以无毒蛇为主的游蛇科)。游蛇科是介于有毒蛇和无毒蛇混合种类的蛇科，与各蛇科相比种类和数量最多，其中大部分是无毒蛇，毒蛇只占少数，属于后沟牙类毒蛇。

二、蛇的分布

在爬行动物中，蛇类是个种类繁多的大家族，分布极为普遍，除南极洲和某些与大陆隔绝的海岛，如冰岛、新西兰岛、爱尔兰岛等以外，几乎遍及全球。其中以热带和亚热带地区的种类和数量最多，温带次之，寒带极少。

我国地处亚热带和温带，地大物博，气候温和，雨量充沛，山高林密，动植物资源十分丰富，很适应蛇的生长和繁殖。一般长江以南和西南各省(区)的种类和数量最多，其中广西、广东、海南、福建、云南、贵州等省(区)最多，浙江、江西、四川、台湾等省次之，湖南、湖北两省蛇的贮量也不少。毒蛇的种类、数量也以江南诸省(区)居多，北方较少。蝮蛇是我国分布最广、数量最多的一种毒蛇，在全国 23 个省

(区)都有它的踪迹。使世人惊奇的是,在辽东半岛的渤海湾、距旅顺约25海里的地方,有一个面积不足1平方公里的小龙岛,岛上栖息着几十万条的蝮蛇,其密度之大,为世上罕见。从而使这个在版图上名不见经传的小岛成为举世闻名的"世界奇岛"、"蝮蛇世界",吸引了成千上万的国内外旅游者和科学家前往观光和考察,被我国蛇类专家命名为"蛇岛"或"大连蛇岛"。

我国蛇类分布统计表如下所示。

表4 我国蛇类分布统计表

省(区)份	云南	广西	福建	广东	贵州	海南	台湾
种类	92	85	83	78	77	67	57
省(区)份	浙江	四川	江西	安徽	湖南	西藏	甘肃
种类	56	55	54	41	39	31	29
省(区)份	陕西	江苏	湖北	河南	辽宁	吉林	山东
种类	26	26	25	22	16	12	12
省(区)份	河北	山西	黑龙江	新疆	内蒙古	宁夏	青海
种类	11	11	10	10	9	3	2

第六节 有毒蛇与无毒蛇的区别

区别毒蛇和无毒蛇,除辨别外形以外,主要的依据是看有无毒牙、毒腺。毒蛇咬伤人畜后,若得不到及时的医治,严重的可导致中毒死亡,因此必须引起高度重视。而无毒蛇没有毒牙和毒腺,人畜即使被它咬伤,也不会有中毒现象发生。所以,从安全的角度出发,学会正确区别有毒蛇和无毒蛇是养蛇人员或野外工作者的必备常识,下面详介如下。

一、区别有毒蛇与无毒蛇的根本特征

(一)毒牙

依各种毒蛇生长位置和构造不同,分为沟牙类、管牙类和后沟牙类(见图 11、图 12)。

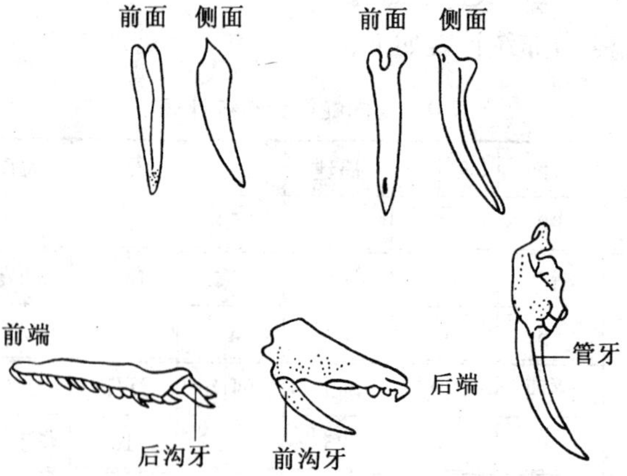

图 11　毒牙的类型

1. 沟牙

长在上颌骨上,有一至数对。生长在无毒牙前端的叫前沟牙类毒蛇,生长在无毒牙后端的叫后沟牙类毒蛇。各个沟牙的前沿部有一条沟与毒腺相连,如金环蛇、银环蛇、眼镜蛇等,都属于前沟牙类的毒蛇。

2. 管牙

成对的生长在前方的上颌骨上,形状像长管,稍微弯曲,中央有细管,上端与毒腺相连,下端有一小孔与外界相通。管牙形状较大能活动,它的后面又有若干枚副牙,当管牙因捕食造成缺陷时,副牙就能依次递进,俗称"蛇牙复生",如竹叶青、龟壳花蛇都属此类。

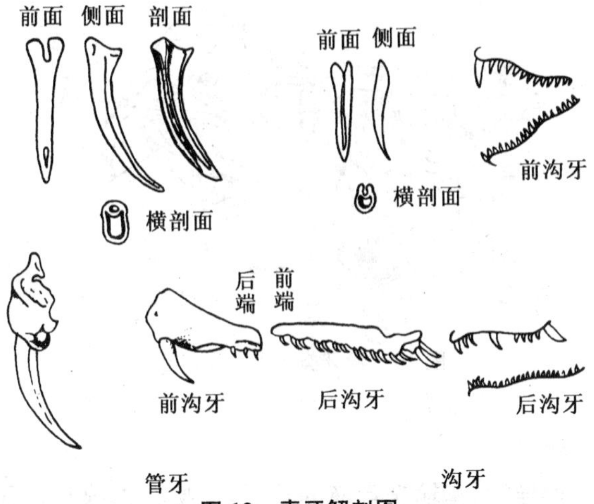

图 12 毒牙解剖图

3. 后沟牙

因毒牙的位置在上颌骨后端，咬人时很难发挥其咬伤攻击作用，注毒不完全，除非被咬部位被深深地纳入口内，否则难以触及毒牙。因此，通常不易造成中毒现象，对人畜的危害性比前两类毒蛇明显小些。由于造成此蛇伤中毒现象的病例甚少，故一般人认为是无毒蛇，希望养蛇人员今后引起重视。此类蛇有虎斑游蛇、水蛇等。

（二）毒腺

凡是毒蛇都具有一对毒腺，位于头部两侧口角的上方，完全被皮肤所包围，从外面根本看不见，它是由部分唾液腺衍化而成的器官，里面充满了毒液，其形状，大小随蛇的种类和蛇体的大小各不相同（见图 13）。

同种毒蛇的蛇体越大，毒腺的容积也越大，所贮的毒液及分泌的毒液量也就越多。毒腺的大小一般不超过头部的长度，但有的蛇毒腺非常大，可以扩张到腹腔内。当它咬住人畜某部位时，毒腺受到挤压并迅速排出毒液，通过毒牙注入人体而中毒。毒液一次流完后，需要 10～30 天才能恢复到原来的毒液贮量。

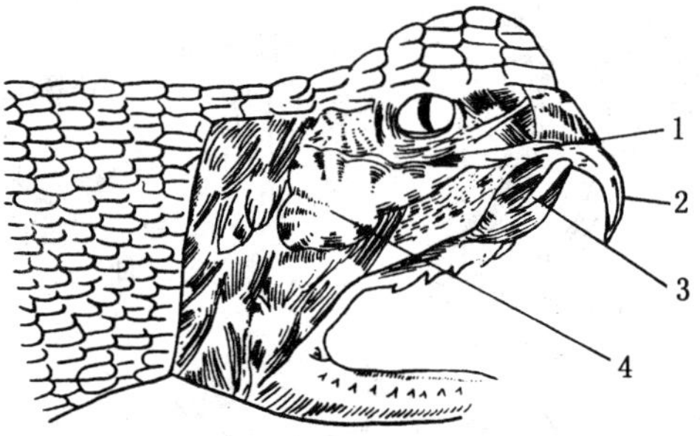

图 13　管牙类毒蛇头部构造

1.毒腺导管　2.毒牙　3.副毒牙　4.毒腺

(三)毒液管

又称排毒导管,是输送毒液的管道,连接在毒腺与毒牙之间,只有毒蛇才具备有毒液管。当毒蛇咬物时,毒腺受挤压迫使毒液迅速外排,流经毒牙的牙管或牙沟排出。

二、有毒蛇与无毒蛇外形的识别

从蛇的外形来区别有毒蛇与无毒蛇,是人们最为关心的事,分别从蛇的体色、头部、瞳孔、体态、尾部、习性等分述如下,以供参考。

表 5　毒蛇与无毒蛇的区别要点

部　位	毒　蛇	无毒蛇
花纹颜色	较鲜艳或有特殊斑纹	多不鲜艳
头部	多呈三角形	一般呈椭圆形
毒牙、毒腺	有	无
体型	身体粗而短	一般细长
尾部	短纯或呈侧扁型	长而细尖
动态	栖息时常盘蜷,爬行动作较慢	爬行动作迅速
性情	性情凶猛	胆小怕人、怕惊

（一）体色

指蛇的体表颜色、花纹等，毒蛇一般要比无毒蛇的体表彩要鲜艳得多，斑纹相比也更清晰、醒目。但仅凭体色是否艳丽来识别是不行的。例如玉斑锦蛇的斑纹艳丽、色泽鲜明，常被人们误认为是有毒蛇，而它则是典型的无毒蛇；而蝮蛇的色泽如泥土，体色很不引人注目，但它却是有毒蛇。

（二）头部

大多数毒蛇头部呈明显的三角形，无毒蛇则头部较小，多呈椭圆形。海蛇及眼镜科的毒蛇，头部并不呈三角形，也呈椭圆形，却是剧毒蛇。无毒蛇中的伪蝮蛇，头部倒是呈明显的三角形，而它却是无毒蛇（见图 14～图 17）。

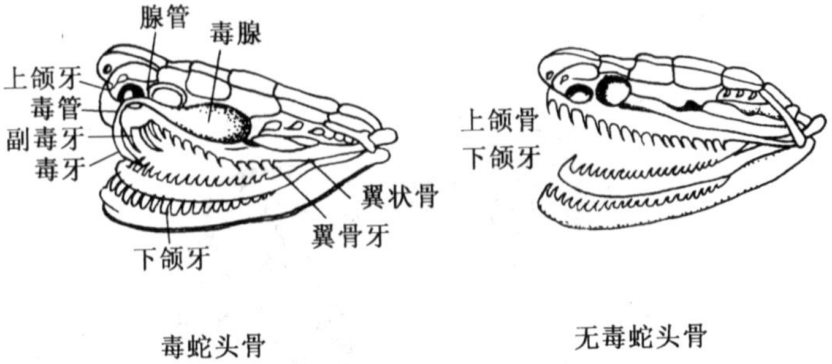

图 14　毒蛇与无毒蛇的头骨

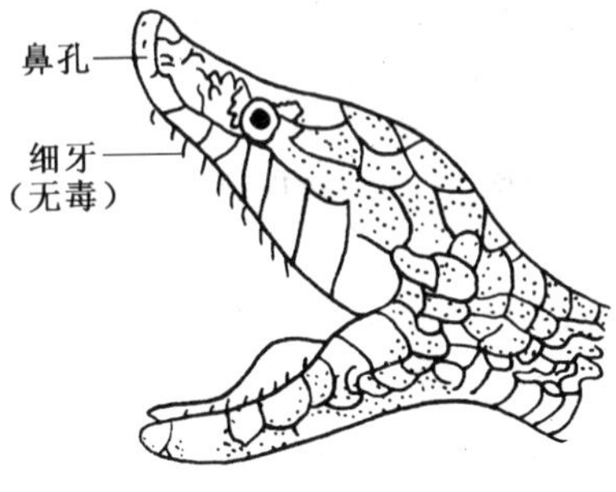

图 15　无毒蛇头部

（三）瞳孔

大部分毒蛇的瞳孔是裂孔形，而无毒蛇的瞳孔多数是圆形，但夜行性无毒蛇的瞳孔却也是裂孔形。

（四）体态

毒蛇的体态大多显得短而粗，如五步蛇是典型的短粗型，而无毒蛇大多体型大而均匀细长，如乌梢蛇、黑眉锦蛇等。

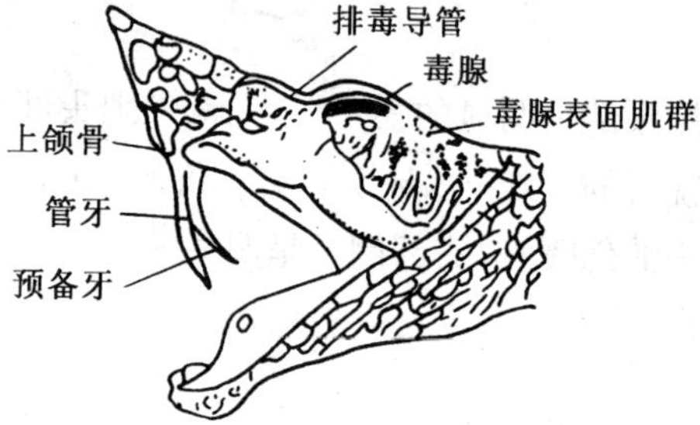

图 16　毒蛇头部

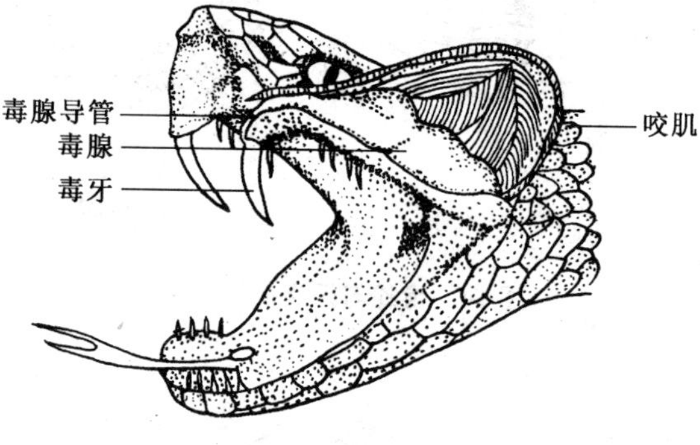

图 17　毒蛇的咬肌及毒器

（五）尾部

毒蛇的尾部短尖或短钝，自肛门后骤然变细，与其身体很不对称。无毒蛇的尾部一般较细长，自肛门后逐渐变细，与身体相对称。

(六)习性

毒蛇大多性懒怠,爱盘蜷休息,睡觉时头部多插到腹下(五步蛇除外),即使受惊后爬行速度也较缓慢,发现人后不逃跑或逃跑慢,如眼镜蛇、蝮蛇等。无毒蛇一般爬行敏捷,胆小怕惊,稍被惊动就会迅速逃窜得无影无踪,特别机灵敏感。它盘蜷休息或睡觉时,头往往枕在背上向上微微昂起,如乌梢蛇、王锦蛇等。相比而言,毒蛇笨拙,身体不灵敏。

以上这些蛇类外形上的识别,只能作为一般性的识别依据,绝对不能将其视为识别的唯一标准,否则将会铸成大错。最可靠的识别方法是看其有无毒牙及毒腺。也就是说,所有的毒蛇都具有毒牙和毒腺,而所有的无毒蛇则不具备。

第七节　经济蛇类简介

凡可药用、食用、观赏和其他有经济价值的蛇类均称为经济蛇类。当前国内各地较大规模地集中饲养的蛇类主要是具有养殖价值的经济类蛇种。经济价值较高的蛇种约有 30 多种。为了更准确地帮助大家识别,掌握其形态特征、生活习性和分布地区,特做如下介绍。

一、眼镜蛇科

主要特征:上颌骨较短,前端具有沟牙,沟牙之后往往有 1 至数枚细牙,系前沟牙类毒蛇,毒液含神经毒为主。本科蛇类不爱活动,头部呈椭圆形,从外形看与无毒蛇不易区别。头背具有对称大鳞,无颊鳞。瞳孔圆形,尾圆柱状,整条脊柱均有椎体下突。我国只有 4 属 8 种左右,如银环蛇、金环蛇、眼镜蛇、眼镜王蛇等主要剧毒蛇,下面分述如下。

(一)银环蛇 Bungarus multicinctus

别名和地方名:银脚带、寸白蛇、竹节蛇、白花蛇、过基甲、银包铁、银报应、白菊花、节节乌、手巾蛇、雨伞蛇、簸箕甲、洞箫蛇、寸白梨铲头、白节黑、白带蛇、霸王鞭、笛子蛇、金钱白花蛇(此幼蛇干的中药名)。

形态特征:体长达 1 米以上,头椭圆形,略大于颈部,吻端钝圆,眼较小。体背黑白横纹相间,白横纹较黑横纹细窄,腹面白色。背鳞平滑,背中央一行鳞片扩大,呈六角形。肛鳞整齐,尾下鳞单行。尾较长,尾端较尖细。这些特征可与其他具有黑白相间环纹的蛇相区别。

生活习性:多栖息于平原及丘陵地带多水之处。在稀疏树木或小草丛的低矮山坡、坟堆附近、山脚、路旁、田埂、河沿鱼塘旁边、倒塌较久的土房子下、石堆下面,山区住宅附近或菜园以及墙角根都曾发现。系夜行性蛇类,尤以上半夜活动更为频繁,深夜或黎明前才返回洞内。秋末中午和闷热天阵雨后的白天也外出捕食活动。生活的最佳温度为 26～30℃,11 月中旬开始冬眠,至翌年 4 月底 5 月初才出蛰,爱群聚越冬。5～8 月产卵,产卵数一般 5～15 枚,多者达 20 枚,约 45 天孵出幼蛇,生长 3 年后达到性成熟。它食性广,以鱼、蛙、蜥蜴、蛇类及鼠类为食,尤好食泥鳅和鳝鱼。该蛇性怯,但行动敏感,人稍惊动,会采取袭击动作,并易张口咬人。

分布:国内分布广东、广西、江西、湖南、福建、浙江、贵州、云南、四川、安徽、台湾、湖北、海南等省(区)。

(二)金环蛇 Bungarus fasiatus(Schneider)

别名和地方名:金脚带、铁包金、佛蛇、金报应、黄金甲、黄节蛇、金蛇、玄南鞭、国公棍等。

形态特征:体躯较粗大,一般长 1～1.6 米。头椭圆形,略大于颈部,头背黑色,有"∧"形纹斜达颈侧。体尾部有黑黄相间的宽环纹绕周身,黑环与黄环几乎等宽。背脊显著隆起,背正中一行鳞片扩大呈六角形。尾较短，末端钝圆。

生活习性：喜活动于湿热地带的平原丘陵、山地的丛林中，近水域的塘边，溪沟边或山坡岩洞内和住宅附近，系夜行性蛇类，黄昏后出洞捕食其他蛇类，偶尔吃蛇卵、鱼、蛙、鼠类等。白天多不活动，常盘蜷着身体把头钻在身下。此蛇怕见光线，不主动攻击人畜，性亦温顺，故少见有蛇伤病例。但幼蛇较凶猛、活跃。卵生，每产 8～12 枚，多产于落叶堆或洞穴内，雌蛇有护卵习性。

分布：国内分布于广东、广西、江西、云南、福建、海南等省(区)。

(三)眼镜蛇 Naja naja atra contor

别名和地方名：饭铲头、万蛇、过山风、犁头扑、蝙蝠蛇、白颈乌、吹风蛇、扁头风、琵琶蛇、吹泡蛇、喷气蛇、饭匙头、膨颈蛇、牛皮蛇、吹风鳖等。

形态特征：全长 1～2 米，最长者可达 2 米以上。头部椭圆形，当被激怒或受惊吓时，头颈部能膨扁，颈背有白色圈纹状如眼镜，故称为眼镜蛇。全身背面黑色或黑褐色，体及尾背常有均匀相间的黄白色细横纹，幼蛇尤为明显，头腹及体前腹面黄白色，颈腹有一黑色宽横纹，在其前方两侧各有一黑色点斑，体中段之后的腹面逐渐呈灰褐色或黑褐色。

生活习性：生活于平原、丘陵、山区的灌木丛或竹林中、山坡坟堆、山脚水旁、溪水鱼塘边、稻田、公路和住宅附近的地方。食性很广，能吃蛇类、鱼类和蛙类，也食鸟及鸟蛋、蜥蜴等小动物。夏季暴雨后常爬进住宅觅食鼠类，由此造成的伤害较多。昼行性蛇类，主要在白天外出活动。该蛇对高温耐受性较强，喜晒太阳，常发现它在35～38.5℃的阳光下长时间不避开，但对低温的耐受性较差，冬天低于9℃容易造成死亡。据有关资料统计表明，野外捕获的最佳温度为26～35℃。卵生，5～6 月交配，6～8 月产卵，每产 7～19 枚，孵化期50 天左右。

分布：国内分布于安徽、广东、广西、浙江、福建、湖南、湖北、台湾、贵州、云南、四川、海南、江西等省（区）。

（四）眼镜王蛇 Ophiophagus hannah

别名与地方名：大扁颈、大眼镜蛇、过山风、山万蛇、吹风蛇、过山标、气扁蛇、麻骨鸟、大饭匙倩、蛇王、大彭颈蛇、扁头风等。

形态特征：系世界上最大型的剧毒蛇，它个体较大，全长一般在1.5～4米，最长可达6米。形态与眼镜蛇相似。顶鳞之后有一对大枕鳞，这是最明显的特征。颈部膨扁时不呈眼镜状斑纹，而是“人”字形的白色斑。背面黑褐色或黄褐色，头和体前端腹面土黄色，体后段灰褐色，具黑色线状斑纹。幼体色斑不一样，头背有4条浅色横纹，分别在吻部、眼的前后及头后。体背黑色，具有窄的褐色横斑。

该蛇与眼镜蛇同具一特性，受惊动时颈部膨大呈扁平状，并竖起前1/3身体略向后仰，头平直向前，并出发“呼呼”声向目的物冲击。有时可喷射毒液，可达4～5米远，应加以注意。

生活习性：常生活于平原至海拔1 000～2 000米的高山密林中。善攀爬树上，前半身悬空下垂或昂起，后半身能缠绕在树枝上，有时在水边或桥旁出现，或隐藏在岩缝和树洞内。昼行性蛇类性较凶狠，有追捕人畜的习性。此蛇食性较单一，主食蛇类和蜥蜴类，也吃鸟类及鼠类。卵生，每产21～40枚，多者达51枚。雌蛇有护卵习性，有时雄蛇也参与护卵。

分布：分布于浙江、江西、福建、广西、广东、台湾、贵州、云南、海南、西藏、四川等省(区)。

二、蝰科

主要特征：头颈区分明显，有的种类头部明显呈三角形；头背为对称大鳞或为小鳞；瞳孔直立椭圆形；背鳞多具强棱。都是管牙类毒蛇，分泌毒液主要含血循毒。依据颊窝的有无分为蝮亚科和蝰亚科。蝮亚科的蛇具有颊窝，如尖吻蝮、蝮蛇、烙铁头、竹叶青等；蝰亚科无颊窝，如蝰蛇等。

(一)尖吻蝮 Dienagkistrodon acutus

别名和地方名：五步蛇、蕲蛇、白花蛇、棋盘蛇、放丝蛇、吊灯扑、百步蛇、懒蛇、翘鼻蛇、盘蛇、聋婆蛇、大白花蛇等。

形态特征：此蛇体形较大，体长可达 1～2 米，有的在 2 米以上。头呈大三角形，吻端尖而向前上方翘起。背鳞起强棱，并且有鳞孔，头背棕黑色或棕褐色，头侧自吻鳞经眼至口角上唇鳞以上为棕黑色，以下黄白色。由于头侧上半部沿眼睛水平以上色深，不易看清眼球，人们误以为五步蛇经常处于闭眼状态，事实上所有的蛇类均无活动的眼睑，眼睛永远是睁着的。头腹及喉部为白色，散有少数黑褐色斑点。体背面深棕色或黄褐色，顶端在背中线相连，具有 15～20 块灰白色方形大斑，实际上是体两侧具有深色三角形斑。有的三角形顶尖相互错开，便形成不完整的浅色方块。腹面灰白色，两侧有两行近圆形的黑褐色块斑，并有不规则的小斑点。尾背也有灰白色方块斑 2～5 个，其余为黑褐色。尾下鳞单行或成对的兼有。尾短细，尾尖成角质刺，俗称“佛指甲”，但尾尖无毒。

生活习性：生活于海拔 100～1 300 米山区或丘陵地带，但以海拔 300～800 米山谷溪涧附近岩石、落叶间或草丛中居多。在瀑布下的岩缝中、路边杂草、茶园、玉米地及稻田间均有出现，有时还爬入山区住宅内。洞穴多在山区森林的树根旁，系广食性蛇类，以蛙、鼠、鸟、蜥蜴等为食，有明显的食蛇习性。属晨昏性蛇类，早晚活动为主。对湿度要求高，晚上及阴雨天活动较频繁。卵生，8～9 月产卵，产卵数在 11～29 枚，雌蛇有护卵习性，孵化期 26～30 天。出壳 1 周后的幼蛇便能分泌一定的毒液，且会本能地冲击扑咬。

分布：此蛇为我国特有的名蛇，以湖北蕲州产的最为名贵，在安徽、浙江、江西、福建、台湾、湖南、广东、广西、贵州、四川等省(区)均有分布。

(二)蝮蛇 Agkistrodon blomhoffii

我国主要有白眉蝮短尾亚种和白眉蝮乌苏里亚种。白眉蝮短尾亦称为“日本短尾蝮”。

别名和地方名：土球子、七寸子、地扁蛇、草上飞、狗屎卷、白花七寸倒、地灰扑、土公蛇、铁树皮、灰链鳖、狗屎蝮等。

形态特征：此蛇短粗，全长仅60～70厘米，雄蛇最长不超过90厘米。头部略呈三角形，有颊窝，吻鳞明显，鼻间鳞宽，外侧缘尖细，背鳞明显。体背面灰褐色或赤褐色，头背有一行深色八字形斑，个别出现一条红棕色脊线，腹面灰黑色，具有众多不规则的小黑斑点。尾部两亚种有明显的差异，短尾亚种尾下鳞数目较少，尾后段焦黄色无斑，尾尖常为黑色。而乌苏里亚种尾下鳞数目较多，尾部与体部包斑相似。

生活习性：蝮蛇分布很广，南北各省（区）都有它的踪迹。多栖息于平原和丘陵地带的坟堆草丛、荒野及田间小路旁、乱石堆或沟边坎沿、近水的住宅附近。系晨昏性蛇类，在热天尤以晚上8时到次日凌晨活动最为频繁。它的食性很杂，以鱼、蛙、鼠、蛇、蜥蜴、鸟为食。幼蛇吃蚰蜒、蚂蚁、泽蛙及其他昆虫。在南方，短尾亚种的冬眠期从10月底开始，到12月上旬基本入蛰，至翌年3月之后陆续出蛰。在北方，乌苏里亚种10月上旬开始进入冬眠，至翌年5月中旬出蛰。卵胎生，8月中下旬至9月上中旬产仔，每产2～20条。

分布：短尾亚种国内分布于河北、江苏、安徽、浙江、江西、福建、台湾、湖北、四川、贵州、辽宁（南部）、陕西（秦岭以南）。

乌苏里亚种国内分布于辽宁、吉林、黑龙江、内蒙古、山东、河北等省（区）。

（三）烙铁头 Trimeresurus mucrisquamatus

别名与地方名：老鼠蛇、龟壳花蛇、恶乌子、金钱豹、吊树猫、野猫种、薪蛇盖、笋壳斑、烂葛藤。

形态特征：体长为0.7～1米，最长者可达1.3米。头部呈长三角，颈部较细，形似烙铁，故名烙铁头。体形细长，头背具有细鳞，呈棕褐色，有近“∧”形的深褐色斑，眼后到颈侧有一暗褐色纵纹，上下唇色较浅，头部腹面灰白色。体背棕褐色，在背中线两侧有并列的暗褐色斑纹，左右相连而成波状纵纹，在波状纵纹两侧有不规则的小斑块。腹面浅褐色，每一腹鳞有 1～3 块近方形或近圆形的小斑。尾纤细，末端更加细长。

生活习性：生活于海拔 200 米以上的丘陵和山区，多栖息在溪边的灌木丛中，竹林及住宅附近的柴草堆或乱石堆下都有发现，曾有随柴草进入城镇或渔船的事例。极善攀爬上树，尾具有较强的缠绕性，属于夜行性蛇类，多在夜间捕食活动，尤其在半夜至下半夜活动频繁。此蛇最适宜的温度为 23～32℃，一年之中活动的高峰为 6～8 月份。以捕食蜥蜴、蛙、鼠、鸟等，尤以食鼠为主。卵生，多在 7～8 月产卵，每产 5～13 枚。

分布：国内分布于安徽、江西、福建、台湾、浙江、河南、湖南、广东、广西、甘肃、四川、贵州、陕西、海南等省（区）。

（四）竹叶青 Trimeresurus stejnegeri Sonmidt

别名和地方名：青竹蛇、刁竹青、青竹丝蛇、焦尾巴蛇、白线连、金线连、焦吊、红眼睛、青皮蛇、绿牙蛇、红眼蜻蜓、青竹标。

形态特征：体长为 0.5～1 米。头部长三角形，头背具细鳞、眼睛红色，体背面和两侧都是鲜绿色，腹面为浅绿色，体侧各有一条黄色、白色或红白两色的纵线纹，尾背和尾端均为焦红色，尾巴较细短。

生活习性：常生活于海拔 150～200 米的山区溪边及草丛中，山区的竹林、稻田及山区住宅的瓜棚杂草中常有发现。其体色与绿叶一致，不易被发现。洞穴多在山区森林中，有利用树洞或竹筒作为越冬的场所。系晨昏性蛇类，多于早晨或夜间活动。食性以鼠为主，也食蛙、鸟、蜥蜴、蝌蚪等。卵胎生，7～8 月产仔，每产 3～15 条。

分布：国内分布于江苏、安徽、浙江、江西、福建、广东、广西、湖南、四川、贵州、云南、海南等省（区）。

（五）蝰蛇 Vipera russetli Siamensis Smith

别名和地方名：圆斑蝰、古钱窗、链蛇、金钱豹、金钱斑、黑纹蝰、麻绳蛇、鹧鸪蛇、百步金钱豹、圆蛇。

形态特征：全长0.5～1米。头部较大略呈三角形，与颈部有明显区别，体粗圆，头背具有三块圆斑，体背棕灰色，体背也具三个纵行大圆斑，背脊一行圆斑与两侧交错排列，圆斑中央紫褐色，四周黑色，镶以黄白色边，腹面灰白色，具有3～5行近于半月形的深棕色斑。尾短细。

生活习性：生活在平原、丘陵和山区。常栖息在开阔的田野中，茂密的林区极少发现，秋收时多见于稻田，喜躲在通风凉爽或较阴暗的地方，有的地方常见此蛇躲在龙舌兰和仙人掌下盘蜷成团。它行动迟缓，受惊时常发出“吁吁”声，能持续数分钟乃至半小时，身体不断地膨缩。袭击时，躯干前部先向后屈，尔后猛离地面直向目标，并有咬住不放的习性。幼蛇更为凶猛。主要以蛇类、鼠类、蜥蜴和鸟为食，有时可进入住宅觅食鼠类。卵胎生，多产，6～7月产仔，一般产30～40条，多者可达63条。

分布：国内分布在广东、广西、福建、台湾省(区)。

三、海蛇科

主要特征：本科与眼镜蛇科一样，系前沟牙类毒蛇，毒液以神经毒为主。世界上现有50多种海蛇，分布于太平洋及印度洋沿岸，大西洋没有海蛇(这是个例外)。我国产海蛇16种，分布于北起辽宁，南至海南及广西的广大沿海地区。

海蛇生活在海水中，尾侧扁如桨，躯干后段略侧扁，腹鳞大多退化，不发达或消失。所以，在陆地上行动极困难，只好终生生活于海水中。仅腹鳞较发达的扁尾海蛇属于比较方便在陆地上活动的种类，常游到海岛沿岸的沙滩上、洞穴中、草丛里或岩礁上活动或晒太阳。下面将分布较广、数量较多的几种海蛇介绍如下。

(一)长吻海蛇 Pelamis platurus

别名和地方名：黑背海蛇、细腹鳞海蛇、黄腹海蛇、海长虫、两头蛇。

形态特征：全长不足 1 米。头型较长，吻长、鼻孔朝上，体侧极扁。体鳞细呈六角形或近方形镶嵌排列，腹面均为黄色，背黑腹黄截然分开，尾部有 5～10 块黑斑，单独或彼此连成波状，尾尖黑色。

生活习性：系海蛇科中分布最广的一种，能远离海岸游动。该蛇倒退犹如前进一样灵活自如，"两头蛇"即由此得名。以各种小型鱼类为食，亦能吃甲壳类动物。卵胎生，每次产仔 2～5 条。

分布：国内浙江、福建、台湾、广东、海南、广西、山东等省（区）沿海均有发现。

（二）青环海蛇 Hydrophis cyanocinctus Daudin

别名和地方名：海长虫、海青蛇、海蛇、斑海蛇。

形态特征：体长可达 1.2～2 米。头部大小适中，体前部不特别细，体后部及尾侧扁，体部最粗的周径为颈周径的 2 倍多。腹鳞小，大小通身较为一致。背鳞圆形，起棱呈瓦状排列，头背黄橄榄色，全身具有青黑色环纹 50 多个，环纹在背部宽而色深，腹部窄，体侧最窄处色较浅。幼蛇头部和腹鳞均呈黑色，随着生长而逐渐变细。

生活习性：生活于海洋，以海鳗、小带鱼及其他鱼类为食。卵胎生，9～10 月产仔，每产 3～15 条。

分布：属广分布海蛇种，国内沿海均有发现，尤以南海产量最多。

四、游蛇科

本科蛇类我国产有 37 属 144 种，其中绝大多数为无毒蛇，仅 6 属 12 种为后沟牙类毒蛇，未见有蛇伤病例。近几年来，唯独颈槽蛇属的虎斑游蛇和链蛇属的赤链蛇（以上两种蛇均系无毒牙蛇类）在国内外均出现蛇伤病例，而且病情不轻，引起人们重视，将做专门介绍。

除虎斑游蛇、赤链蛇外，经解剖又发现颈棱蛇、水赤链游蛇、双全白环蛇、翠青蛇、黄链蛇等均有毒腺。这类毒蛇均属游蛇科，毒牙无沟、无管，呈利刀状，着生在口角内侧上颌的后端，毒牙又短，而且毒腺不发达，分泌量少，咬人时很难用毒牙咬到人体，除非被咬物深深纳入蛇口内，否则难以触及利牙。因此，通常不易造成中毒现象。

长期以来，以上这些蛇类一直认为是无毒蛇，直到国内外发现被赤链蛇、虎斑游蛇、水赤链游蛇咬伤并引起了中毒的现象后，引起了学者对它们的研究，认为此类蛇的达氏腺 (Duvernoy)为毒腺。1994年牛青山等明确指出虎斑游蛇属游蛇科，但其毒牙无沟亦无管，有别于前两种毒牙，似应称为后毒牙。1996 年吴卯斌发现赤链蛇有达氏腺存在。1997 年王亦民发现水赤链游蛇的达氏腺存在。这样才提高了人们对后毒牙类毒蛇的认识。此类蛇的新发现，将对这类毒蛇的综合利用和资源保护有重要意义。另外，此蛇类的最佳取毒时间，最高产毒量等，都有待于作进一步的探讨、论证。

虎斑游蛇毒腺喷毒现象的真实描述：毒蛇能喷射毒液，养蛇女人作为一个多年的养蛇户来讲，可以说是根本不稀罕，也见得多了，那是它们极为正常的进攻防御作为。而今天我要为大家介绍的却是能用蛇脖子喷毒的蛇，那就是广泛分布于各地的虎斑游蛇。用“笑里能藏刀，脖里会喷毒”一词来形容虎斑游蛇，可谓准确极了。

在 20 世纪 80 年代以前的时间里，虎斑游蛇一直被冠以无毒蛇的称呼，直到 80 年代末 90 年代初才有专家学者逐渐揭开了其有毒的谜底，将其定为后毒牙类毒蛇。它为什么又叫“野鸡脖子”呢？因为其口吐黑信，并且黑信的外端又向左右分两叉，传说这种蛇长到一定程度，头上便会生出像野鸡一样的鸡冠子，而且还会学野鸡叫呢。不过，这一传说至今未得到科学的解释。但虎斑游蛇在受到极度惊吓时会从脖子喷毒，此种举动可是千真万确的。有一次养蛇女人在戏弄它时，可能是把玩的时间久了、蛇也“厌倦”到极点了，只见它头一低，瞬间一股白色或肉色的液体喷向它自己认为的“目标”，射程竟达到其身长的3/2甚至 2 倍。有时闲来无事觉着很好奇，就把它的脖子人为地弯向前方，两手拇指和十指轻轻地一挤压，它头后脖子正中间的那片鳞片就会翘起，再稍用力整体的挤压一下，也可见到毒液渗出。虎斑游蛇喷射的液体有毒现在是公认的。喷到人眼睛里要马上用清水清洗，并且头呈向下的姿势，这样有助于毒液顺利流出眼外。毒液进入眼睛后会立即感觉疼痛，视觉模糊，眼里充满血丝，且头部剧痛。此时，应立即服用季得胜蛇药片，一般连用 7 天可愈。有人做过此蛇的毒性试验：将毒液注入老鼠体内，可见其由红肿变黑并逐渐扩散，最后老鼠死亡。虎斑游蛇喷毒用不着张嘴，毒液有时落到手上会看到像牛奶一样的滚动物质，养蛇早期的我对此蛇的这种现象不像现在这样了解，稀里糊涂地还以为是它的唾沫呢！现在想想真是可笑极了，有时还后怕呢！这正是：猛一看色彩斑斓身材妙曼，细一观脖能喷毒蛇中少见。养殖该蛇时，尤其在手臂和面部的皮肤裸露之处有破损时，千万不要挑逗它，以免遭受不应有的皮肉之痛，切记。

(一)虎斑游蛇 Rhabdophis tigrina lateralis

别名与地方名：野鸡脖子、竹杆青、虎斑颈槽蛇、红颈蛇、孔雀蛇。

形态特征：后沟牙类毒蛇，其毒液的毒素属于血循毒。体长近 1 米，最长者 1.5 米以上。头为不明显三角形，口吐黑信，并且黑信的外端又向左右分为两叉。体背暗绿色，故有“竹杆青”之名。颈背有明显的颈槽，能分泌灰白色的分泌物，根据这一特征，又名为“虎斑颈槽蛇”。颈槽分泌的液体有毒性，在野外捕捉时要特别注意保护眼睛及裸露受伤处。体前段杂有橘红色的横斑纹，到体中间逐渐消失，体后段只有散状的莹光黑斑点，腹面为黄绿色并呈淡黑状，实则绿色较浅。尾细长。

生活习性：生活于平原、丘陵或山区，多栖息在多草的田园及水边的草丛中、乱石堆下，东北三省多次于铁路基石附近发现。它白天活动，行动敏捷，受惊吓或性起发怒时横扁颈部及体前部作攻击姿态，颈部的红黑斑纹更加明显，如雄鸡的头颈部。以青蛙、林蛙、蟾蜍、蝌蚪为食，偶尔也吃鼠类和鱼类。卵生，6～8 月产卵，每产 10～37 枚，孵化期 40～50 天。

分布：属广分布蛇种，主要分布于河北、山西、内蒙古、黑龙江、吉林、辽宁、山东、江苏、安徽、江西、福建、河南、湖北、湖南、广西、陕西、宁夏、甘肃、四川、贵州、西藏、台湾等省(区)。

(二)赤链蛇 Dinodon rufozonatum

别名和地方名：火赤链、红四十八节、红长虫、红斑蛇、红花子、燥地火链、红百节蛇、血三更、链子蛇。

形态特征：后沟牙类毒蛇，该蛇毒液含以血循毒为主的混合毒素，但咬伤症状较弱，到目前为止还没有人员伤亡的具体报道。体长可达1～1.8米。头较宽扁呈明显三角形，头部黑色，头部鳞缘呈红色，体背均匀布满红黑相间的规则横纹，体两侧为散状黑斑纹，腹鳞外侧有黑褐斑，尾较短细。

生活习性：大多生活于田野、河边、丘陵及近水地带，并常出现于住宅周围，在村民住院内常有发现。以树洞、坟洞、地洞或石堆、瓦片下为窝，野外废弃的土窑及附近多有发现。属夜行性蛇类，多在傍晚出没，晚10点以后活动频繁。白天蜷缩不动，将头部深深埋于体下，性懒不爱动，不主动攻击，爬行缓慢。以蟾蜍、蜥蜴、鱼类、鸡雏为食。卵生，7～8月产卵，每产7～15枚。

分布：国内除宁夏、甘肃、青海、新疆、西藏外，其他各省(区)均有分布，属广布性蛇类。

(三)黄链蛇 Dinodon fwozonatum pope

别名和地方名：黄花松、黄链子、黄花长虫、黄斑蛇、黄花子、百节蛇。

形态特征：头较宽扁，瞳孔直立椭圆形。背鳞背部中央5～9行略起棱，头及体背呈黑色，并均匀遍布黄色窄横纹至尾尖。体两侧为黑黄色散状斑纹，腹面为乳白色或白色。体长一般为0.8～1.2米，最长者达1.6米左右。

生活习性：此蛇的习性与赤链蛇基本上差不多，也是夜行性蛇类，除捕食蜥蜴、蛇类、蛙类外，亦吃鼠类。卵生，每产5～15枚，孵化期为 40～50 天。

分布：国内分布于广东、广西、海南、贵州、福建、安徽、浙江、江西等省(区)。

(四)红点锦蛇 Elaphe rufodorsata

别名和地方名：黄领蛇、鱼蛇、水蛇、红斑蛇。

形态特征：体长不足 1 米，习性为半水生性，体重为 100～350 克。头部具有三条“∧”花纹，一般呈黑色，体背面呈淡红色，背中央有一条两行鳞片宽的橙黄色纵线纹。体侧各有暗褐斑纹连成的纵线纹两条，腹面缀满大小不一的黑褐色小方斑，个别的也呈黄褐色。

生活习性：生活在近水的稻田、池塘、湖泊、河流和沼泽地附近。以食鱼类和蛙类为主。该蛇体小灵便，被捕捉时爱扑咬人。卵胎生，每年的 7～8 月产仔，每产 7～10 条，也有多达 10 条以上的，胆入药。养殖场养殖此蛇多用作其他蛇类的饲料。

分布：山东、山西、河北、河南、辽宁、吉林、内蒙古、黑龙江、江苏、安徽、浙江、江西、福建、台湾、湖南、湖北、海南等省(区)。

(五)双斑锦蛇 Elaphe bimaculate Schmidt 有鳞目 Squamata 蛇亚目 Serpentiformes 游蛇科 Colubridae 锦蛇属 *Elaphe*

别名：水蛇、小锦蛇、花锦蛇。

体形特征：全长约 70 公分。躯体以黄褐或淡褐为底色，背中线的左右两侧各有一列镶有黑边的褐色或红褐色斑纹。躯体两侧亦有一列相同颜色的小斑纹。此外另有与这些斑纹想连接的 4 条淡色直纹。头部背面则有与躯体斑纹颜色相同的矛尖状斑纹。该物种已被列入中国国家林业局 2000 年 8 月 1 日发布的《国家保护的有益的或者有重要经济、科学研究价值的陆生野生动物名录》。

生活习性：8～9 月间交配，隔年 7 月产卵。主要生活于山区丘陵地带，捕食蜥蜴、壁虎、小鱼和鼠，卵生，每产 9～13 条，孵化期 40～50天。

分布：广泛分布于我国华北、华东的广大地区。以山东、河北、甘肃、陕西、河南、安徽、四川、江苏、浙江、湖北、江西、浙江、重庆等省市为主。北京仅在西北部山区有个别发现,多常见于平原或丘陵旷野以及在村边、草丛、坟堆等有自然遮蔽的、适合蛇藏身的静谧地方。

经济价值:俗话说:山不转水转。曾几何时,双斑锦蛇是不被养蛇场家或户所看好的,它仅作为大型锦蛇类的饲料蛇。但近几年该蛇呈"异军突起"状,不仅被街头巷尾的大排档青睐,在为进城务工人员或工薪阶层乐于接受的同时,它还进了高级的酒楼和宾馆。因其因由,是该蛇长势缓慢,有蛇中"人参"之美誉,口味具有毒蛇的美鲜可口和营养滋补,作为冬季蛇火锅的主原料蛇,它还有久涮不烂、肉质细腻、汤汁呈牛奶般的上乘之色,故也深受广大高端食客的喜欢。再者,该蛇价格低廉,在物价飞速上涨的今天,它的价位虽也"水涨船高",但涨后的"身价"依旧能被各个层次的食客们所接受。另外,由于双斑锦蛇颜色鲜艳、花纹斑斓、性情温顺、形体不是太大,泼辣易饲养,好多爬宠爱好者多以该蛇来作为宠物蛇饲养,目前在全国各地的花鸟鱼虫市场多常见它的身影。

(六)白条锦蛇 Dione rat-snake(Pallas,1773)

别名:水蛇、枕纹锦蛇、黑斑蛇、麻蛇、花锦蛇等。

形体特征:该蛇背面苍灰、灰棕或棕黄色。头略呈椭圆形,体尾较细长,全长1米左右。头顶有黑褐色斑纹三条,最前一条较细或不明显,横过鼻间鳞经颊鳞、眶前鳞达眼;第二条弱宽,横越前额鳞斜向后经眶前鳞上角至眼与前一条相会合,眼为粗大黑纹斜达口角;第三条最宽,横于额鳞分别沿左右眶上鳞、顶鳞外半后行至枕后,呈"钟形"两侧联结,即成一特殊的枕纹。头顶诸斑纹在幼蛇时尤为显著。躯尾背面具三条浅色纵纹;正背中一条窄而模糊,常被黑斑隔断,两侧的二条较宽。腹鳞及尾下鳞两外侧斑点粗大,且断续缀连如链;有的个体腹两侧尚散有棕红色小斑点。

生活习性:该蛇生活力强,耐饥渴,曾有耐饿18个月不进食的记录。多生活于平原、丘陵或山区、草原,栖于田野、坟堆、草坡、林区、河边及近旁，也常见于菜园、农家的鸡窝、畜圈附近，有时为捕食鼠类进入老土房，森林至半荒漠地区都有其活动踪迹，晴天白天和傍晚都出来活动。北方地区十月上旬开始入蛰，次年四月下旬出蜇。它性情较温顺，行动较迟缓。捕杀小鸟、蜥蜴及小型鼠类、蛙类和小鱼为食。繁殖方式为卵生，于7月至8月间产卵于深穴、草丛、砖石瓦块下或石缝内等光线昏暗的地方，每次产卵6～15枚，卵壳柔韧，色呈乳白色，孵化期约在40～65天。

分布：中国北方广布的无毒蛇，垂直分布可达海拔3 500米。多分别在北京、黑龙江、吉林、辽宁、河北、山东、山西、江苏、安徽、上海、河南、湖北、陕西、宁夏、甘肃、青海、四川、新疆等省区。该蛇被列入《国家保护的有益的或者有重要经济、科学研究价值的陆生野生动物名录》中。

经济价值：该蛇目前深受大型养蛇场喜欢，多作为大型锦蛇类的饲料蛇，需求量十分可观。同时它也是宗教界“炙手可热”的放生蛇种之一，国内一线消费城市如广州、深圳、杭州、北京、上海、重庆、天津等地，用此蛇作为放生蛇已非常普遍。每年的放生旺季从“五一”节后一直持续到蛇冬眠前，准确的放生季节基本按照各地的气候而定。由于该蛇温顺体小、颜色好看，总体长度不超过1米，作为宠物蛇容易被饲养者接受，把玩时好上手等一系列优势，又被“摆上”了花鸟鱼虫的市场，较受“玩家们”喜欢，走货量呈年年增加的趋势。

（七）中华水蛇 Enhydris chincnsis

别名和地方名：水长虫、泥蛇、水蛇、鱼蛇。

形态特征：成蛇体长不超过1米，一般约在0.5～0.7米。为后沟牙毒蛇类，毒轻微，对人畜有一定的危害。此蛇整体的体色为草黄绿色，有的呈土黄色，体背面中间有一条纵行横斑纹至尾，且两侧双排纵行排列成大小相同的小黑点，腹面黄色，每一腹鳞的前缘有黑斑且黑色素较浓，呈灰黑色。尾短细。

生活习性：属水栖蛇类，多栖息于稻田、沟塘、池坝、库区的水域中。属昼行性蛇类，白天爱爬上岸或在水中的浮游上盘缠着晒太阳，喜群居群游且爱争食咬斗。体较灵活，被捕捉时反击咬人迅速，喜食泥鳅、鱼类、蛙类等。卵胎生，8～9 月产仔，每产 4～12 条，多者达 15 条。此蛇多用作取胆或作蛇饵。

分布：江苏、安徽、广东、广西、浙江、江西、湖北、山东、台湾、海南、福建、河南、河北等省(区)。

(八)铅色水蛇 Enhydris plumbca

别名和地方名：水泡蛇、水蛇、黑鱼蛇、铅蛇、河蛇。

形态特征：体长不足半米，最大者可达 1.2 米。此蛇系后沟牙类毒蛇，具轻毒，对人畜有一定危害。体多呈铅色并有光泽，有时也呈橄榄色。头椭圆，眼呈水泡状，鼻孔朝上。腹面两侧为白色腹鳞，略带黑色，中间有小黑点，尾钝短。

生活习性：为水栖蛇类，常栖息于水田及近水的地方。主要在黄昏或夜晚活动，主食泥鳅、鳝鱼，也食鱼类和蛙类。卵胎生，每年的6～8月产仔，每次产仔蛇 3～19 条。人工养此蛇主要作蛇饵和取胆用。

分布：云南、江苏、江西、浙江、福建、海南、台湾、广东、广西等省(区)。

五、游蛇科的其他(无毒)经济蛇类简介

本科是蛇类中种数最多的一科，现今生存的蛇类中 2/3 隶属于本科。本科蛇的体长，从小型到大型的都有。一般说来，它们的腹鳞宽大，头背对称地覆盖着大的鳞片。如果是树栖类的蛇，躯体和尾均细长，腹鳞扁平且两侧呈棱角，适于缠绕，具有很强的灵活缠绕性。若是水栖类的或半水栖类的蛇，体呈圆柱状，尾巴较短细。

(一)棕黑锦蛇 Elaphe schrenckii

别名和地方名：乌松、黄游蛇、乌虫、黄长虫、黄斑蛇、黄花子、黄花松、松花蛇。

形态特征：成蛇体长可达1.3～2米。头椭圆形，头背黑色，眼后有一斜下棕褐色的长条纹，上下唇鳞边缘具有黑斑。此蛇体色变化较大，有的成蛇体色较黑，有的体色呈棕黑色，在体后及尾部有黑黄相间的横纹，尾较细长。

生活习性：常栖息于平原、山区靠水边较近的山洞、树洞或坟洞中，以捕食鼠类为主，也吃鸟类及鸟蛋。卵生，6～7月产卵，每产8～25枚，最多者近30枚。

分布：是北方的一种较常见蛇类。在山东、山西、黑龙江、陕西、吉林、辽宁、河北、河南等省分布较广；湖北、湖南省也有分布。

（二）黑眉锦蛇 Elaphe tacnius

别名和地方名：菜花蛇、蛇王、家蛇、花蛇、广蛇、黄斑蛇、黑眉蛇、黄颌蛇、三索线蛇、双线蛇、慈鳗蛇、松花蛇。

形态特征：成蛇体长为1.5～2.2米。头椭圆形，上下唇鳞、前后颏片及腹鳞的前部均呈黄色。眼后有明显的黑纹延伸至颈部，蛇名“黑眉”二字由此而得。体背草黄绿或土灰色，有横行的黑色梯状纹遍布，在体前部较为明显，到体后部变得逐渐不明显，直至彻底消失。从体中部开始，两侧有明显的黑色宽纵带型斑纹至尾尖。腹面呈灰白色或乳黄色，腹鳞两侧有灰黑色的纵型纹。尾长而细。

生活习性：栖息于丘陵、草地、田园地带，收稻时多见于稻田。此蛇善攀爬，常于住宅中的房梁或屋顶上捕鼠吃，故有“家蛇”之称，被人们誉为“捕鼠大王”。此蛇虽个头儿较大，但性情温和，不主动攻击人，只有受到惊扰时，才会竖起头颈部作攻击状。以食鼠为主，也吃鸟类、蛙类及鸡雏。卵生，7～8月产卵，每产7～15枚，孵化期约2个月。

分布：广东、广西、江苏、安徽、浙江、江西、福建、台湾、湖南、湖北、河南、四川、贵州、云南、陕西、西藏、甘肃、山西、河北、辽宁等北方省（区）均有分布。

（三）王锦蛇 Elaphe carirata

别名和地方名：王蛇、锦蛇、菜花蛇、蛇王、棱锦蛇、臭黄蟒、油菜花、黄蟒蛇、花广蛇、王字头、棱鳞锦蛇、臭松花、大王蛇。

形态特征：成蛇最大体长 2 米以上，最长者近 3 米，体重大些的达 5 千克以上。头椭圆形，头鳞为黄色，四周呈黑色。头部从前面看起来有个呈“王”字型的黑色花斑，故有“王蛇”之称。因其体型较大，长势较快，被誉为无毒蛇中的“蛇王”。体背颜色为黄底黑边，身体前半部有明显的黄色斑纹约 30 余条，至体后部逐渐消失，只在鳞片中央有黄点斑纹，似油菜花的瓣。腹面色黄并具黑斑，尾细长。

生活习性：一般生活在山地、平原及丘陵地区，活动于河边、水塘边、田地头或干河沟内，亦偶尔可在树上发现它们的踪迹。此蛇行动迅速，性较凶猛，敢与眼镜蛇争食吃。饥饿缺食时甚至吞食自己的幼蛇。为广食性蛇类，以蛙、鼠、蜥蜴、蛇类、鸟类为食，也吃鸟蛋。在人工养殖状况下发现吃鸡蛋或鹌鹑蛋。卵生，7～8 月产卵，每产 8～14 枚，卵较大为长圆形，孵化期在 30 天左右。此蛇的幼蛇色斑与成蛇体差别很大，幼蛇头部无“王”字形斑纹，往往使人误以为是其他蛇类。

分布：在广东、广西、江西、浙江、江苏、安徽、福建、台湾、云南、四川、贵州、陕西、湖南、湖北、河南等北方省（区）均有分布。

（四）百花锦蛇 Elaphe mocllcndorffi

别名和地方名：白花蛇、百花蛇、花蛇、菊花蛇。

形态特征：成蛇体长一般在 1.6～2 米以上。头椭圆形，头背赭红色，唇部灰色，体背灰绿色，背中央有 30 余块大的近于六角形的深灰色斑纹，斑纹边缘呈黑色，在斑纹之间及体侧有一样大小的小斑点纹。腹面白色或黄白色，使整体略是白花状，故有“白花蛇或花蛇”之称。颈下方及体部、尾部下方为黑白相间的方格花纹，尾呈淡红色，并有黑色斑纹 10 多个。

生活习性：多生活在海拔 50～300 米的石山脚下、岩石缝中，有时在水沟或小河边的乱石草中均有发现，甚至在山区住宅内也见其踪迹。此蛇昼夜均较活跃，但以晚8～10点最为活跃。专吃鼠类、蛙类、鸟类、昆虫和蜥蜴。卵生，7～8月产卵，每次产卵5～15枚。

分布：广西、广东，为两广一带的大型特产蛇。中药中的百花蛇干即为此蛇的干品。

(五)玉斑锦蛇 Elaphe mandarina

别名和地方名：花锦蛇、玉带蛇、神皮花蛇、高砂蛇、锦蛇、花蛇。

形态特征：成蛇长为1～1.3米。头椭圆形，头部有黑色斜纹3～4行，头部底色为姜黄色。体背灰色或紫灰色，个别也呈姜黄色，有菱形黑色大斑纹，边缘的中心为姜黄色，体侧有芝麻粒大小的紫红色斑点，腹面呈灰白色。

生活习性：在平原、丘陵、森林地带均有发现。此蛇性情温和，不主动攻击人。因其体色鲜艳美丽，常被人们误认为是毒蛇，实则无毒。以捕食蛙类和鼠类为主，亦捕食其他小型的哺乳动物，卵生，每产2～9枚。

分布：江苏、安徽、浙江、河北、陕西、甘肃、四川、云南、贵州、福建、台湾、西藏、湖南、湖北、广西、广东等省(区)均有分布。

(六)翠青蛇 Ophcodrys major

别名和地名方：小青龙、青蛇、青竹标、绿翠蛇、藤条蛇。

形态特征：成蛇体长为0.8～1.1米。头呈椭圆形，体背鲜绿无杂色，腹面淡黄微呈绿色，尾细长。体色接近毒蛇中的竹叶青。

生活习性：栖息于山区的森林地带，好躲于杂草茂密之处，在山区的坟群周围也多有发现。此蛇性温和，一般不主动咬人，以捕食蚯蚓、蛙类及小昆虫为食。卵生，每产5～12枚。

分布：广东、广西、江苏、安徽、浙江、江西、福建、海南、台湾、河南、湖北、湖南、甘肃、贵州、云南、四川等省(区)。

(七)灰鼠蛇 Ptyaskorros

别名和地方名：老鼠蛇、灰背蛇、黄梢子蛇、过树榕、上竹龙、索蛇、过山龙、灰蛇、黄肚龙、过树龙、黄金条。

形态特征:成蛇体长1.8～2米。头椭圆形,眼大,头及体背棕灰色,每片鳞片中间呈黑褐色,各鳞片的前后连缀着黑褐色的细纵斑纹。唇缘及腹部均呈淡黄色,腹鳞的两侧与体色基本相同,体后部及尾部鳞片颜色呈黑褐,并呈现细网状花纹。

生活习性:生活在海拔1 000米以下的山区,丘陵和平原地带,常活动于河谷、农田、路边及河边的草丛中、灌木林下。也栖息于树上,能在树梢上爬行,有时盘卧在树枝上,故而有“过树龙”之名。雨后常在近水处活动。此蛇昼夜均有活动,但夜晚多于白天。此蛇虽体大但性温,不主动咬人。据介绍,它在被促住时,具有断尾逃逸的习性。以蛙类、鼠类、鸟类和蜥蜴为食。卵生,每月5～6月产卵,每次产卵7～19枚,孵化期为50天左右。该蛇是典型的南方蛇,北方诸省区不宜人工养殖。

分布:属南方分布蛇类,在江西、福建、海南、广西、浙江、广东、台湾、湖南、云南、贵州等省(区)均有分布。

(八)滑鼠蛇 Ptyas mucosus

别名和地方名:草锦蛇、黄闺蛇、马浪、水律蛇、鼠皮蛇、水南蛇、长标蛇。

形态特征:成蛇体长均达2米以上,体重一般在1～2千克。头椭圆形,头背黑褐色,唇鳞淡灰色,后缘为黑色。腹鳞的前后段后缘和尾下鳞后缘为黑色,体背呈棕色,体后部有不规则的黑色横斑纹,到尾部则出现黑色的网状纹。

生活习性:生活在平原、山区及丘陵地带,白天常在近水的地方或杂草丛中活动。此蛇活动敏捷,性凶猛,喜张口咬人,当捕捉它时能迅速回头。喜食蟾蜍、蛙类、鼠类和鸟卵。卵生,每年的6～8月产卵,每产5～19枚,孵化期在2个月左右。

分布:同灰鼠蛇一样,也是南方著名的大型食用蛇种,在广东、广西、湖南、湖北、四川、云南、贵州、浙江、江西、台湾、福建、海南等省

(区)均有分布。

(九)乌梢蛇 Zaocys dhumnadcs

别名和地方名:乌蛇、水律蛇、黑风蛇、一溜黑、乌松、麻安、剑甲蛇、乌风蛇、乌梢鞭、黑蛇、风梢、假眼镜。

形态特征:长达 2 米以上,最长者可达 2.5 米左右,体重在 0.5~2千克,是无毒蛇中的代表蛇种。头呈椭圆形,头背鳞片为龟背形状,体背青灰褐色或黄黑褐色,体背有两条黑线纵贯全身,但在成年蛇的体后背逐渐退化得不明显。体背后半部呈黑色,腹面白色或灰黑色。尾特别细长。

生活习性:栖息在山区、平原及丘陵地带的田间地头、近水旁和草丛中活动,收稻季节多见于田间。该蛇食性较单一,爱吃蟾蜍和青蛙,有时发现也吃泥鳅。属昼行性蛇类,活动较为敏捷,被惊扰或捕捉它时能迅速竖起颈部,扭动身体并快速扑向被咬目标,一旦攻击不成掉头便逃且很灵敏,但一般不主动袭击人。卵生,每年 7~8 月产卵,每产 6~19 枚,多者达 30 枚,孵化时间在 45~50 天。

分布:安徽、浙江、江苏、江西、广东、广西、福建、台湾、河南,湖北、湖南、贵州、四川、云南、甘肃、海南、山东、黑龙江、吉林、辽宁诸省。

(十)黄脊游蛇 Coluber spinalis

别名和地方名:黄斑蛇、黄花子、黄长虫、松花蛇、斑锦蛇。

形态特征:成蛇体长在 1~1.6 米左右。头呈椭圆形,头背部有蝴蝶纹状的细黑线纹,体背金黄色并略带红褐色,从颈后方开始有四条黑点线纵贯全身,黑点每隔两鳞之间呈棕褐色,靠近脊部的两条黑点线为双鳞片至尾尖,另外两条为单鳞片至肛部,体两侧为红褐色,腹面呈金黄色,尾下鳞为双鳞,尾短细。

生活习性:在山区、丘陵及平原和荒泽地带、田间地头、近水旁及农村的住宅附近均有出现。昼行性蛇类,爱在雨前雨后出现,以捕鼠类为食,亦吃蛙类和其他小动物。卵生,每年 7~8 月产卵,每产 5~

13 枚。

分布：属北方分布蛇类，在山东、山西、陕西、甘肃、河北、江苏、海南等省(区)均有分布。

(十一)蟒蛇 Python molurus bivittatus

别名和地方名：蚺蛇、黑斑蟒、琴蛇、南蛇、金花大蟒、埋头蛇。

形态特征：体长达 5 米以上，较大者可达 6～7 米，是世界上最大的蛇种之一，体重在 14～60 千克。头呈椭圆形，体背分别为灰褐色、棕褐色、浅黄和黑褐色等，并成行排列着略呈方形的大斑纹，斑块颜色为暗灰或暗棕，斑纹边缘呈黑色，体后部的斑块很不规则，背鳞小而平滑，体侧的斑纹较小，腹面为褐色和草黄色的混合色。尾下鳞为双行，尾短而粗，具有很强的缠绕性。肛门前面双侧各有一矩状的后肢痕迹。

生活习性：栖息在热带和亚热带地区的茂密丛林中或溪涧附近。它喜热怕冷，常在溪间或树林中盘作一团；喜欢在树枝上缠绕戏耍。蟒蛇还善于游泳，并有横躺在地上静止不动的习性。食兽类、蛇类、鼠类、鸟类、鱼类及鸟蛋，尤爱食鼠类和蛇类，为广食性蛇类，一次可以吞食与自身体重或超过自身体重的大型动物。卵生，每年 4 月出蛰，6～7 月份开始产卵，每次产卵在 8～30 枚不等，多者可达 40～100 枚。卵呈长椭圆形，如鸭蛋般大小，每枚重为 70～100 克。母蟒产完卵后，有盘伏卵上孵卵的习性，孵化期为 60 天左右。此时性凶易伤人。

分布：福建、海南、广东、广西、贵州、云南等省(区)，现为国家一类重点保护动物。

(十二)赤峰锦蛇 Korean rat-snake

别名和地方名：松花蛇、乌松、黄花松、虎尾蛇、菜蟒、乌虫、蓝脖子蛇、蓝颈锦蛇等。属无毒蛇。

形态特征：体型粗大长而圆，全长 1.5～2 米。背面黄褐色或棕色，腹面灰白色，没有黑斑或有不明显的黑斑。幼体与成体体色花纹相差很大，成体前段呈棕黄或灰黄色，隐有 15 个左右白色横纹，从中段到体后颜色渐深，呈棕褐色或棕黑色；体后段至尾尖有明显的黄黑相间的横斑纹，间距较窄。唇部腹面至尾下为鹅黄色。幼蛇体色灰黑，白色横纹十分明显，与成体相差甚大。该蛇肛下臭腺腺体不发达，蛇抓在手中或放在鼻下闻之没有难闻的蛇腥味，这也是该蛇广受市场欢迎青睐的原因之一，毕竟没有臭味的蛇是容易被人接受的。

生活习性：主要生活于平原、丘陵、山地的林边、田园、水域附近，亦可进入农户住宅。以鼠类、鸟类、蛋类及各种鸟蛋为食。7～8 月产卵，每产 6～22 枚，孵化期为 45～65 天左右，出壳仔蛇全长 300～400 毫米左右，重 13～25 克。

分布：分布于我国华北、华东大部地区，是北京西北山区分布最广的一种大型蛇类，在天津、辽宁、吉林、黑龙江、河北、内蒙古、山东、山西、陕西、甘肃、安徽、浙江、湖北、湖南、江苏等省区皆有分布，但分布数量或蛇体大小有明显的地域特征，数量分布具体表现为北多南少，蛇体大小也表现为北大南小，已知东北吉林四平一带有人捕获 30 多斤重的，就是最好的例证之一。

赤峰锦蛇在我国分布远较棕黑锦蛇广；为辽宁广布种，但数量上不多. 该蛇原系棕黑锦蛇非模亚种，后经季达明十几年的深入研究，认为应将亚种上升为种，并定名为赤峰锦蛇。该物种已被列入中国国家林业局 2000 年 8 月 1 日发布的《国家保护的有益的或者有重要经济、科学研究价值的陆生野生动物名录》。

第三章　繁养结合与捕蛇技巧

第一节　繁养结合　平衡生态

随着人口的不断增多，原始森林、草原、绿地面积逐渐缩小，多种珍稀野生动物的生存受到严重威胁，蛇类同样面临着逐年减少以及个别种类频临绝迹的危险。因此，研究和探讨蛇类的人工养殖技术，掌握各种蛇类的生活习性，尽量满足和维持其野外的生活环境，变野生为家养、家繁，在人工饲养条件下养殖大量的蛇来满足社会的需求势在必行。在我们国家立法保护蛇类的同时，经有关部门批准，采取有计划、有组织、有地域、少量地捕捉部分野生蛇种为家养蛇源，不断摸索其生活规律，特别是在多种环境下观察饲养，总结已取得成功的基础上，再扩大养殖力度并推广经验。通过专业蛇场或养蛇业户的人工繁殖、孵化，然后有选择、有规律、有意识地放归部分母蛇或幼蛇回到大自然。对维持自然界的生态平衡，造福子孙后代，都具有深远的历史意义。

历史证明蛇类是人类的良伴益友。尽管经常有人畜遭到毒蛇的袭击，甚至因此而丧生，但就总体来讲，它却为人类做出了巨大贡献。大多数蛇类都是鼠类的天敌，由于自然界中蛇王国的庞大，大大地抑制了鼠类的肆虐，对保护森林、草原、农业、维持生态平衡，减少人类疾病起到了积极的作用。正是由于蛇的这种特殊功绩已被许多国家，包括我国在内，列入被保护的动物种类之一，如黑眉锦蛇、白锦蛇、滑鼠蛇、灰鼠蛇、黄脊游蛇、棕黑锦蛇、蝮蛇、眼镜蛇、蝰蛇、烙铁头等等，均是以食鼠为主的蛇类。至今，在我国南方的某些地方，仍有在仓库或粮库中养蛇灭鼠的情况，蛇被人们誉为保护劳动成果的“警卫员”。另外有的蛇类专以白蚁为食，对防治、消灭白蚁对人类的破坏无疑又起了巨大的作用。钝头蛇属的蛇类专以农业害虫蛞蝓为食物；极北蝰和蝮蛇的幼蛇主要捕食昆虫；草原蝰在一个夏季就能捕食大量的昆虫，其中90%以上是危害农业丰收的蝗虫。由此可见，很多蛇类在消灭鼠害，森林、草原及农业的虫害方面起着无与伦比的重要作用，可以说是功不可没。所以，针对有些地方滥捕滥杀蛇类，造成鼠害日见猖獗，农林业由于虫害而造成的减产或绝收，稀有蛇种面临绝迹的严峻事实，国家有关部门高度重视，并重新修改制定了《野生动物保护法》。某些地区的政府机关明文规定，告知乡民，凡捕蛇者（批准申请的繁育场家）必须捉一放三，除场内自行留养一定数量的蛇群外，必须按照规定将一部分母蛇或幼蛇放归山林，以期维持自然界的生态平衡。

第二节　野外寻蛇的方法

捕蛇者（必须得到林业部门的批准后，方可捕蛇做种），应该根据蛇类的活动规律、生活习性、分布状况、栖息场所找蛇，才能捕到理想的蛇种。

蛇和所有的动物都一样，为了求得生存繁衍，它们需要喝水、捕食，需要适当运动，还需要有其适宜的藏身之处。而不同种类的蛇，由于生活习性和活动规律各有差异，往往对以上条件有其特定的要求。例如爱吃鼠类的黑眉锦蛇，分布的地域较宽广，常出现在近水、鼠类经常出没的地方。于是，在稻田、田野、山地、住宅附近常见它的踪影。那么，怎样才能尽快找到蛇的栖息地，判断蛇洞内的情况呢？下面将分别从蛇的粪便、蛇蜕、蛇洞的具体情况来辨认，帮助我们找寻到蛇类。

一、蛇粪

在蛇洞周围 4～5 米的范围内，常有蛇的粪便散落在地。因为蛇有将粪便拉在洞外的习性，它的粪便有股特殊的腥臭味，稍有捕蛇经验的人，只要能闻到这股腥臭味，就知道这附近肯定有蛇藏身。新鲜的蛇粪有的像鸡粪，有的则像鼠粪。随大便排出的粉状物质是蛇尿，颜色呈淡黄色或黑褐色（因其尿系以尿酸的成分排出，它是种比尿素更难以溶于水的含氮废物）。陈旧一点的蛇粪稍微干燥、发硬，颜色也显得浅淡一些。同时还可以从蛇粪的残留物来判断出是哪种蛇。因其粪便中常夹杂有鼠毛、鸟羽、蛋壳、蛇鳞等不易消化的残余物，然后再根据蛇类的摄食习性，就可以知道是什么种类的蛇吃了什么样的食物，于是大概洞中藏着是什么样的蛇就清楚了。另外据经验，雌蛇的粪便要比雄蛇粪便的手感细腻柔滑一些，藉此还可分辨出洞内蛇的性别。

二、蛇蜕

伴随着生长，蛇是要经常蜕皮的。蛇蜕是指蛇蜕下的表皮，中医称为“龙衣”。蛇蜕总是蜕于洞外的草丛、矮树枝、乱石瓦块的地方。刚蜕出的蛇蜕手感柔软轻薄，比较完整新鲜。细看蛇蜕上的鳞痕，还可依稀辨出蛇的斑纹，有助于判断蛇的品种。另外，怀孕的母蛇因其体躯增粗，较难顺利地蜕皮，它蜕下的蛇蜕通常会缩成一个团。假如在蛇洞外面拣到一条潮湿柔软的蛇蜕，表明蛇刚刚蜕下，由此可判断蛇就在附近不远的地方。

三、蛇洞

蛇栖身之处大多是在洞穴中或枯树根旁，土坝、山石、裂缝、老房墙缝均是其栖身之处。它们不断地爬进爬出、头拱体压，所以，有蛇的洞穴，洞口和洞壁比较光滑，倘若仔细观察，或许还可以找到一些蛇脱落的鳞片。如果发现洞口虽然较光滑，但洞口蒙有蜘蛛网，则证明蛇早已弃之不用了，洞内一般不会有蛇。为了更好地观察洞内的情况，还可以用小镜子把阳光反射进洞内，或者用手电筒或矿灯照射观察。确定洞内有蛇后，如需要辨别里面藏有多少条蛇，蛇是大的还是小的，只要从洞口外看蛇粪的多少，粗滑及蛇蜕的粗细来加以辨别即可。另有经验的捕蛇者，还可根据蛇蜕尾部的长短、粗细来推断出性别。因以上的这些蛇类外形特征都是有区别的，所以对快速判断性别是有帮助的。

在蛇类的交配季节，蛇大多出洞寻找配偶交配。因蛇的交配时间一般较长，且雌雄交缠扭曲在一起，身下的草丛有被成片压倒的痕迹，这也是有助于找蛇的一种方法(见图 18)。

图 18　交配中的五步蛇

四、根据蛇类的活动规律找蛇

蛇类绝大多数以鼠、蛙、蜥蜴或昆虫为食，尤其好食鼠类，并利用旧鼠洞为穴过冬。蛇类虽是借住鼠洞的，但蛇洞和鼠洞是有所不同的。有鼠的洞口粗糙不成形，可见到鼠毛和爪痕等；而有蛇的鼠洞由于蛇体的经常摩擦而显得十分光滑，还可找到一些脱落的蛇鳞片，说明此鼠洞里面藏着蛇。

蛇洞多位于较高的向阳地带，洞口朝南或朝东南。在冬眠的前后，蛇爱在洞口附近晒太阳取暖，此时最宜捕捉。温带和亚热带地区的蛇类，一般在 11 月下旬（小雪以后）入蛰而进入冬眠，至来年的 3 月底（春分以后）陆续出蛰。而在北方分布的蛇类，冬眠期较南方要长些，出蛰也相应延迟。一般来说，在蛇类入蛰前及出蛰后的一段时间内，蛇大多在洞穴附近寻食或觅偶交配，基本上都是在白天进行，此时也是捕捉蛇类的大好时机。

并非每条蛇每天都外出活动，因其出洞活动是有一定目的的，如觅食、饮水、寻偶、沐浴、蜕皮、活动等，但主要还是为了觅食。一旦蛇饱食一顿后，消化时间需 5～7 天左右；倘若它吞下较大的食物，则消化时间长达 10～15 天，甚至还要长些。这时的蛇就不出洞而在洞中静卧消化了，等食物消化贻尽后才再次出洞。

夏季是蛇类活动频繁的季节，因白天气温很高，它们一般都匿藏于密林草丛中、乱石堆等荫蔽且不易被人发现的地方。只有到了晚间，它们才爬到凉爽、近水的场所去，因此夏季捕蛇最好选在晚间。但对有颊窝的蝮科毒蛇，如蝮蛇、五步蛇、竹叶青等，有见明火或光亮快速扑咬的习性，夜晚最好不宜捕捉此类毒蛇，特别是持火把、手电筒、矿灯等照明物去捕捉的。夜晚捕蛇时至少要有 2 人或 2 人以上同行，以防发生不测。

在冬眠期中，个别蛇类偶尔会在中午到洞外晒一下太阳，其冬眠也会因环境、温度的变化而暂时中断。另外，蛇冬眠是有其一定规律性的，一般都是雌蛇先入洞冬眠，雄蛇再随其后，幼蛇冬眠得最早。蛇属变温动物，其活动的活跃程度，自春至秋始终受着气温高低的制约。它没有完善的保温系统和调温能力，其体温主要取决于外界变化的环境温度。初春、盛夏、晚秋季节气温均过冷或过热，蛇活动能力明显降低。蛇最活跃的季节是晚春、初夏、初秋或中秋。

实践证明，风和雨等气候因素也会影响蛇的活动。当风力达 3～4级时，大多数蛇很少出洞。而台风来临的前夕，捕蛇者总可在这时满载而归。这些蛇之所以大多出洞而被捉，是因为洞中特别闷热，蛇无法耐受高温或浑浊的空气而被迫逼出洞的。综上所述，只有全面了解了蛇的习性和活动规律，才有助于我们寻觅到蛇并捕捉到理想的蛇种。

第三节 野外捕蛇的方法

野外捕蛇的秘诀是：发现蛇后要轻脚快步、胆大心细、手疾眼快、动作稳准，这些都是野外捕蛇的基本要领。蛇对地面的震动很敏感，所以在野外捕蛇时，一方面要仔细搜寻，并且脚步要轻慢，否则在你未发现蛇时，它已受惊动而逃跑或隐蔽起来了。一旦发现蛇时则步要快、胆要大、心要细、手要稳、眼要准，不能有丝毫的迟缓，否则会眼睁睁地看着蛇从眼前溜掉。野外捕捉毒蛇时，应采取相应的捕蛇工具来压住蛇体，捕捉蛇的部位必须准确、轻重适宜，在确保自身安全的前提下把毒蛇捉住。野外捕捉蛇类的方法很多，下面介绍几种行之有效的捕蛇方法。

一、药物抓蛇法

捕蛇前先用云香精配雄黄擦手，然后用云香精、雄黄水瞅准蛇身，特别是它的头颈部喷洒，蛇一闻此药味就会浑身松软乏力，行动变得迟缓。此时再用木棍、木叉压住蛇的颈部，左右手交替迅速捏住蛇的头部而捉之。无毒蛇可直接用手捕捉。此法适合于初学捕蛇者使用，但也不十分可靠，可以先行试验几次后再用。

二、徒手捕捉法

此法适合于抓捕各类无毒蛇。发现蛇后要快步上前，准确地用手压住蛇的头颈部捉起，或用右手揪住蛇的尾巴快速打转并抖动几下，然后再用左手压住蛇的头颈，快速腾出右手抓住蛇并放进装蛇的器皿。也可用脚轻踏蛇颈或蛇体，然后用手捉之。对于毒蛇或不能正确判断为无毒蛇的情况下，切忌徒手捕捉，以免判断有误反被毒蛇咬伤。

三、竿压法

因竹竿轻巧结实而富有弹性，可用长约 1～2 米的竹竿作为野外捕蛇的工具。这是一种较常用的捕蛇方法。见到蛇时用竹竿悄悄地从蛇的后面压住蛇颈，若一下子没有压住蛇颈，可先压住蛇体的任何一个部位，使其无法逃脱，再用另一只脚快速压住蛇体后部，然后再把竹竿前移至颈部，左手按竹竿，腾出右手乘机捉住蛇头提起（见图 19），再抽出按竹竿的左手抓住蛇体的后半部，放入装蛇的袋或篓中（抓蛇前，必须事先准备好蛇袋或蛇篓）。若有两人相互配合协作则更顺当。如果发现蛇处在高低不平的地面或爬在树上时，应先将其挑到适宜的平地再用此法。

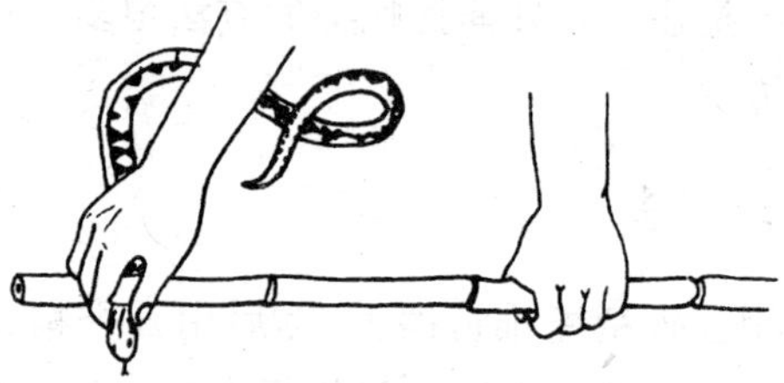

图 19　竿压法

四、夹蛇法

此法适用于毒蛇。为避免直接用手接触毒蛇，确保生命安全，捕蛇者可自行制作一种特制的蛇夹，夹柄较长，夹口向内略呈弧形。用此夹可从蛇的后面向蛇颈部夹起，用力要均匀，以免将蛇夹伤。夹住蛇后要先将蛇身放入预先准备好的蛇袋或蛇篓内，最后再把头颈同蛇夹一起放入容器的底部（见图 20）。当松开蛇夹并从容器内取出时，应立即把袋口扎紧或盖盖好。此种蛇夹，夹口的大小应与蛇体大小相吻合，太大或太小均不易控制。平时最好多做几个不同型号的，以备后用。

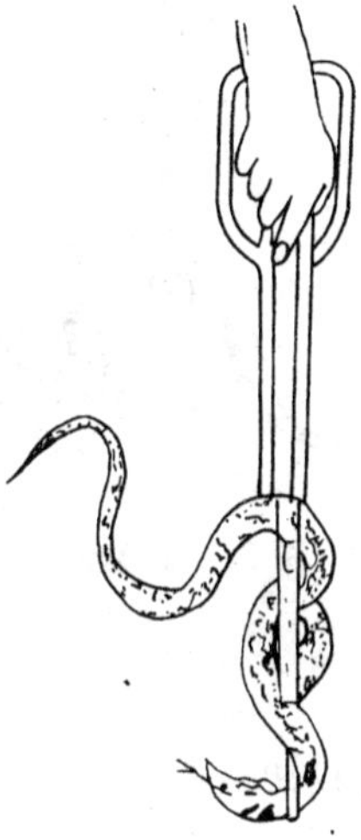

图 20 夹蛇法

五、套索法

这种捕蛇方法虽然较麻烦，但却非常保险、稳当，一般用于捕捉在乱石上、草丛中或在地面上翘起头颈的蛇类。捕蛇前先用一根长约 1～1.2 米的竹竿，把竹节全部打通，穿上一条具有一定硬度和弹性的细塑料绳或细铁丝，做成一个能活动的套。捕蛇时，用手拿着竹竿和绳索的一端，从蛇背后将活套对准蛇的头部，迅速地套住颈部并立即拉紧活套，即可捕捉到它（见图 21）。但活套不能拉得太紧，以免使所捕到的蛇受伤和窒息，从而影响作为种蛇的价值。

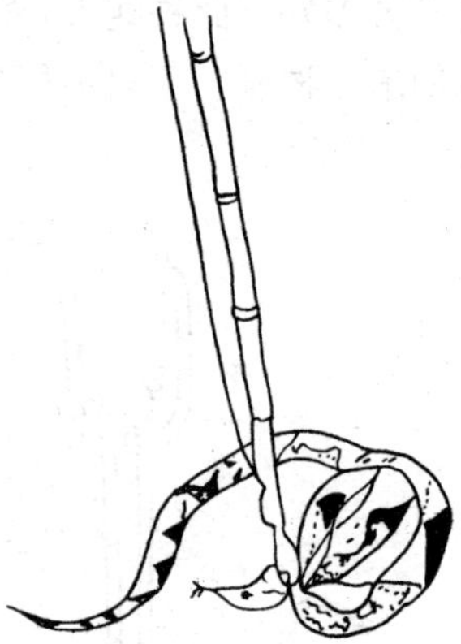

图 21　套索法

六、网兜法

此法适用于捕捉运动较快或在水中游动的蛇类或海蛇。用一根长约 2 米的竹竿或木棍，在其顶端绑一个铁圈，然后把事先备好的长筒形网袋的袋口张开，缝挂在铁环圈上并用铁丝固定在网柄上端（见图 22）。捕蛇时用网袋猛地迎着蛇头迅速一兜，使蛇进入网袋中，并立即扭动网柄，使网袋在袋柄上缠绕一圈锁住网口，使它不能出来。最后将网袋口对准盛蛇的容器倒进去并迅速盖好盖子，以防蛇借势窜跳出来。

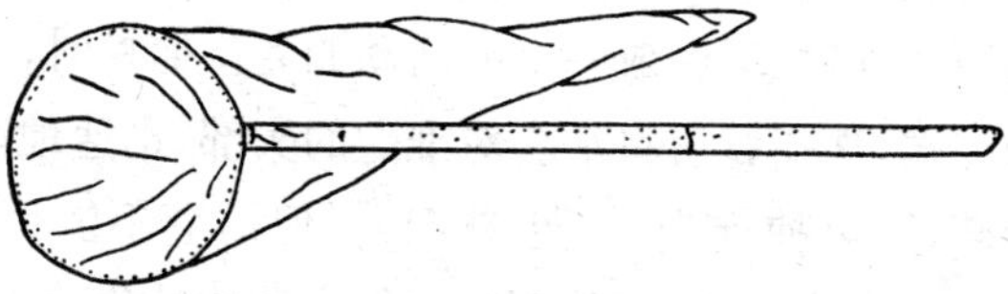

图 22　网兜法

七、钩挪法

此法适合于捕捉行动比较缓慢、爱蜷曲成团的毒蛇，如五步蛇、腹蛇、蝰蛇等。当发现它们在草丛中、乱石上或洞口外的时候，用特制的蛇钩(后面有介绍)，把蛇钩到平坦的地面上，然后用钩背或把柄压住它的颈部，再从后颈部把蛇捉起来(见图 23)。另外，需要从蛇笼中抓取活蛇时，也可用此钩将蛇钩出。由于用此钩钩蛇，对它没有任何刺激，因在较短时间内，它还来不及发怒咬人即被钩住了。使用此钩钩蛇，要求钩蛇者的动作要稳、准、快，若钩蛇失败，它滑落在地上，需顺势用蛇钩压住头部，然后改用竿压法或夹蛇法捉之。

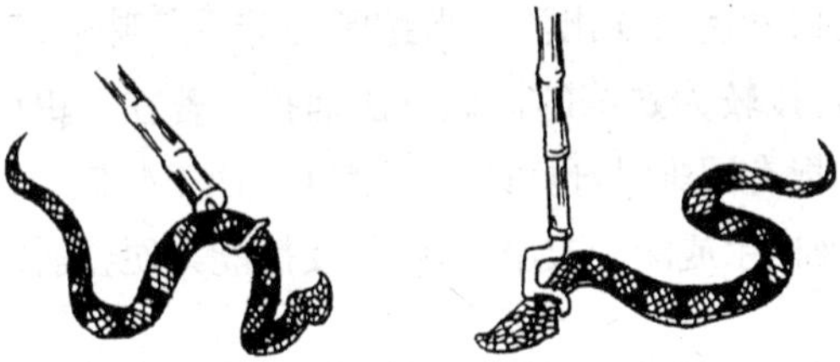

图 23 钩挪法

八、铁钳法

对体型较小的蛇类，如蝮蛇、竹叶青、赤链蛇等。用家庭用的普通夹火钳，即可将其牢牢地夹住。此法简单易行，工具易得，并且容易操作。

九、光照法

绝大多数蛇类有畏光的习性，尤其是金环蛇、银环蛇等夜行性蛇类或晨昏性蛇类，经强光照射会眼睛昏花、龟缩成一团。所以在夜晚捕蛇时，携带强光手电筒或矿灯用以照射蛇的头部，然后再用其他相应的捕蛇工具进行捕捉。

十、诱蛇法

在蛇常出没之处(事先必须仔细观察好),挖一个约 1～1.5 米见方的深坑或置一大陶缸埋于地下,缸口与路面相平,内放蛇爱吃的食饵,蛇入其中便难以逃窜。此法对个儿大、凶残贪吃的蛇类比较实用,缺点就是费时费力。

十一、香饵诱蛇法

观察好蛇洞的确切位置后,可用香饵诱蛇出洞。香饵配方如下:咖啡 50 克、胡椒 25 克、面粉 30 克、鸡蛋清 3 个,混合搅匀后用手捏成黏团,放在洞口外诱引蛇出洞。当蛇闻到芳香气味后就会出来寻食,等它出洞后再按较为熟练的捕蛇方法捕捉。若在下饵前已确认为无毒蛇、徒手捕捉有困难时,也可用云香精(广西玉林制药厂)三份、雄黄二份的混合液擦手或涂于衣服上,蛇的反抗能力便会削弱许多。

第四节　野外捕蛇常用工具及制作方法

一、蛇钳

钳长 1 米左右,由柄把、柄、第一道关节、第二道关节、第三道关节和钳组合而成(见图 24)。第一、第二、第三道关节在活动时,能使叉钳张开或关闭,由于钳的两叶内缘有锯齿,可以起到加强对蛇体的固定作用。因此,这种蛇钳既方便又实用,并且极为安全可靠。

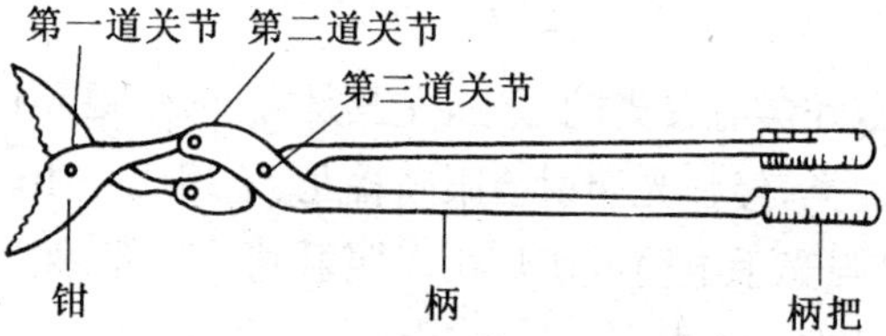

图 24　蛇钳

二、蛇套索

取一根长1米左右的竹竿，将中间的竹节全部打通，穿上一根具有一定硬度和弹性的塑料绳或细软铁丝，使之成为一个能活动自如的圈套（见图25）。

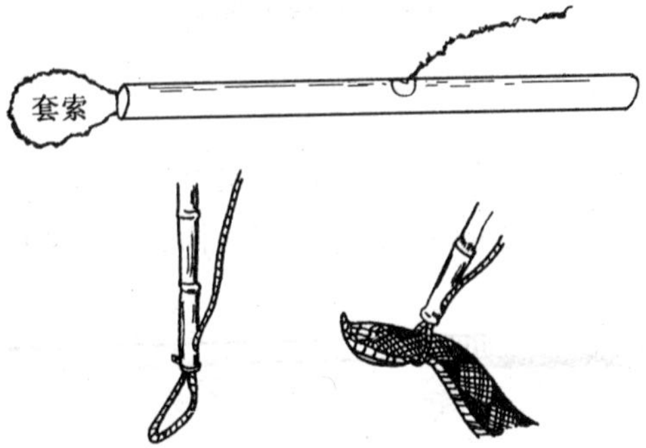

图25 蛇套索

三、蛇叉

找一根自然有叉的棍棒，长约在1～1.5米左右，叉口大约成60°角，两叉头上最好钉上一块坚固而具有弹性的橡皮块，目的是用此叉卡住蛇颈时不会损伤蛇体（见图26）。若在叉头系一条绳索便成绑缚叉蛇法（见图27）。

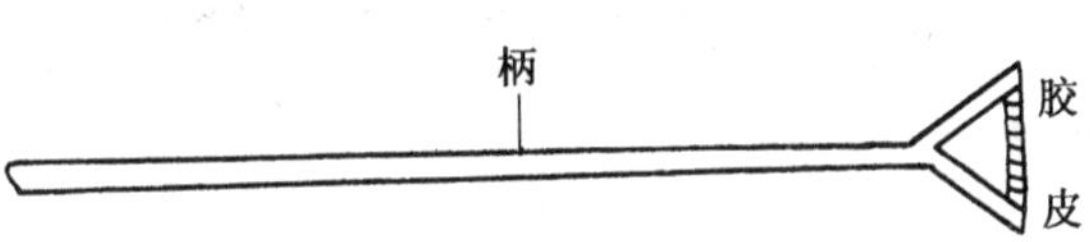

图26 蛇叉

图 27　绑缚叉蛇法

四、蛇钩

自行照图弯一个铁钩，绑在一根 1 米左右的竹竿或木棍上即可。也可用细钢筋制作蛇钩的长柄，然后弯个钩焊上即成（见图 28）。

图 28　蛇钩

五、木叉

取一根自然分叉的木棍，刮滑即成（见图 29）。

图 29　木叉（自然形状）

六、蛇棍

取一长约 1 米左右的竹竿或木棍即可（见图 30）。

图 30　蛇棍

第五节 野外捕蛇的注意事项

蛇类的分布很广，遍布全国各地。无论采取什么方法捕蛇作种，都必须确保安全，防止被毒蛇咬伤。

1. 蛇类中的剧毒蛇虽能致人死命，但它仅占很少的一部分。蛇全身是宝，大多数蛇类是鼠类的天敌，能捕鼠保护粮食或农业丰收是人们众所皆知的。所以，对蛇类的评价是功大于过，应保护蛇类资源，切不可滥捕滥杀，破坏生态平衡。经有关部门批准后，只捕捉少量蛇做种即可，但在蛇的繁殖期不要捕捉母蛇。当然，我们的主要目的是搞人工饲养、繁殖，使野蛇变成家养，更好地造福于人类。

2. 野外捕蛇要做好个人防护，捕蛇时应该头戴大沿帽，身穿长袖衣裤，最好是着牛仔套装，脚穿高筒球鞋或运动鞋，并穿厚袜，还应戴防护手套，千万不可麻痹大意。

3. 捕蛇时要随身携带急救药品，如结扎用的带子，冲洗伤口用的水壶、刀片、吸吮器及治疗蛇伤的中成药或抗蛇毒血清。至少两人同行，以防出现意外。

4. 使用的捕蛇工具要牢固，长短适宜，装蛇的器具要轻便耐用，保证对蛇体无伤损，不同的蛇种尽量分开装。尼龙袋易使蛇闷死，一般不宜采取。捕蛇时都应使用捕蛇工具，最好不要徒手捕捉。同时，使用的捕蛇工具应提前检查其安全程度，确实做到安全第一。

5. 将捕捉到手的蛇及时装好。在将蛇放入袋口时，一定要先放蛇身后放蛇头，并迅速盖好盖子或扎紧袋口。在扎袋口或提蛇袋时，应先将蛇袋提起抖动几下，使蛇集中于袋底下面，这样可以有效防止蛇突然爬出来咬人或逃跑。

6. 夜间捕蛇最好使用矿灯或强光手电筒。但在有颊窝的蛇类（竹叶青、烙铁头、五步蛇、蝮蛇）活动区域内，禁止使用一切照明工具。因为此类蛇对温度敏感，具有扑火习性而易引起伤害。如果遇到毒蛇扑火，要沉着冷静地将矿灯或手电筒及时关掉，或将火把顺手扔到水沟里，光亮消失后毒蛇即不再袭击人或悄悄溜走；也可将火把扔到路上，毒蛇还可能扑向火把，这时再改用工具捕捉。

7. 群众在捕蛇时有句口诀：“一顿二叉三踏尾，扬手七寸莫迟疑，顺手松动脊椎骨，捆成缆把挑着回”。意思是说，当发现蛇类时，先悄悄地接近它，然后脚一跺造成振动，使蛇突然受惊不动，再趁势下蹲迅速抓住蛇颈，立即踏住蛇尾用力拉直蛇身，松动其脊椎骨，使蛇暂时失去缠绕能力并处于半瘫痪状态，最后将蛇缠绕成形，用绳扎牢蛇颈和蛇体，放入容器中或用棍棒挑回家。但做种的蛇不能捆绑，只需放入容器即可，否则会影响蛇种质量。

8. 有些人以为手和脚及身上涂上蛇药，对毒蛇就会产生刺激，进而趋避，蛇就不敢接近也不会咬人，就可以轻而易举捕蛇了。其实，这是一种错误的认识。因为毒蛇咬人是它的自卫本能，不管涂药与否，当人踩到或捕捉它时，毒蛇是会用尽力量挣扎或扑咬人的。所以，在捕蛇时切不可以为涂了某种蛇药而掉以轻心。

9. 在野外捕蛇过程中，一旦被毒蛇咬伤，也不要惊慌失措，更不要急于奔跑。要仔细认真地处理伤口，结扎被咬部位，然后及时找蛇医治疗，并告知蛇医被咬的蛇种情况，以免发生意外。

10. 春来秋至野蛇多，记熟口诀防蛇咬。经常与野生蛇打交道的人，往往是识破蛇踪迹的行家里手，尤其是那些以捕蛇为生的山民。他们识破蛇踪、防止蛇咬的口诀是：

①一年百天蛇不见，雷打惊蛰百蛇醒。

②五六两月水沟边，七横八吊九缠树。

③热天在阴凉，冷时多向阳，不冷不热天，活动最猖狂。

④久雨上山，逢旱下坑，山坑有水，蛇爬两旁。

经常野外工作或行走的怕蛇人，如果能熟记以上秘诀，就能很好的预防或减少被毒蛇咬伤的机会，减少不应有的经济损失或蛇伤带来的巨大痛楚。

第四章　种蛇的获取及运输

蛇类真正的人工养殖虽是一个新兴的特种养殖业，但仅就一般意义上讲，我国则早在唐代就有人工养蛇了。那只是以养蛇为戏者，即“耍蛇”的。到明代就更多了，至今已有千余年的历史。随着社会的发展，或近几十年由于对蛇利用率的不断提高，养蛇事业已经遍布我国的大部分地区。据《中国毒蛇学》介绍：目前我国超过万条以上的养蛇场有数百个，主要分布于广东、广西、福建、江西、江苏、浙江、云南、湖南、湖北、黑龙江、辽宁、吉林、山东等省（区）。广西的梧州、南宁，福建的武夷山，浙江的天台，江西的景德镇、南昌，辽宁的清原，吉林的磐石和辉南等地的养蛇场规模较大。以上场家大部分是模拟蛇在野外的生态环境，使蛇类的养殖更趋向科技化、规范化，并同园林绿化相结合，已成为今后发展养蛇事业的雏形。

第一节　种蛇的获取

一、人工可以养殖的品种

目前，国内各地较大规模集中饲养的蛇类主要有 20 多个品种，既有毒蛇也有无毒蛇。毒蛇中有眼镜蛇、五步蛇、金环蛇、银环蛇、蝮蛇、蝰蛇、竹叶青、烙铁头、眼镜王蛇、赤链蛇、水蛇等。海蛇在沿海地区已有大规模的饲养场家，如广西北海市的海蛇养殖业闻名全国。无毒蛇中有乌梢蛇、王锦蛇、黑眉锦蛇、棕黑锦蛇、灰鼠蛇、滑鼠蛇、黄脊游蛇、百花锦蛇、三索锦蛇、玉斑锦蛇及蟒蛇等（蟒蛇属国家一类重点保护的野生动物，目前只限于科研单位及部分有条件的动物园或养蛇场养殖)。

根据蛇类的分布状况、生活习性及所适宜的温度、湿度，或其他诸多条件的限制，毒蛇的养殖在长江以南诸省发展较快；而长江以北的广大地区则适合养当地的较大型蛇类及分布在长江以北的蛇类为宜，如乌梢蛇、王锦蛇、棕黑锦蛇、黄脊游蛇、黑眉锦蛇和赤链蛇等。我国的东北地区可以饲养松花蛇、蝮蛇、赤链蛇和虎斑游蛇等。总之，蛇类的人工养殖要充分考虑到当地的气候条件、食物来源，以及所适宜养殖的品种才行。不然的话，会功亏一篑，得不偿失的。

二、如何获取可繁养的种蛇

人工养蛇首先要有品质优良、体格健壮的种蛇，种蛇的优劣往往涉及到人工养蛇的成败。所以，必须对种蛇的规格大小、身体健康状况都有较严格的标准和要求，因它直接关系到人工养蛇的经济效益。

获取种蛇的途径有两条：

1. 经有关部门批准后，可自已到野外去捕捉，然后再进行筛选。捕获种蛇的最佳季节，是在清明节以后，因那时的蛇类刚刚结束冬眠，常较集中在蛇窝附近的向阳处晒太阳。经过一个冬季的冬眠，蛇类在出蛰后的前期(五一节前后)基本上不进食，自身的反抗能力还未完全恢复，所以此季捕捉非常容易。加之大部分蛇类出蛰后有寻觅同类交配的习性，若捕捉到交配后的蛇，饲养不长时间，即可产卵或产仔蛇。

2. 可到养殖的场家直接引进。千万不要在蛇市或集贸市场上购买蛇贩的蛇，以防买到有病、有内伤(初养者不易察觉蛇的内伤)、特别是已注水或灌沙的劣质蛇；或是刚刚喂过食物；或已被拔去毒牙的毒蛇。由于蛇胆是名贵的中药材，个别不法蛇贩在出售前已取出蛇胆或抽尽胆汁了。若买到这样的蛇，根本就活不了很长时间，更不用说作为种蛇养殖了。

种蛇的规格大小(体重)一般为:小型品种在100～200克/条,中型品种在150～350克/条,大型品种在250～600克/条。

三、种蛇选育的注意事项

1. 理想的种蛇从外观上看应是体格健壮、生猛有力、体色光亮、肌肉丰满、活泼好动、无病、无内伤的蛇。最好来自异地的不同区域,从而尽量防止蛇的近亲交配、繁殖。若养殖的是毒蛇,应逐条检查是否具有完整的毒牙。一般蛇的外伤较容易用肉眼看到,轻微的外伤大多经简单治疗即可痊愈,做种不影响养殖。关键是查看有无内伤,查看的方法是把蛇放在地上,观察它的爬行姿态是否自然,或是以两手各执其头尾慢慢拉直,看它的盘缩能力如何,盘缩能力强的说明无内伤可以养殖,反之则不能做种。对于肉眼暂时难以判断的蛇,可先隔离试养一段时间并密切观察其活动状况或进食情况,必须在确认为健康无病后,才能将种蛇放入已事先消好毒的蛇场内集中饲养。

2. 种蛇入场前应先行"药浴"后方可入场。方法是:取四环素、黄连素或土霉素各4至5片,研碎后再放入硼酸10克,用500克温开水化开搅匀后凉至室温,将用清水冲洗过的种蛇放入药液中浸泡,时间约为15～30分钟。若种蛇的数量较大,可参照此药液的比例配好,将药水直接放入大盆或水池中浸泡。药水一旦变得浑浊,应立即重新更换。浸泡时不应让蛇头接触到药水,以防蛇误当水饮下。

第二节 种蛇的运输

种蛇的长途运输是很多养蛇户感到棘手的事情,因蛇大多胆小怕惊、不堪挤压,也有的蛇性情暴躁,在运输途中可能会咬斗受伤,从而影响做种的质量。再者食物和饮水供应不及时,或途中装蛇的容器内温度、湿度过高或过低时,均会造成种蛇的死亡。为了帮助大家解决好这个难题,消除后顾之忧,下面介绍种蛇运输的方法和注意事项，供大家参考。

一、种蛇的装运工具

主要有木箱、铁丝笼、竹笼、布袋、尼龙网袋、塑料周转箱等。这些装蛇器具各有优缺点，可以根据蛇的品种、数量或途中距离远近的实际情况来选用。如竹笼轻便，但容蛇量较小(也可在竹笼中间插上几块厚薄适中的结实竹坯做成上下两层，以此扩大容蛇量)，并易被老鼠咬破或在途中破损，故适合于短途运输。布袋虽然携带轻便，但装蛇的数量极其有限，若用于长途运输也易磨损，所以也是适合短途装运。尼龙网袋装蛇较布袋多些，并且耐磨结实，但它透明怕火，外面最好再罩一层编织袋或麻袋为好。木箱、铁丝笼虽较牢固，运输安全，其破损率也很小，但造价稍高，用作长途运输是比较可靠的。有时为了安全保险可先用透气好的布袋或尼龙网袋把蛇装好，再放入木箱或铁丝笼中，这样虽然比较麻烦，但可有效防止运输途中的颠簸碰撞，有明显的减震作用(见图 31～图 33)。

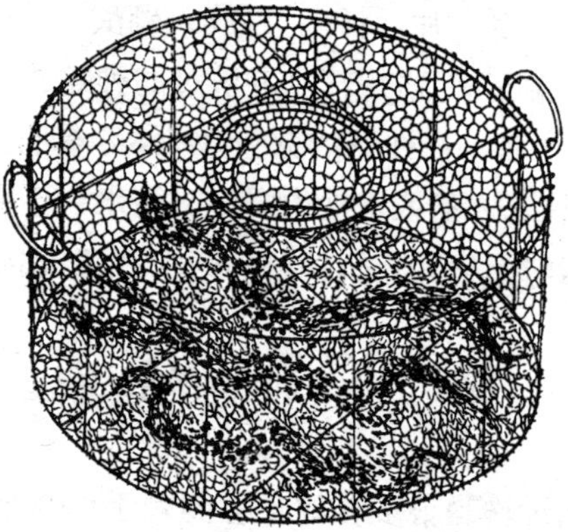

图 31　运蛇铁丝笼

另外，还可用装鲜鸡蛋的塑料箱或专用蛇周转箱(市场有售)装蛇。这两种工具除透气、牢固外，它的规格尺寸一致，便于码垛装运，适合于大批量的运输。方法也是先将蛇装入布袋或尼龙网袋中，再放入上述箱中。水果专用泡沫周转箱也是装运蛇类的好工具。

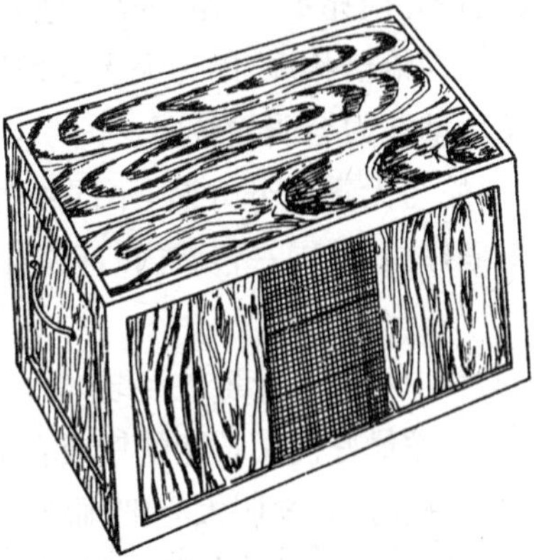

图 32　运蛇木箱

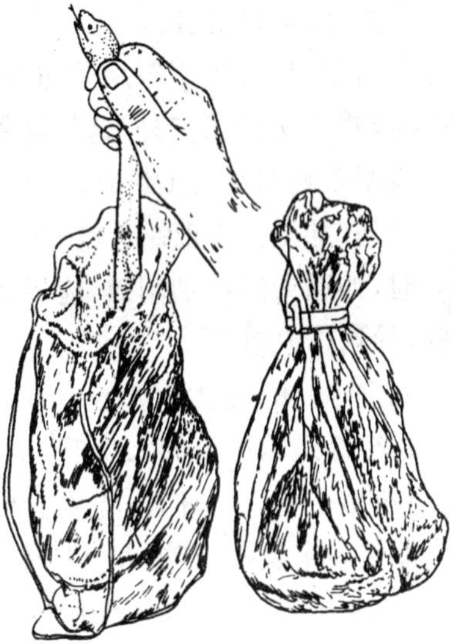

图 33　布袋装蛇

二、种蛇装箱或装袋前的注意事项

装蛇的地点要选在光线充足、宽敞明亮的地方，这样人眼可以很清楚地看到蛇，但是蛇却恰恰相反，因为大多数蛇类的视觉适应于阴暗环境而畏明光，其活动能力会明显减弱。

装蛇时必须将毒蛇与无毒蛇分开装，不同种类的毒蛇也应分开包装，蛇的规格大小最好相等(同一包装内)，以防途中发生大蛇吞吃小蛇的现象。

若原来的装蛇工具中毒蛇与无毒蛇混装，需分开时，应先取出毒蛇后再取无毒蛇。取毒蛇最好使用长柄蛇钳或者戴上革制的长筒皮手套。从包装中捉取毒蛇时，必须胆大心细，瞅准后再下手。当毒蛇在包装内摆“八卦阵”时，可先抖动蛇包装，以打乱它准备随时出击的状态，趁机捕捉出来。也可在蛇发凶时，在其头部上方猛地用力挥动手臂，待它暂停发凶，可瞅准时机捉出。

装运某些凶猛的毒蛇时，可先用医用胶布或透明胶带将其上下吻缠绕贴牢，使蛇可以将舌头伸出口外，这样既不影响呼吸，又使它无法张口咬人。运输眼镜蛇与眼镜王蛇时，千万不能在一起混装，不然途中会相互咬斗致伤，甚至会出现蛇吃蛇的现象。

蛇过箱或过袋时，如遇天气特别闷热，应转到阴凉的地方操作，以防蛇因热而暴躁，导致伤人事件。

蛇袋一般长为 0.9～1 米，宽为 0.45～0.6 米，这样的蛇袋可装蛇 5～7.5 千克左右，短途运输可再加 2.5 千克左右。春秋季节可适当多装，夏季装蛇应减至一半以下才行，否则会成批的热死，造成不应有的损失。用其他包装来装蛇，可视大小具体决定。

多数量、多品种地运送种蛇，应在箱外做好加注标记，以便于查明箱或笼内的蛇种和数量，并应在箱外或笼外加锁，以确保安全。

三、运输途中的注意事项

运输途中为了尽可能地减少种蛇的死亡率或致伤率，确保种蛇的健康与安全，应及时地供水、供食（短途一般不需要），还应经常检查贮运器具，若发现有破损应及时修补或更换。气温高时应设法保证箱内、笼内凉爽通风，此季最好采取夜间运输；气温较低时要及时加盖保温物品。

对运输途中发生病、死、残、伤的种蛇应及时处理或做临时性的加工。运蛇途中必须有专人监护，以防止发生逃跑或伤人事件；切忌在蛇的附近放置对蛇类有害的化学物品，如汽油、柴油、农药等。曾有运蛇的汽车上，因桶中的汽油溢出而导致大批蛇死亡的事情。夏天长途运蛇时一般 2～3 天就得倒箱一次，春秋两季一般 7～10 天内不必倒箱。所以，人工养蛇最佳引种季节是在春秋两季，那时的天气不冷不热，正适合蛇类的短、长途运输，正常的死亡率几乎为零。

对于投资较大、具有规模养殖的大型养蛇场，除已通过外观检查认可的蛇，在放入养蛇场之前还必须经过严格的检疫，以防带菌蛇将传染病带入蛇场。检疫工作可由专门的防疫部门执行，也可由现场兽医承担。

四、三伏天运输蛇类有诀窍

去年，有位“自学成才”的养蛇人告诉我，他养的蛇只有春秋冬三个季节可以对外销售，三伏天是断不会出售蛇的，更别说是跨省的远途运输了。不懂运输诀窍的他，在炎炎夏日不敢向外出售蛇的主要原因就是死亡太多，损失太大，发到客户手中的蛇十有八九是死蛇，严重时全军覆没。久而久之，夏天运蛇经常死亡的事儿成了他跨越不过去的一道坎，难以克服的“心病”，在他和我描述过程时仍是心有余悸，一副痛心的面孔。

其实这个问题一点也不难解决，有时候“闭门造车”肯定是不行的，要是他能早点出去走走，多探访“资深”养蛇同行的话，断不会连最起码的运输问题也解决不掉的。听他说完，我随即把夏天的运蛇方式告诉了他。谁知道他听完后“扑哧”一笑，原来就这么简单啊，几个用过的废弃饮料瓶子就解决了，真是不可思议。

炎炎夏天，养蛇女人的运蛇方法是：把平时搜罗来的大小废弃饮料瓶、矿泉水瓶及各种塑料质地的瓶子，装满水后立即放入冰柜，温度调到强冷状态，待到运蛇时瓶子里的水都已经冻成了一个个实轴的冰坨，把这些个人造的“冰”取出来直接放入装蛇的包装内即可。即使外面的温度高达 30 多度，有多个冰坨在蛇箱子里面冰镇着，加之里面黑咕隆咚的，蛇犹如在凉爽舒适的蛇窝般老实，待到目的地时自然会以活蛇的样子呈现在客户面前。

第五章　蛇类的养殖

第一节　蛇场建造

人工养殖蛇类，蛇场设计、建造是否科学、合理，涉及到养蛇的成败。蛇场的建造和面积可大可小、可繁可简，主要根据养蛇单位（户）的经济承受能力和规划来决定。但真要想把蛇养好、繁殖好，其蛇场的建造必须要达到养蛇的标准和要求。尽管有人倡导用箱养、笼养、池养、缸养、篓养、沟养等家庭式的养蛇方法，单从经济收入上来讲就难见效益，就繁殖后代而言则更难达到预期的效果。

近年来，我国的养蛇业发展很快，各地建造的养蛇场种类繁多、五花八门。但归纳起来，大致上可分为蛇房养蛇、室内外结合养蛇、露天蛇场等三种模式，现介绍如下：

一、蛇房养蛇

这种方式适合于初养蛇者，蛇房可以利用一般的闲置房屋，只须按照养蛇的标准和要求稍加改造，投资仅在几十元或几百元即可，特别适宜刚开始的试养阶段。闲房变蛇房的改造方法是将房的内墙壁处理得光滑无缝，房内墙角不能沿用原直角的墙角，因蛇会从 90°的墙角呈"S"型往上爬，即使逃不掉，但爬到一定的高度会突然摔下来，也有摔死或摔伤的可能。最简单、最省钱的解决方法是，利用一块宽约 0.5 米，长约 1.5 米以上的塑料薄膜用打包带或竹坯围两边钉上，墙下角用土把底边压上即成，使蛇无法从墙角爬上去。蛇房的地面应在原有地面的基础上普遍铺一层新鲜土，厚为 10～15 厘米，最好是用大田的新鲜土，就是除去地表土，使用下面的那些新鲜土。土的湿度应掌握在用手能握之成团，松开即成散土为度。在铺土的同时，应在蛇房的中间地带随便间隔放置 2～3 个水盆，以供蛇饮水、洗澡之用。铺土的高度应与水盆沿齐平，必须用土固定好水盆且不留缝隙，以防蛇钻进去做窝。另外也不能固定得太死，因为水盆还要不断地取出为蛇更换新鲜水。在阳光照射不到的墙角搭制一个简易蛇窝，可用砖瓦或木板、水泥板搭制。也可用现有的木箱钻上几个小洞，做成简易蛇窝。还可用木板做成立体的蛇窝，也就是单个的屉式蛇窝，优点是可以层叠、搬动，缺点是造价稍高些，且利用率有限(见图 34、图 35)。

A 立体屉式蛇窝

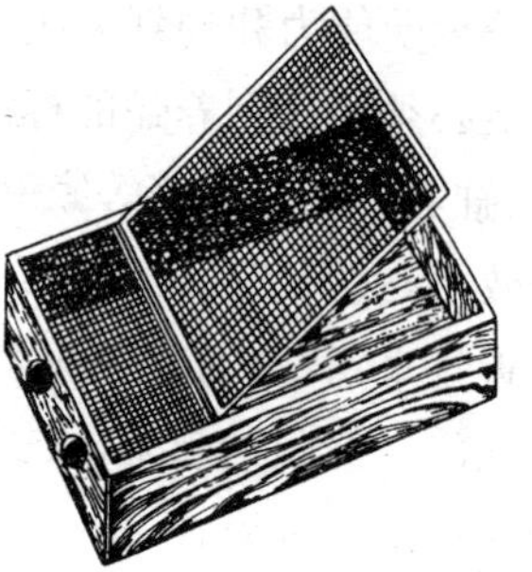

B 单个屉式蛇窝

C 屉式蛇窝的背面

图 34　蛇窝

蛇房要求光线明亮，空气流通。夏季应保持凉爽透气（可安装电风扇或排气扇）；冬季可将蛇移至较暖和的房间，或将原蛇房加盖保温层保温，并将门窗关牢钉上塑料薄膜，以防冷风从缝隙中透进来。

蛇房的客户可在不影响开窗的那面用细铁丝网钉好，以防蛇外逃。在炎热的夏天可打开前后窗户，使房内的空气得到对流，起到降低温度、保持空气新鲜的作用。处理好这一切后，还应在房内空闲地方栽种或摆放几盆耐活的花草或矮灌木，尽量搞好蛇房的绿化，人为地给蛇创造出一个安静、舒适的生活环境。

蛇房门外最好再建一低矮的防逃墙，以防开门时蛇突然外窜逃跑。矮墙的高度应考虑到饲喂人员能抬腿迈进迈出方便的高度即可，墙的内外无需专门抹光处理。饲喂人员最好还应该养成进蛇房先敲门或跺脚的习惯，这样久而久之蛇便习惯了这样的进门信号，一听到敲门或跺脚声，便会条件反射，马上爬离门边的位置，有效减少踩踏蛇的现象。

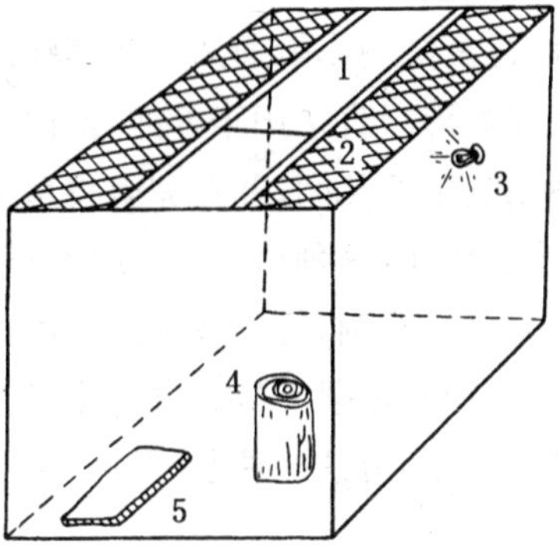

图 35　木制蛇箱

1. 拉门　2. 纱窗　3. 灯　4. 树桩　5. 水盘

在喂养中发现蛇进食、饮水、蜕皮、活动均比较正常时，饲喂人员应适当减少进出蛇房的次数，只须从窗外或门窗外观察即可。蛇房附近禁止放置化肥、农药、汽油、柴油等对蛇有害的物品，并谢绝生人观望或进入蛇房，避免对蛇的惊扰。

蛇房每月消毒 2～3 次，并用平头锹铲去地面上的污物，或直接铲去表层的土，重新再铺一层新鲜土。

二、室内外结合养蛇

此养蛇法便是在有蛇房的基础上，再辟出一个能让蛇自由活动、捕食的院子。这一养蛇方法较单纯的蛇房养蛇有较大改善，除保持蛇房内应有的一切设施外，可在院子四周或若干地方修建蓄水沟，一般宽 40 厘米、深 30～40 厘米即可。院中间还可修建贮饵池，形状为长方形或正方形均可，深度不超过 30 厘米，池内放养杂鱼、泥鳅、蝌蚪等。水池若修建得过深，不利于蛇的捕食。在修建此水池时，最好在池底一低角处预留排水孔，以便经常换水。更换的池水可直接排在蛇场内，这样对保持蛇场的湿度和绿化非常有用。

蛇园围墙的高度不能低于 2 米，最好在 2 至 2.4 米之间。墙太矮会导致蛇的外逃，过高则会影响通风。如养蛇的房院是独门独院，这样可把墙角处理成弧形后直接用于养蛇，但内墙壁必须光滑无缝。若养蛇的房子只利用其中的几间，并不完全将房子用于养蛇，门又是偏门，内房无法与院子相通，这种情况可直接在通向院子的那面墙的下边打上几个拳头大小的墙洞，便可成为蛇自由进出蛇房、蛇园的通道。此法非常简单、实用。饲喂人员若进蛇房可走房内偏门，进出蛇场可采取梯子进、梯子出的方法。蹬梯子进入蛇场后需立即将梯子放倒，慎防蛇顺梯而逃。

这种蛇房和院子相结合的室内外蛇场，其优点是为蛇创造出一个近似自然条件的生存环境，院内可栽种花草或矮树木，为蛇植出一片绿荫，有利于蛇的正常生长和发育，使所养的蛇能拥有一处相对安静、不受外界惊扰的小天地。同时，有此与蛇房相通的蛇场，使蛇能更好的适应外界的气温变化，增强其抵抗疾病的能力，使所养的蛇更健壮。此外，蛇场内的水沟、水池及种植的花草树木，不仅能给蛇类提供了一个藏身纳凉的好地方，同时也给蛇的食物，如青蛙、蟾蜍、蛐蛐、蚂蚱及其他昆虫提供了藏身之处和存活的条件，更有利于刺激蛇食欲和捕食的积极性。

三、露天蛇场

露天蛇场，又叫室外养蛇场，这是目前我国养蛇场（户）使用得最多的一种养蛇模式。而这种露天蛇场通常又有围墙式蛇场和围沟式蛇场之分，下面将分别介绍如下。

（一）围墙式蛇场

此蛇场非常适合于四季无明显差异的南方诸省（区）。蛇场应建在向阳、通风，且有一定自然坡度的近水地带。尽可能远离城区，避免住户和噪音对蛇的干扰，或蛇对周围群众的威胁。

蛇场围墙的高度一般在2～2.5米，墙基应深入到地下0.5米左右，并用水泥浆灌注，墙基结构为砖、石头等建材。蛇场内墙壁应用水泥抹平抹光，切忌粗糙，内墙壁千万不能刷成白颜色，以免夏季阳光强烈造成反光，影响蛇场内的正常温度，一般就用灰水泥的本色就可以。墙的内角砌成弧形，以防蛇沿墙角外逃。蛇场的围墙最好不设门或不留观望窗，饲喂人员采取梯进、梯出的方法最保险（最好使用竹梯），饲喂人员一旦进场后必须先放倒竹梯，以防蛇沿梯外逃。若需要在蛇场围墙处开一进出小门的话，最好设两层门。也就是在蛇场内开内门，在蛇场外开外门，门一定要紧贴墙壁，使关门后不留任何缝隙。另外，还可在蛇场的墙内外各筑一砖石阶梯，墙外的阶梯可紧贴围墙，与围墙形成一体；场内的阶梯应离围墙1.5～2米。进出时可搭一结实、轻便的木板，一进入蛇场后，木板要及时抽掉，慎防蛇顺板逃逸。蛇场内四周挖一40厘米×40厘米（宽×深）的水沟，在地势较低处或排水比较方便的位置留一排水口，有利于污水外排或雨季的排涝，排水口应放置铁丝网(必须先刷防锈漆，以防生锈蚀烂)，防止蛇类从排水口外逃。为了保险，铁丝网可在排水口内外各用一层。

在蛇场的向阳处或地势高的地方搭建蛇窝或蛇池，高度和宽度分别为0.5米左右为宜，窝或池的顶要有一个开口并加上活盖，以便于抓蛇用。同时，还应在窝或池底部铺上一层干沙或干草，这样即可以防潮祛湿，又便于打扫卫生，保持清洁。

蛇场水沟内的水，最好使用流动循环水源，若没有此条件，水沟内的水要经常更换，以保持水质的清洁卫生。水沟也要经常冲洗，以便除掉沟底或沟壁的污物。水池中可以栽种水草或水葫芦等，再适当放养些青蛙、蟾蜍、黄鳝、泥鳅、小杂鱼和水蛇等动物，以便于蛇能随时捕捉到自己喜食的动物，还可以在蛇场内安装几盏黑光灯，以此来引诱各种昆虫和飞蛾等，供蛇、青蛙、蟾蜍捕食，这样既延长了蛇食的存活期，又为蛇场内食物的鲜活提供了有力保障。同时，也改善了蛇食的品种多样化，如虎尾蛇等专爱捕食各类昆虫和飞蛾。再者饲喂人可借助灯光进行晚间观察，特别是有利于帮助观察夜行性蛇类和晨昏性蛇类的活动情况及捕食规律。

如果饲养的是蝮蛇、竹叶青、金环蛇、银环蛇等体型较小的蛇类，围墙不宜建得过高，一般在1.5～1.8米即可。过高对空气流通不利，使蛇场内在夏季更加闷热。另外，毒蛇不能搞多品种的混合养殖，必须一个品种单独一块饲养场地，每块场地面积以100～120平方米为宜，场地过大不适合人工捕捉。蟒蛇不适合蛇场养殖，因其体型太大，特别是不适合露天蛇场养殖，应采用大铁笼饲养或室内封闭式养殖，饲喂人员必须是经过专业训练的身强体壮之人员。无毒蛇中的王锦蛇也必须单独饲养，因为此蛇是无毒蛇中个头最大、长势最快、好饲养的品种，但其性凶，有吃蛇的习性，甚至敢吞吃眼镜蛇，故不能与其他蛇类一起混养。

（二）围沟式蛇场

此蛇场的建造方式与方法基本上与围墙式蛇场一样，所不同的只是不以砖石先砌围墙，而是以沟代之。水沟的宽度和深度不能低于1.5米，但是沟的外围还是要筑墙，只是围墙借着水沟的深度，只需建1～1.5米即可（封闭式的林场可建1米左右）。内墙壁的建造标准也必须是光滑垂直、没有裂缝，墙角成弧形。水沟的两岸要砌成斜坡型，使蛇类能随意进出水沟。沟里的水最好是流动的，并要求保持有一定的水位，沟里可大量养殖、培育蝌蚪、蛙类、鱼类，放养黄鳝和泥鳅，以供蛇自由捕食。在围沟式的蛇场内，同样需建有蛇窝，种植花木，搞好植被绿化，用石头搭建假山，供蛇类栖息活动。在水沟上方铺设过沟木板或活动吊桥，便于饲喂人员自由出入。平时不用时，要将木板抽掉或将活动吊桥吊起，这样蛇就不会借着木板或吊桥为支撑点外逃了。

这种建蛇场的方法明显优于围墙式蛇场，但占地及投资都较大，适合于大面积的封山育林式的林业单位筹建使用，不适合投资较少的个人。但其生态环境基本上接近蛇在野外的自然栖息状态，极利于蛇类的生长、发育和繁殖。

四、立体蛇场

故名思义就是立体养殖蛇类。我蛇园从1994年开始对这个课题进行了技术攻关，历经几年的不断探索和改进，终于从当初的地下蛇穴改进成现在的“多层立体式地下蛇房”，我们称之为“立体养蛇场”。立体蛇场的地表面可作为蛇的运动场使用，建造方法基本上与露天蛇场（围墙式蛇场）一样。所不同的就是不建地面上的蛇窝或蛇池，为使蛇的活动场地更加宽敞，而将原地面上的蛇窝或蛇池搬建于地下，直接深入地下2～3米，建成我们现在使用的“多层立体式地下蛇房”。下面就“多层立体式地下蛇房”的构造方法及其优越性做全面介绍，供大家参考。

(一)“多层立体式地下蛇房”的构造方法

此蛇房深入地下 2～3 米、宽 2.3～2.5 米，长度不限（一般为5～10米或更长），上顶用长为 2.65～2.7 米的结实厚木板或事先订做好的水泥预制件做顶部支撑，蛇窝的层与层之间用砖、瓦片有规律地层叠在一起。垒造出 9～14 层蛇窝，每个蛇窝为三块砖长，支撑成长筒型，上面将砖横铺或用瓦片。横铺的砖面或瓦片上铺层新鲜土，厚为 2～3 厘米，土质必须细碎均匀。地下蛇房的四周坑壁与坑底无须专门处理，只须在挖坑时处理平滑就行。土质松散的地方可用打夯机夯实或用石夯夯实、夯平，以防土层下陷，造成蛇房倒塌现象。坑底及四壁不处理的目的就在于利用它的自然土层断面，这样对控温保湿很有益处。可以很自然的给蛇创造出一个不同层次的温度、湿度空间，使我们所养的蛇类在春夏秋不同季节，很自由地选择它所需的那一层次。同时，更为不同品种的无毒蛇混养提供了适宜的养殖空间。另在靠近土层断面的每个蛇窝内口的壁面上有一直通地面的“凹”型槽，槽孔大小约啤酒瓶般粗细，可让上爬的蛇类借着每层砖为着力点，自由自在地进出地下或地上，使露天蛇场与“多层立体式地下蛇房”浑然一体，成为名符其实的立体蛇场。在此蛇房背风的一端，留一处楼梯样式的梯形通道，直通地下蛇房，成为饲喂人员随时上下的阶梯，从而达到观察的蛇类的目的。地下蛇房通道的宽度以可供两个人并排通过为度。为了方便观察地下蛇房最下层的蛇，可在通道的中央位置挖一“Ｖ”型纵行底沟直通里面，即可蹲在底沟里观察底层的蛇。不需要观察时，可在底沟上面铺设木板，使通道又恢复原状。通向地面蛇场的蛇通道口可用瓦片盖好，以防在雨季雨水倒灌进去。此通道口应高于周围地势，对雨季防涝有作用。盖在通道口上的瓦片应高于地面 8～10 厘米，这样可保证蛇类顺利地爬进爬出。为了改善地下蛇房内的空气流通，可在顶部未封木板或水泥盖板时，先预留一个圆孔，便于安装瓷管或塑料管通风，也就是给地下蛇房安装通风的管道。瓷管或塑料管的内部直径为 10～15 厘米，在管道的上部最好再装上一个拐头，防止雨水流入地下蛇房。饲喂人员进出的通道口，应提前根据出口的大小尺寸预制好两块稍薄的水泥盖板，以供雨天或冬季使用。也可搭盖结实的木板，但不能刷成白色。

此地下蛇房可全年使用，平时作为蛇类的栖息窝，冬季又可成为蛇类理想的冬眠场所。南方诸省(区)使用此地下蛇房在气温高的夏季，尤能体现出其地下凉爽的优越性，还可根据不同地区水位的深浅，建成半地下、半地上的模式，解决南方水位较浅，深挖易出水的弊病。而北方的冬季特别寒冷，此季只需在地下蛇房的顶面上加高土层厚度，用棉絮或废报纸塞牢蛇通管口和通风口，盖好人的通道口并覆盖塑料膜后用土夯实，即可使地下蛇房内的各种蛇类，安然的渡过长达 4～6 个月的冬眠期。

(二)“多层立体式地下蛇房”的优越性

此蛇房的设计成功，不仅扩充了原有的土地养殖使用面积，比原来的存养蛇数量增加了十多倍，且蛇类的饲养环境有了较大改善，使蛇场更接近大自然了，成为贴近自然的模拟生态养蛇场，更有利于蛇类的健康生长。

此地下蛇房，克服过去冬、春两季在蛇类冬眠期，无法直接拿取活蛇的缺点，变为可随时进入地下蛇房取活蛇供应市场的优点。因这时市场的蛇价最高，是平时季节的 3～5 倍。即便是抓取三五条蛇，也可以很方便地进入地下蛇房抓取，能满足不同客户的需求。

“多层立体式地下蛇房”可为不同种类的无毒蛇混合养殖(王锦蛇除外)提供了不同的温、湿度空间，使所养的蛇类能够自由地选择，从而减少了重复建蛇场、建蛇窝的资金投入。此地下蛇房还可使昼行性蛇类和夜行性蛇类交替使用，使地下蛇房显得更加宽敞，不会出现蛇窝内拥挤的现象。

我蛇园在修建此蛇房时，有意提高了与地面蛇场的坡度，再加上每个出蛇口在一定的高度，都用连挂好的瓦片盖好了，从而有效防止了狂风暴雨对蛇洞口的突然袭击，无需在恶劣情况下再烦劳饲喂人员进入蛇场收拾应急。另外地下蛇房的顶面是用土堆成的，除能起到控温保湿的作用外，还可在上面栽种花草，有利于蛇场的绿化和生态，更为蛇类提供了一定的活动空间。

此地下蛇房不仅可节省土地和蛇场建造的资金投入，更主要的是解决了蛇一生中离不开的蛇窝问题。蛇类养殖者都知道，蛇在饱餐一顿后，必定要爬入窝内静卧几天，等腹内的食物消化干净了，方才爬出蛇窝再次寻觅食物。其余时间（除蛇类所特有的固定习性外）如高温、阴雨、狂风等，还有蛇体能感觉不适应的其他因素，蛇均会爬回它们的窝。由此我们可推算出，即使在蛇类的活动季节，它在窝内呆的时间仍高达 2/3 左右。所以，人工养殖蛇类能否建造出其所适应的仿野生养蛇场和蛇窝，是养蛇中的关键技术，同时也是养蛇成功的重要保障之一。

以上几种蛇场围墙的顶部应平坦，宽为 50 厘米左右，边突出于墙两侧，这样既可防止蛇沿墙翻越墙顶，也便于饲喂人员行走及观察（见图 36）。

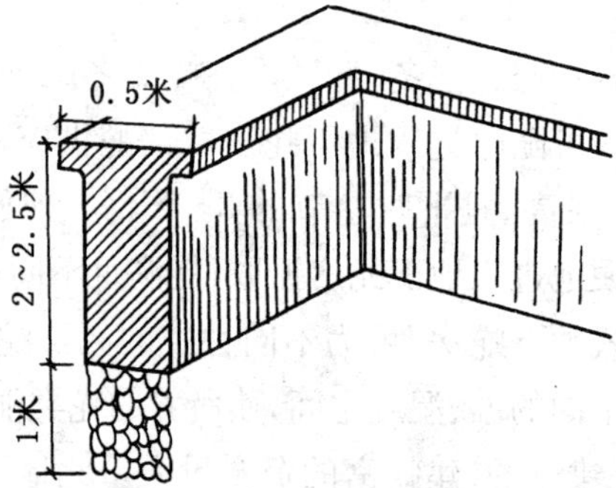

图 36　蛇场围墙的结构

(三)“多层立体式地下蛇房”应用成功后的衍生养蛇姊妹体——“立体地下大蛇房”

什么是“立体地下大蛇房”？较之前面详细介绍的“多层立体式地下蛇房”又有哪些好处？下面的篇幅养蛇女人将详细介绍如下。

“立体地下大蛇房”是目前养蛇业较为先进的一种尽量模仿蛇在野外生存的最佳养殖模式，适合于投资稍大一些或从简单养蛇模式过渡来的养蛇场(人)使用。由于他们有宽裕的资金做后盾，建造起来容易达到规模规范、结实耐用、宜蛇宜人、方便管理的养殖理念，是养蛇女人根据蛇的具体生存需求，人为地把蛇安排在地下养殖的一种全新方式，业内同行称它为“绿色生态养蛇”法。几十到几百平方米养蛇面积的“立体地下大蛇房”，较之“多层立体式地下蛇房”好处如下。

1.“立体地下大蛇房”不仅提高了土地的利用率，节省了资金方面的重复投入，管理起来更趋人性化，蛇也重温原来野外的生存模式，使之在进食、蜕皮、交配、产卵、嬉戏、长势等诸多方面更理想，符合蛇“冬暖夏凉”的原始要求，容易满足养蛇人获利的愿望。尤其是养殖业，规模有时是利润的最大保障。

2.“立体地下大蛇房”让养蛇人更省心省事，夏季劳作时仿佛进了天然“避暑山庄”，温湿度是天然的，无需人工调控。立体蛇园的“立体地下大蛇房”是半地上半地下的，既见阳光又不见阳光，常年处于半明半暗的状态。再者，由于此蛇房深入到地下一部分，故有一定的自然潮度和湿气，标准的人造地下“空调间儿”，这点正好符合蛇喜阴暗潮湿或相对安静的习性。

3.“立体地下大蛇房”让蛇夏季猛吃不掉膘，赛过温度适宜的春秋季。“立体地下大蛇房”还可以让蛇越冬有保障，胜过东三省的菜窖子。考虑到北方冬季寒冷的事实，我们又把冬暖蔬菜大棚的“顶”移植到“立体地下大蛇房”上面，一举解决了温度忽高忽低的“短板”，使之成为蛇安然越冬的地下“安乐窝”。“立体地下大蛇房”冬季取蛇很方便，犹如出这屋进那屋。数九寒天，大雪封门的景象照样开门取蛇，并且一眼就能看见蛇在哪个地方，省去了找蛇翻蛇或拖拽出窝的麻烦，想拿哪条蛇瞅好了直接取走就是。

4.“立体地下大蛇房”紧跟时代步伐，让蛇也“住”上了几百平米的大房间 。“多层立体式地下蛇房”养蛇女人已经应用了十多年，效果虽好但也有诸多不如人意的地方。与“立体地下大蛇房”相比较，主要突出两个方面：一是取蛇时感觉不是太方便，毕竟现在专门养殖大型的肉蛇类，像赤峰锦蛇、王锦蛇、棕黑锦蛇、黑眉锦蛇、乌梢蛇及体形中等的赤链蛇等，蛇大窝小且窄长，急用时要想拽出窝里的蛇还真要费一番周折。取蛇时劲用大了，对蛇刺激太大并且极易弄破蛇的皮肤，客户不乐意接受皮肤有破损的蛇。二是不利于蛇粪便的及时清理和消毒，连起码的肉眼观察蛇况也满足不了。鉴于此，改造“多层立体式地下蛇房”的设想早就有了，2007 年借着拆迁，养蛇女人综合前几次立体蛇园“多层立体式地下蛇房”存在的某些不足，将原来一个个的小蛇房一举改成了大蛇房，犹如一个初具规模的地下养蛇场。新立体蛇园目前已经使用 3 年多了，实际养蛇利用中发现好处多着呢！相信聪明的朋友们不用养蛇女人细细介绍，通过照片一看就知道了，蛇在里面要多舒服有多舒服，在这样的环境里生存，蛇能长得不好吗！

5.“立体地下大蛇房”让蛇远离噪音，回归野外原始般的静谧。蛇是野生动物，尤喜欢在安静的环境里生存，嘈杂纷扰的人工养蛇环境是养殖过程中的大忌。可世上偏偏没有十全十美的事情，养蛇也是如此。虽说场地的选择最好是郊区、村外、河边、库区、山脚附近的僻静地带，但考虑到交通、水电、投资及养殖人员出进等方方面面的诸多事情，人们大多会把养蛇场所建造在离家不远的地方，主要是为了因地制宜、节省投资、照看方便或不用操心交通、水、电等实际问题。这样就与蛇喜欢僻静的习性相违背，可有了“立体地下大蛇房”就很好地解决了这一切。这是因为，“立体地下大蛇房”是深入到地下 1～3 米左右的，长度和宽度均没有一定的尺寸限制，建造可大可小、形状因地而异，坐向亦没有严格要求，且顶面覆盖了一定厚度的土层或轻质保温层，除自然维持有冬暖夏凉的优点外，最大的特点就是静谧隔音，与外面完全隔绝了纷纷扰扰的嘈杂噪音。正因如此，蛇在感受到外界不利于它耐受或不适的噪音时，自然会“一钻了之”，待蛇认为噪音消除时便会恢复正常的出窝活动。

“立体地下大蛇房”使用多年后，养蛇女人的自我感觉还是相当不错的，既实惠又实用，虽说建造花费较之普通蛇园稍大些，但蛇的长势十分理想，效益也随之上升不少，想想还是挺划算的。

养蛇女人正是靠着一次次的不断改进和设计，直到 2009 养蛇模式上的颠覆式彻底改变，为我所养的蛇解决了许多难题。随着养蛇模式的最终改变，更让我实实在在地能帮所养的蛇，安然无恙地度过冬眠关、春亡关、蜕皮关和生育难关等。

五、蛇场建造的其他注意事项

一个良好的养蛇场，应设有一个宽敞的活动场所，即蛇类的运动场。但场内不能种植爬藤植物、带刺花木或冬青等，以防蛇被藤蔓缠住难以脱身，或被带刺花木（月季、蔷薇、玫瑰）刺伤皮肤而引起溃烂，严重者可导致死亡。冬青虽遍荫较好，但其枝条茂盛、并拢严密，蛇一旦爬入其中，多被枝条套住，很难顺利爬出。所以，蛇场内最好不要种植冬青。

饲喂人员还应经常到蛇场的四周巡察，看是否有与蛇场内相同的蛇和蛇蜕，若发现有的话，一定是蛇场的围墙有问题，如有小墙缝、小窟窿均可导致蛇的外逃。蛇的伸缩能力特别强，只要是头部能够经过的地方，身体通过不断地收缩也会随之钻出去。一旦发生这样的事情，要及时查找并抹牢墙缝、堵死窟窿，杜绝再次发生外逃事件。大多数蛇类还有这样的习性，即钻入墙缝或窟窿中后，只会往前爬而不后退，此时若是拽着尾巴硬往回拉的话，就是把它拽断了，蛇也不会自己倒退回来。这时应采取“一松一送”的方法，即拽着蛇尾在松手一送后，趁蛇往前爬行的那一刻，然后拽着尾巴猛地一拽，就会把蛇从藏身的地方拽出来。

六、蛇场内的控温保湿

一般情况下，20～30℃的气温最适合蛇类的生长、繁殖，若气温低于10℃以下，蛇就不爱活动。如果在40℃以上或低于5℃的温度环境中；蛇就会大量死亡。所以，在人工饲养过程中要特别注意外界气温的变化，做到防患未然。

人工养蛇的控温一般又分为降温和保温二部分。保温工作大多在蛇类进入冬眠期前必须准备妥当，如提前准备好塑料薄膜、草帘、麻袋、棉絮、玉米秸、稻草等保暖物品，还可在蛇窝内安装增温装置，尽可能将温度控制在8～12℃，蛇窝的外部和顶层可加盖保温物品或加厚土层，使蛇类冬眠场所的温度提高或维持到所需温度。降温工作除搞好蛇场的植被绿化外，还可采取喷水降温，在蛇场的部分上方拉挂黑光遮阳膜等。蛇场、蛇窝内的适宜温度，必须人为地给它营造好，否则会影响蛇的生长和发育。

此外，蛇类对空气中的湿度也有较高的要求，如空气过于干燥，就不利于蛇的蜕皮、生长和繁殖。所以，湿度必须控制在适宜的范围之内，即相对湿度要维持在50％～70％。蛇场内设置的水沟、水池，均可起到增加空气中湿度的作用。但在蛇类的冬眠场所，窝内湿度要有所降低，不然会影响正常的温度。此季的湿度应保持在35％～40％，最高不能超过50％。蛇窝的湿度过大时，可铺垫干草、干土、干沙、棉絮、木屑等，有利于冬季蛇窝的增温除湿。

七、“立体地下大蛇房”顶部夏遮阴冬保温的简单处理方法

蛇是变温动物，蛇有蛇最起码的生存要求，这点养蛇女人是再清楚不过的，这就需要养蛇人提前给蛇侍弄好。就拿“立体地下大蛇

房”顶部的处理来说就是两用的，夏天要使之成为为蛇遮阴避暑的支架，冬天则成了为冬眠蛇挡避雨雪、增加温度的暖棚了。至于怎样的“立体地下大蛇房”能在夏冬气温异常相驳、外界环境天壤之别背道而驰的情况下适当两用，详细的操作方法请看养蛇女人下面的介绍：

1. 夏成支架藤蔓满架爬，捎带着养蛇人吃南瓜。扎制竹架前，要预先测量好“立体地下大蛇房”整个顶部具体的尺寸，估算出所买大小粗细长短竹竿的根数，备好扎制竹制架子的粗细铁丝等，或请人或自制，这是粗活没有技术难度，一般人也都能操作得了，只是记着捆绑竹竿的铁丝箍头一定得尽量朝上，以免养蛇人员在此抓蛇查看或清洁消毒时，不小心刮伤了皮肤，受不必要的皮肉之苦。竹架一次性扎好后可连续多年使用，只是每年春天蛇还未出蛰前要提早修缮，免得天天见长的南瓜藤蔓绕满了再修，碍手碍脚的忒不方便。这里需要提醒的是，扎不牢稳或扎不周正的架子，应用的承重能力会下降许多，肯定经不起诸多慢慢长大的南瓜的重压。蛇园里的南瓜秧尽管不用各种化肥，可随时取用的蛇粪肥力还是不小的，加之南瓜藤蔓一旦爬到竹架上面，由于架空的原理，“立体地下大蛇房”顶部的通透性特别好，接受阳光照晒时间充足，南瓜个顶个的长得好、长得大，没有扎制结实的架子，一夜间悄然坍塌也是常有的事儿。架子塌了，南瓜摔了是小事，可乱七八糟的架子下藏匿了蛇，倘若一时半会儿的收拾不利落，蛇在里面死活不明也是怪急人的。鉴于此，扎制时一定得用心扎好扎牢，勿留安全和管理方面的后患。

蛇园里之所以从众多爬藤植物中选择了栽种南瓜，除了个人特别喜爱的原因外，最主要的是经过若干年认真比对后发现，南瓜自身有拒农业害虫的明显作用，整个生长期不用喷洒各种灭虫剂，只需有水有肥（蛇粪）即可茁壮生长，此举既给“立体地下大蛇房”顶部遮了阴，有利于保护蛇园蛙类的健康觅食，又使蛇园蛇粪便处理朝着无害化迈出第一步，养蛇人还能时时吃到没有一点农药危害的南瓜花、南瓜和南瓜子，可谓一举四得，甚是喜煞养蛇人。

2. 秋后落叶时节摘南瓜，留心温度来把暖棚搭。立秋后，各地天气逐渐变得凉爽起来，此时窝在地下室一味纳凉避暑的蛇开始成群成批的爬了出来，或退去包裹了整整一个夏季的粗糙蛇皮，或在暖阳下三两聚堆儿悠散的晒着太阳，或松松垮垮地爬上树去呈现昂头问天状，或左钻右躲地混迹于花草下、树叶中、竹架上，自然呈现出一副生机盎然的群蛇蛇园“闹”秋图。像这样群蛇集体出没的景致下是不太适合无妄骚扰蛇的，毕竟蛇这一系列活动后是要重新进入又一轮吃食高峰期的，静谧环境下以利群蛇吃饱喝足、膘肥体健后入窝冬眠，顺利渡过寒冷漫长冬眠期，此时不宜给竹架覆盖塑料薄膜。

谈到蛇冬眠的话题，让我们重新回到“立体地下大蛇房”顶部，给蛇搭建过冬暖棚的细节上来。前面已经说过“立体地下大蛇房”顶部的竹架是两用的，夏季既可以很好的给蛇遮阴避暑，秋季经过简单的变通又可以成为蛇安然越冬的理想冬眠场所。其具体的操作是，待到忙秋后下霜前一股脑儿的摘了南瓜，彻底去除干净藤蔓，再仔细检查修缮竹架后，就算是完成了冬暖棚前期的准备工作。此时，先不要忙着最后的那道工序——盖塑料薄膜（无滴膜），因秋季温度也是变化无常，几日秋雨连绵，又几日秋阳高照，塑料薄膜的覆盖应待到外界温度，完全降至到 0～－2℃以下时再覆盖不迟。塑料薄膜一旦覆盖后，“立体地下大蛇房”的温度一下子就提上去了，但地下温度并不稳定，还是有一定的起伏变化的。因此，期间要密切注意“立体地下大蛇房”里面的温度变化。温度高于所养蛇的冬眠需求时，要适当地把覆盖在上面的塑料薄膜人为地扒开一条缝隙，以利湿热空气自然流通，通透性强了，里面的温度自然会有一定程度的下降变化，这就需要养蛇人员仔细料理、细心观察了。如果“立体地下大蛇房”的温湿度一切正常的话，则无需如此操作。

第二节　蛇类的饲养与管理

一、蛇类的食性与投饵

蛇类是肉食性动物，喜食各种活体小动物，如青蛙、蟾蜍、老鼠、鸟类、蜥蜴、泥鳅、黄鳝、小杂鱼、鸡雏等，极少吃死的或腐败的动物。蛇类的食物品种虽然比较广泛，但不同蛇种对食物的喜好各不相同。如银环蛇多食泥鳅和黄鳝；乌梢蛇喜食青蛙和蟾蜍；王锦蛇、黑眉锦蛇、棕黑锦蛇、灰鼠蛇、滑鼠蛇等主食鼠类；而眼镜蛇、眼镜王蛇、金环蛇则专吃其他蛇类及鼠类；五步蛇除食蛙类、鼠类、蛇类外，还好捕食蜥蜴；渔游蛇、水蛇大多以水中的鱼类为食。因此，我们必须要了解、摸透所养蛇类的食性，然后根据所养蛇种的不同，投放适口的食物，供它们自行捕食。

在蛇类的活动季节，也就是 4～11 月，每月要投放食物 2～3 次，或者每周投喂 1 次，否则因食物的不足会发生蛇吃蛇的现象。主要根据蛇的种类、年龄、性别、大小或各种蛇采食量的不同而灵活掌握，每次投食后要密切观察其采食情况，以便及时调整下次的投喂时间和数量。至于蛇的食量究竟有多大，以黑眉锦蛇为例，在它的活动期内，每月每条蛇平均投喂蛙类或鸡雏的重量要超过其自身的体重，才能维持其正常的身体消耗。所以，具备一定规模的养蛇场必须考虑食物来源是否充足，以确保按时供应。走配套养殖蛙类、鼠类、泥鳅、黄鳝的综合之路，才是解决规模养殖的可行办法。再者蛇场内多安装几盏黑光灯诱虫蛾，也是解决蛇及蛇食源的补充办法。另与孵化鸡雏的厂家联系部分淘汰、不能出售的鸡雏喂蛇，也可以解决部分蛇的食源。此外，尽量给予多品种的食物，也是非常重要的。只有这样做才能为蛇提供全面的营养，不仅促进了蛇的生长，更能促使其性腺发育，达到繁殖的目的。

另外，投喂食物的方式、时间、地点均得规范化，蛇活动路线事先仔细观察好，投饲的地点宜选在蛇类经常出没之外，如投食量过多，被蛇咬死而不吃的现象常有发生，那样就会造成浪费，故投喂量应做相应的调整。如果投喂的时间过早，特别是在炎热的夏季，容易导致小动物的死亡，所以在傍晚太阳落山后投喂为最佳，这样无论是昼行性蛇类，还是夜行性蛇类，及晨昏性蛇类均能吃到新鲜食物。

在人工喂养的过程中，总是有个别抢不上食物的弱质蛇，对这样的蛇必须采取人工填喂的方法促使其增膘。当蛇体质不好而掉膘，以后则很难增膘。出售、加工商品蛇时，掉膘的弱质蛇首在其中，因为已没有多大的养殖价值了。对体质尚可，但食欲不振的个别蛇，可采取人工灌喂一些复合维生素 B(药店有售)令其开胃，这对使其增进食欲、恢复体质、促进新陈代谢有益。我们还可将这类蛇取出单独喂养一段时间，待其体质恢复后再放回蛇场集中饲养。

近些年来，国内的蛇类专家配制一种供蛇食用的香肠，已获得成功。把粗蛋白、粗脂肪、粗纤维、磷、钙等加上维生素 A、维生素 D_2 等，配以适量的水，灌入肠衣内制成香肠，然后诱导蛇进食。中国科学院动物研究所的康景贵教授，在 1986 年就做过这方面的尝试。他在此基础上，又试验着把“香肠”表面涂上一些能引起蛇食欲的物质，诱喂眼镜蛇也获得成功。

二、蛇类的人工填喂方法

对于刚刚购来或捕来的蛇，不要急于进行人工填喂，这种情况下，即使投喂给鲜活食物它也不怎么吃，若此时强制填喂，会出现适得其反的现象。因其对新环境还不熟悉，一时未能适应，并存有畏惧心理。待经过一段时间后(15～20 天)，发现仍有自已不主动捕食的个别蛇，方可采取第一次人工填喂。填喂时，大型蛇类最好三人协同操作，一人抓头、一人抓身体、一人抓尾；中小型蛇类只需二人即可，一人抓头尾，一人掰开蛇口进行填喂(见图 37)。填喂时动作要轻柔，切不可粗鲁蛮干，以免弄伤蛇口腔或弄掉蛇的毒牙。食物填入口腔后便滑入食管道，这时用大拇指顺蛇腹慢慢将食物推入蛇的胃中，以防蛇把刚填喂的食物倒吐出来。喂完后将蛇拿到远离蛇窝的地方，放蛇落地时应先放头，后放尾，使其慢慢爬回蛇窝或看它爬行一段距离。对填喂后不主动爬行的蛇，可用刺激其尾或肛门的方法促其爬动，这样可借助身体的蠕动使填喂物顺利进入胃里。人工填喂宜在7～10天填喂一次。强行填喂会使蛇类受到很大的刺激，故在填喂前可将少许搅匀的鸡蛋液先行灌下，使其食道受到润滑后而便于顺利吞食。

此外，还有一种比较容易配制的填喂配方，就是用鲜鸡蛋或鲜鸭蛋(因部分蛇有食鸟蛋的习性)一枚、钙片二片、鱼肝油丸一粒和适量维生素、面粉等充分搅匀后，可直接进行人工填喂。配制的混合饲料最好是现用现配，不能放置时间太久，特别是在气温较高的夏季。若用精牛肉、瘦猪肉来填喂，可用搅肉机搅碎后直接填喂。

人工配合饲料的配方可根据表6灵活掌握。但由于人工填喂均系强制性填喂，蛇类虽能勉强接受，可是以此来大规模、长时间地解决蛇类食源，不是可取的。毕竟有它一定的难度和局限性，况且投资也是很大的。在这一方面，国内外至今尚无完好的解决办法，还需要作进一步的探讨与研究。

表6 部分食物的营养成分表(每百克)

食物名称	钙(毫克)	铁(毫克)	磷(毫克)	脂肪(克)	糖类(克)	蛋白质(克)
精猪肉	11	2.4	177	28.8	1	16.7
精牛肉	5	2.1	179	20.3	41	17.7
兔肉	16	2	175	0.4	0.2	21.2
鸡肉	13	2.8	189	1.2	0.1	23.3

续表

食物名称	钙（毫克）	铁（毫克）	磷（毫克）	脂肪（毫克）	糖类（毫克）	蛋白质（毫克）
鸡蛋	55	2.7	210	11.6	1.6	14.7
泥鳅	459	2.7	243	2.8	0	18.8
黄鳝	40	0.7	62	1.2	0.6	17.2

经人工填喂2～3次后，大部分蛇即可自行猎捕食物。对经几次灌喂，仍不主动捕食且身体日见虚弱、消瘦的个别蛇，最好及早出售或处理。

三、蛇类活动期摄食规律

具体分析蛇类从4月到11月这段活动期中摄食量的详细情况，大致有这样的摄食规律：如果把4月蛇的摄食量看作是1份的话，那么在蛇类刚出蛰的前期，也就是5月则是1.5～2.5份；6月基本与上月持平，维持在2.5份；7月的天气最闷热，蛇的摄食量有所下降，降至2～2.3份；8月是初秋，天气仍很热，摄食量同7月；然而到了秋高气爽的9、10月，蛇的摄食量猛增至3～5份。俗话说得好："秋风起，三蛇肥"，此话确实反映了蛇类生长及增膘程度的实际情况。加之冬季将临，蛇类需大量进食贮存丰厚的脂肪，以期渡过漫长的冬眠。11月的天气已渐冷，月初时蛇仍猛进食，但到临近冬眠前的20天左右，蛇的摄食量明显减少，甚至再不进食，故就11月的进食量而言仅为3份左右。

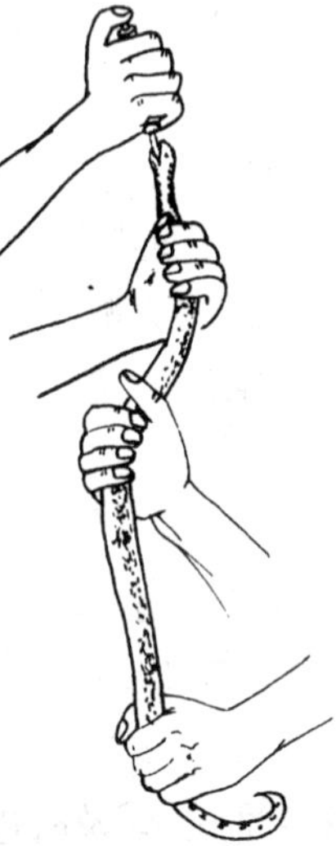

图 37 用钝头注射器人工填喂

只有确实了解、掌握了蛇类各月份的进食规律，我们就要尽量设法满足其食物的投喂，这是养好蛇类的基础和关键。饲喂人员应充分遵循蛇类的进食规律，做到合理、按时、足量、科学的投喂。

四、蛇场的管理

人工养殖蛇类应有一套完整、科学的管理制度和合理、可行的饲养方法，这样才能不断提高养殖水平，使所养殖的蛇类长势快、繁殖多、成活率高，从而获取好的经济效益。综合起来应注意下列几个方面。

(一)重视蛇场的清洁卫生

经常打扫，搞好蛇场，蛇窝的卫生，及时清除蛇粪、残食和死蛇，收拾好蛇蜕，以便出售。尽量使蛇类生存在一个安静、舒适、卫生的生活环境中。

(二)保持水源的洁净

蛇场内水池、水沟中的水要经常更换，特别是在炎夏酷暑，由于蛇类的交配、繁殖均在这一季节中，所需的水分较多，必须保证供给清洁、卫生及足量的水源。

（三）定期观察蛇类的活动情况

在蛇的活动季节，每天要定时观察、了解蛇的活动情况，并及时记录蛇的捕食、饮水、蜕皮、逐偶、交配、产卵（仔）、孵化、病害、生长、死亡等具体情况。注意经常随着气温的变化而采取相应的保护措施，做到常备无患。

（四）定期投放食物

食物的投放要充足并且多样化，以确保蛇类能吃饱、吃好。在夏季投食，最好选择在凉爽的傍晚，切忌中午投喂。

（五）对病蛇要及时隔离

对有病、有伤、瘦弱的个别蛇，要及时进行隔离喂养，并积极医治处理，避免病情蔓延，传染给其他的健康蛇。刚引进的蛇种进场前，必须先行“药浴”方可入场。这样能有效地防止蛇类在运输过程中的交叉感染或其他不易察觉到的皮肤疾病，为下一步养好蛇打下坚实的基础。

（六）定期消毒

定期使用来苏水、新洁尔灭溶液或生石灰水对蛇场进行泼洒消毒。一般1～2个月消毒一次。注意药液不要泼洒到蛇身上，特别是来苏水，因其味重对蛇有刺激作用。

五、蛇场消毒液的正确使用

作为养蛇场或养蛇户应懂得如何消毒，如何正确配比蛇场消毒液，才能更好地预防蛇病发生，减少因消毒不当而引起的伤病，也是蛇类养殖成败的关键所在。那么，究竟如何配比与使用呢？有以下四种方法。

（一）生石灰消毒法

用生石灰的澄清液消毒，既方便又实惠。与水的配比不低于

10%～20%，沉入水底的石灰渣不用，只用澄清的水液，可以杀死多种传染病原体。但必须现配现用，不能久贮。

（二）高锰酸钾溶液消毒法

此药液可按1∶5000至1∶10000配比，也是现配现用，不能久贮。

（三）新洁尔灭消毒液

可参照产品介绍的配比数正确使用。但在使用时勿与肥皂液混合，以防失去药效。

（四）漂白粉药液消毒法

药液配比按3%～5%即可，可直接用于消毒场地、蛇窝、墙体或有关器具。因对金属有一定的腐蚀性，不能用金属器皿盛药。此药液亦是现用现配。

（五）84消毒液

谈到84消毒液，养蛇女人先自我说明一下：早些年由于对84消毒液不是很了解，曾一度对84消毒液很排斥，直到近年来自家的牛得了口蹄疫使用效果理想后，才逐步敢用在养蛇上。我个人感觉84消毒液除有一定气味外，消毒灭杀病菌的效果还是很好的，尤其针对蛇口腔炎有明显疗效，感兴趣的同行不妨一试。

（六）烟雾弹消毒剂

烟雾弹消毒剂是近年来众多消毒产品中的新秀。该品为广谱杀菌消毒剂，能够产生易扩散的有效烟雾气体，迅速穿透细胞膜进入病原微生物内，其作用是致使菌体蛋白氧化并导致微生物死亡。可有效灭杀各种病原微生物，包括细菌繁殖体、病毒、真菌、结核杆菌和抵抗能力最强的细胞芽菌，还有消除霉味和异味的作用。每150～250立方米用一枚烟雾弹消毒剂，使用时用打火机将其点燃后置于地上，烟雾消毒30分钟即可。

注：不能带活蛇消毒，适合于蛇类整出整进、全部清空后操作模式下的养殖空间消毒。

以上几种消毒液，均可直接配比后用于蛇场、蛇窝、蛇笼、蛇袋、墙体及其他蛇用具和饮具的消毒和杀菌。也可灵活使用其他消毒药品，每 1～2 个月消毒泼洒一次即可。

六、蛇类的饲养管理

蛇类的活动时间，以山东为例，为春末到冬初（4～11 月），共 8 个月，冬眠时间为 4 个月。长江以南诸省（区），蛇类的活动时间较山东稍长一些，而东北三省蛇类的活动期则较短，仅为 6 个月左右。在此期间主要应把握好摄食和繁殖，维持好其正常生长的需求。冬眠期间则需确保安全越冬，以保证来年春天蛇群的整体质量。

（一）春季管理（2～4 月）

养殖用的种蛇一般以春季引进最为适宜，运输途中不用担心天气太冷和太热，并且养殖不久便可进入产卵或产仔期。

在把蛇放入蛇场之前，应事先做好场内的清洁消毒工作。初春时节早晚气温仍然较低，因此蛇窝内必须做好保暖工作。

刚出蛰的蛇，在 2～3 周内基本上不进食，多行求偶、交配，到 4 月份有少量进食。故本季度除少量投放食物外，应着手准备好夏季的饵料。春季期间，所养毒蛇不宜取毒，这时蛇类身体普遍较弱，取毒宜导致死亡。

（二）夏季管理（5～7 月）

本季是梅雨季节和暑期，应保持好蛇窝的干燥与清洁。多层立体式地下蛇房在本季尤显其凉爽、通风、避雨的优越性。天气炎热时，蛇场需做好通风、降温工作，蛇场内可搭瓜棚或黑色遮阳膜为蛇遮阴。多雨天气，及时排除场内积水，严禁使蛇类浸泡在雨水中。

在夏季，蛇类的摄食量明显增加，饵料的投喂必须按时、足量，供应的品种最好多样化，对投喂后吃不完的死动物应及时取出，防止腐败后污染蛇场。

雌蛇和雄蛇此季节最好分开单养，以防雄蛇太霸道，对怀孕的母蛇不利。发现蛇卵后及时收集取出，放于准备好的孵化缸内，按期进行人工孵化。仔蛇出生后需立即拣出来，放于幼蛇场内单独喂养，不然的话，则有被成蛇吞吃的危险。

此季的饮水卫生十分重要，应经常清刷水沟、水池，注入清洁的水源。及时清除蛇的粪便，并注意观察蛇粪情况。若粪不成型，从外观看色黑而稀，则患有肠道疾病，应立即隔离治疗。若蛇粪中有鳞片残迹，则表明有吃蛇的现象，应增加饵料的品种或投喂量。

毒蛇此季可以取毒，但必须 25～30 天取毒一次，切不可盲目多取，以免有损毒蛇的健康。

(三)秋季管理(8～10 月)

秋季是蛇类的捕食高峰期，必须大量进食以储存足够的营养和脂肪，保证冬眠期及来年出蛰初期的身体消耗。

对个别食欲不振的蛇，应采取相应补救措施，可人工灌喂开胃汤(复合维生素 B)和流汁的配合肉类饲料，使其安全越冬。对个别体弱不能过冬的蛇，要尽早出售或加工。

(四)冬季管理(11～1 月)

提前检查蛇越冬场所是否妥当，并集中彻底消毒一次，做到以防为主，消除隐患。地上蛇窝或地下蛇房温度宜控制在蛇可耐受的范围之内，相对湿度也应较平时稍低些，蛇窝或蛇房内悬挂一个温湿表。冬季除定期检查外，还应做好详细记录，有利于管理技术的不断提高。

如发现有的蛇患有疾病，应立即隔离治疗或加工，如养的是乌梢蛇，可加工成乌蛇干。冬季是市场上蛇价最高的季节，价格约高出平时的 2～3 倍，此时若能将养殖的蛇大量出售，可获得较好的经济效益，并减少越冬的部分损失。

七、冬季暖房恒温养蛇方法

蛇类是变温动物，对温度的要求很敏感，每年进入 11 月以后，气温逐渐下降，蛇便陆续进入蛇窝或蛇洞，开始冬眠。因蛇类冬眠期时间长达3～4个月。有时为了提高经济效益，也可以让蛇不冬眠，也就是打破冬眠期养殖。

要想让蛇不冬眠，首先解决的问题是温度，并且是整个冬眠期的恒定温度。一般的状况下，蛇类活动较适宜的温度是20～30℃。因此蛇房的恒温温度不能低于20℃以下。恒温的解决办法就要由人工加温，如暖气、电炉、电暖气空调等设备。养殖期间温度切忌忽高忽低，否则蛇类易患感冒，严重者可引发肺炎。

冬季恒温暖房最好是半地下式的，这样比较容易保持温度。因地下室本身就是具备冬暖夏凉的特点，此特点正好成为我们冬季养蛇的自然优势。另一个优点是好控制湿度，湿度一般控制在45%～50%。蛇房内最好悬挂一个温湿两用表，便于及时调节和控制温、湿度。在一切正常的情况下，蛇类在恒温暖房内可以正常的生长、发育和活动。打破蛇类冬眠，可为养蛇者能创造好的经济效益，因一年四季中，唯冬季的蛇价最高，此季边养殖边出售，可谓一举两得。

冬季蛇类的食物比较缺乏，饲料一般以人工养殖的鼠类、鹌鹑、鸟类（冬季可用网捕麻雀）、泥鳅、鸡雏、杂鱼为主。尽量保证供应充足多样化的食物，这样才能使蛇获取全面的营养，维持良好的长势。如有的蛇食欲不佳、身体消瘦，可采取人工填喂的方法催肥，每周填喂一次。否则会因食欲减退、体重下降、抗病能力差而影响正常的生长和发育。另外，还应搞好暖房的清洁卫生，定期消毒，定期更换饮用水，在天气暖和的中午适当通风换气，保持蛇房的空气流通和清新。

在冬季暖房恒温养蛇的过程中，如遇食物出现严重的短缺或温度无法维持正常时，应果断结束此季的养殖，让蛇类顺其自然地进入冬眠期。

第六章　蛇类的繁殖、孵化与幼蛇饲养

蛇类由野生变成家养，搞好蛇类的人工繁殖是个至关重要的问题。衡量一个蛇场是否办得成功，饲养固然是一个方面，而繁殖和养育幼蛇更是关键。因为，这不仅涉及到“今天”，还关系到“明天”。本章就蛇类的繁殖、孵化及幼蛇的饲养等问题，均作一详细叙述。

第一节　蛇类的繁殖

谈及蛇类的繁殖，必须先得从蛇的雌雄之分、交配和性别配比说起。

蛇类自幼体到性成熟，通常要经过 2～3 年的时间。一般来说，蛇类性成熟的规律是：雄性蛇较雌性蛇早，小型蛇比大型蛇早，热带蛇比寒带蛇早，无毒蛇比有毒蛇早。毒蛇大多要 3～4 年性器官基本发育成熟，比无毒蛇至少要晚 1～2 年。蛇类达到性成熟时，为了养殖的需要，必须鉴别蛇的雌雄，鉴别方法如下：

雄蛇靠近肛孔的一段，即尾基部稍微有些膨大，这是因它的交接器位于这里的缘故，尾巴的比例也稍长些，雌蛇尾巴相对的短些，自肛孔后骤然变细。一般雄蛇的腹鳞较雌蛇少，而尾下鳞则比雌蛇多些。此外，不同种类的蛇，雌雄两性也有所不同，如水蛇、虎斑游蛇等。在极个别的情况下，有的种类体色还有所不同，如竹叶青、赤链蛇等。最可靠的是挤压肛孔来区分，此法对鉴别幼蛇性别同样适用。

前面已有介绍，在此就不重述。

雌蛇和雄蛇宜在交配期时放在一起，交配期过后则将它们分开。因为雄蛇一般比雌蛇个体大、性凶猛，还会与雌蛇争食，在食物出现严重不足或单一的情况下，它甚至吞食雌蛇，并干扰怀孕期雌蛇的休息。一条雄蛇可先后与数条雌蛇交配，而一条雌蛇与雄蛇交配一次后，能连续在3～6年内产出受精卵。为了蛇场内雌蛇有足够的交配机会，而又不失提供综合利用的蛇类资源，蛇场内可多留雌蛇，而将雄蛇汰劣留壮。这样做对繁育质量好的幼蛇也有很大意义。一般来说，雄蛇数占雌蛇数的1/5或1/8即可。这样一方面可以提高交配时雄蛇的利用率，另一方面便于我们对蛇群更好的饲养和管理。

由于雌蛇在发情时，皮肤和尾基嗅腺能散发出一种具有强烈特殊气味的分泌物质，雄蛇会嗅此气味而追踪雌蛇。开始时，先是雄蛇追逐雌蛇，不时地伸出舌头，并不停地嗅雌蛇的身体，尤其是嗅其尾端的泄殖孔，该处有褐色的黏性分泌物渗出，具有特殊的气味，这对引诱雄蛇有很大作用。直径约半公里内的雄蛇会闻气味而至，通过气味能正确识别对方，这就是求偶行为。

处在发情中的雌雄两蛇相遇后，先是雄蛇伏于雌蛇背部，并用尾巴缠靠过去，待两蛇缠绕在一起，往往要经数次的反复才完成。不过，有时雌蛇会突然逃离或两蛇受到惊吓时而各自分开，或由此而造成的雌蛇大出血现象常有发生。这就是要求在人工饲养条件下，蛇场内或周围无噪音、无干扰的重要性。蛇交配，民间称做“蛇绞绳”，两蛇缠成之后，雌蛇一般伏地不动，尾部腹面略向雄蛇倾侧，雄蛇就会伸出交接器来（它虽有两条交接器，但交配时仅用其中的一条），由体内翻出纳入雌蛇的泄殖肛孔。此时两蛇相互缠绕似油条状，彼此头部远离，但尾部始终是挨在一起的。若稍受惊扰，两蛇也是相当默契的同时移动。蛇类交配持续时间不等，短则4～5小时，长则半天到一天。射精时雄蛇的前半部身体剧烈抖动，完成整个交配过程。只有两蛇交配受精后，雌蛇才会连续产下受精卵或仔蛇。

蛇类的繁殖方式有卵生或卵胎生两种，而我们通常饲养的蛇种大多数是卵生繁殖的，如乌梢蛇、王锦蛇、赤链蛇、黑眉锦蛇、黄脊游蛇、金环蛇、银环蛇、眼镜蛇等。也有一部分蛇是卵胎生的，直接产下幼蛇，如蝮蛇、竹叶青、蝰蛇、水蛇等。各种蛇类的交配或繁殖季节是各不相同的，蛇类的交配状况全年都有，而产卵或产仔期则大多集中在6～10月，以7～8月居多。

对怀孕的雌蛇，不仅要给予充足多样化的食物，还需让它们静养，以利于卵或仔蛇的正常产出。凡健康的雌蛇，产卵或产仔大多在较短的时间内完成，一般约在一天内可产完；体质较弱者则可延至2～3天，甚至更久。健康蛇产出的卵大多卵型正常且孵化率高，体弱蛇所产的卵，大多卵壳较软或有畸型卵，孵化率明显降低。

对于饲养是为了取毒用的毒蛇，在产卵前半个月不能取毒，产后也应相隔15～20天。对于卵胎生的蛇种，产前、产后的一个月内均不应该取毒。否则，除容易引起非正常的死亡外，还会影响蛇卵（仔）及幼蛇的质量。

在饲养过程中，有些人担心多种无毒蛇的混养（王锦蛇除外），会出现种类杂交的现象，其实这种担心是多余的。在野外环境中，蛇的种类虽然很繁多，但各自都保持种类的完全独立性。这是蛇类繁殖习性与众不同的一大特点，始终存在着种类的生殖隔离。不同种类的蛇一般不进行交配，因此根本不存在杂交型的混种蛇类。是否可以通过人工养殖来使其杂交，获取中间型的蛇类呢？到目前为止尚未见到这方面的文字报道。

第二节　蛇卵的孵化

在雌蛇产卵期，饲养人员应及时收集蛇卵，尔后将产卵时间差不多的蛇卵优选并放在一起孵化。一般来说，优质卵必须是壳硬、饱满而具有弹性、卵壳颜色发白而略带青色，卵型大小比较均匀，这种卵孵化率高达90%以上。次卵、劣质卵可弃之不要，以免影响孵化率。人工孵化蛇卵较在野外的自行孵化有了较大改善，其孵化率或幼蛇质量均有很大提高。主要原因是人工孵化可以有效地防止其他天敌的侵害，也有效减少了气候因素对蛇卵的不利影响。正常情况下，人工孵化蛇卵均在85%～90%，而野外自行孵化仅在30%～50%。

人工孵化蛇卵大多采用缸孵法（陶缸）或箱孵法（木箱），这两种孵化方法只是孵化工具的不同，其孵化操作技术和孵化出壳率都是一样的。现在介绍一下缸孵蛇卵法。

可根据蛇卵的多少来决定缸的大小。孵化前，先将缸移至到阴凉、通风的地方，在室内或室外均可，但不能放到太阳光直接照射的地方。缸内先铺垫30厘米厚的、经过消毒处理的沙土或新鲜土（消毒方法为：将土直接放在阳光下暴晒或用火炒热即可）湿度以手握成团，扬手能散开为好。然后将蛇卵横排于缸底的土面上，在缸底放置一碗水，可起到改善缸内湿度的作用。蛇卵切忌竖直排放，否则会影响正常的出壳率，严重的则会导致幼蛇死于卵壳内。蛇卵一般排放到约离缸口30厘米为宜，在蛇卵上面覆盖一些杂草或青藤，于缸沿上吊挂一支干湿温度计，每周检查2～3次，使孵化温度保持在20～30℃，相对湿度为60%～80%。最后将缸口用木板盖好或用纱窗网盖好，沿缸沿用细绳扎紧，以防老鼠、蝎子、蚂蚁等小动物对蛇卵的侵害。如温度过高时，应把缸盖及时掀起透风几小时；若温度过低时，宜将缸移到阳光下凉晒，但不能让蛇卵接受强烈阳光的直接暴晒。每隔7～10天将蛇卵翻动一次，若天气特别闷热，可2～3天翻卵一次。如果在孵化过程中发现有未受精卵或变质卵时，应及时将其拣出，以免坏卵腐败后，污染孵化缸内的环境，从而影响其他蛇卵的正常孵化。

蛇卵经过一段时间的孵化后，卵内的胚胎已完全发育成熟，即将孵出仔蛇。各种蛇类的孵化时间各不相同，同时与孵化条件亦有密切关系。有些蛇的卵产出后几天即可以孵化出仔蛇，有的蛇卵产出后，需数月之久才能孵化出仔蛇。但大多数蛇类在产出蛇卵后，如孵化条件适宜，孵化时间一般在 1～2 个月，如银环蛇孵化期为 40～80 天；眼镜蛇为 47～57 天；百花锦蛇为 40～55 天，尖吻蝮为 20～32 天；乌梢蛇为 45～50 天。其他蛇卵的孵化期约在 60 天左右。

孵出前的仔蛇具有卵齿，能在出壳前将卵壳划开一道细缝，并经过其持续不断地活动，使裂缝逐渐扩大，约经半小时至一小时左右，仔蛇便由裂缝处钻出卵壳外，这样蛇卵就完成了整个孵化过程。为了保证仔蛇能顺利地钻出卵壳外，当我们发现蛇卵壳有裂缝时，最好将其挑选出来，另外存放在盛有底层土的陶缸或木箱内，这样既能避免仔蛇被挤压致死的现象，又可使仔蛇很快钻进湿土中藏身，以免受热或挨冷，影响其生长发育。

人工孵化蛇卵的过程中，掌握好温湿度是关键。一般蛇孵的可耐受温度是 17～32℃，超出此温度，胎蛇死亡率会逐渐增高。幼蛇大多在 20～27℃发育、生长良好，相对湿度以保持在 70%～80%为好，若湿度低于 50%或超过 90%，蛇卵将面临干瘪或霉变状况。所以，在孵化过程中，必须人为地保持好孵化环境，如通风良好、有一定的光照、保持缸底土层的适宜湿度等。规模较大的养蛇场，最好采用现代化的孵化设备。

养蛇女人在多年的孵化过程中还发现了这样几组有趣的数据，那就是温度对孵化期的长短和幼蛇性别有着决定性的影响。具体的数据表现在孵化期间环境的温湿度上，当孵化的环境湿度达到 50%～60%的条件时，孵化期间的环境温度升高而孵化时间缩短。在 37℃以上的孵化温度时，蛇卵的孵化期仅需要 46 天；28℃的孵化条件下孵化期为 48 天；24℃条件下则延长 15 天以上。虽然，蛇卵在自然条件及环境温度达到 22～28℃时都可以孵化，但以 25～27℃、相应湿度达到 60%～70%左右的温湿度条件下的孵化率最高，此数据下的孵化出壳率高达 97%，且幼蛇粗壮健康、精神活泼度高。25℃条件下孵化出的幼蛇雌雄性别比例大致各占一半，所孵化出的幼蛇也比较健康。温度 28℃、湿度 60%～70%条件下孵化出的幼蛇主要以雌蛇为主，约占 80%以上。蛇卵的这一孵化特点，可以人工控制幼蛇群整体的性别比例，从而为提高蛇卵的孵化率、优化或改善孵化条件、为满足个人所需提供了实际数据的更好借鉴。

进行人工孵化的过程中，每天都应做孵化情况的详细记录。当仔蛇出壳后，还应记录幼蛇的蛇类名称、体长、重量、进食、蜕皮等其他有关数据，这样做有助于孵化技术和饲喂方法的不断提高(表 7)。

表 7　蛇卵孵化记录表

蛇名	卵产期	卵重	孵卵日期	孵化温度	孵化湿度	幼蛇记录	孵化出壳率	备注

其次，还应注意蛇卵孵化期间，各种意想不到的家养动物们对蛇卵的危害。例如，养蛇女人在孵化蛇卵期间，偶然发现家养“新天敌”偷食蛇卵。那是 2008 年 8 月老蛇园拆迁后，我们只好临时找了一处院落，由于连续多日的阴雨天，再加上租住的房子全部都是用空心砖盖的那种简易房，所以房内出奇的潮湿。为防止蛇卵因潮湿而发生霉变现象，我们就把在偏房孵化的蛇卵从孵化箱里一一取出，全部摆放于通风条件稍好的几间正房客厅的地下。以前，我家养的小狗小猫们是不允许它们进正房的，自从正房客厅地下摆满了蛇卵后，它们就开始不听主人话了，总是在我们午睡或室内没人的时候，偷偷进去偷食蛇卵，刚开始不知道它们偷吃蛇卵，直到看见院落的犄角旮旯里有许多蛇卵空壳后，才意识到“家贼”难防。随后再仔细的观察它们才发现，小狗小猫们异常的聪明，会“瞅”着它们认为合适的机会偷偷

溜进去偷食蛇卵。

另外，蛇吃蛇是不可避免的，对养蛇人来说更不是什么稀罕事，毕竟蛇是遗传性很强的野生动物，野性难改还是存在于人工养蛇的。知道了幼蛇也有吞吃同类的习性后，就应该防患于未然，尤其是多种蛇同时混合养殖的情况下，不能草草地把众蛇卵归集在一起孵化就算完事了。比如赤链蛇卵不能和乌梢蛇卵一起孵化，另外，王锦蛇的蛇卵也必须单独孵化，不然其他幼蛇出壳后，不等长大可都成为王锦蛇幼蛇的腹中美餐了。

蛇卵的孵化说到底离不开温度的话题，那么，国内多个“火炉”城市如武汉、重庆、济南、南京等区域，蛇卵孵化的要点该怎样掌握呢？在上述这些区域蛇卵孵化的温湿度掌握是个挺重要的事儿。例如：温度高于42℃，而湿度低于50%以下时，蛇卵因脱水而出现干瘪症状，若是长时间得不到很好的温湿度改善，蛇卵很可能因干瘪严重而孵化不出幼蛇来。再如：连续多日的阴雨天气同时也是孵化期的重点，由于空气湿度大而又得不到很好的通风，最后长毛坏掉不能继续孵化。养蛇女人起初在辅导这些区域的同行时，由于技术上掌握得不是太到位，同行的蛇卵不是干瘪了就是长毛了，总也拿捏不准具体的温湿度。现在条件好了，实在不行把蛇卵放在有空调的房间里，养蛇女人的一个武汉同行就是这样做的，蛇卵就放在他居住的小卧室里，只要他在室内空调一般是开着的，温度多设置在28℃左右，室内有智能自动保湿器，湿度多调整为65%～75%。毕竟武汉是个“火炉”城市嘛！这样人和蛇卵都共存于温度适宜、干湿舒服的环境里，孵化出壳率达到了95%左右，还有几个未出壳的是性急的他自己破坏的，生生割开看蛇卵里面的“风景”才降低了出壳率，不然的话应该在98%。仅有几个未出壳的还是没有受精的卵，只是人家出于好奇在明知不能孵化的情况下试试的。

养蛇女人最后需要说的是：刚孵化出壳的幼蛇，不能急于放入蛇场与其他成蛇一起养殖，不然的话就会出现成蛇吞吃幼蛇的惨剧，如果单独养殖幼蛇的场地未建好或受其他条件限制，临时没有专门养殖幼蛇场所的话，也可暂时把幼蛇放于家中闲置不用的大衣柜里，只是要把大衣柜横放过来即可，待到冬眠时再与成蛇放置一起冬眠，这样就不会出现成蛇吃幼蛇的现象了。其他蛇卵的孵化方法和步骤程序，跟养蛇女人出版的其他养蛇书里介绍的差不多，在这里只是补充几个较为重要的细节，未尽事宜请参照着我们养蛇书中的介绍操作孵化。

第三节　幼蛇的饲养

蛇类的饲养方法很多，但幼蛇的饲喂经验确实还有许多不足之处，是以后研究蛇类养殖的重要课题。尽管幼蛇的饲养有其一定的技术难度，但由于近年来养蛇事业的不断发展，幼蛇的饲育也有许多成功经验的报道，这些可喜的技术成果，有待于进一步推广和验证。

人工饲养条件下的幼蛇，比起野生环境下自生自灭的状况，其成活率可以显著提高。据有关资料报道，人工养殖乌梢蛇，成活率可以接近 100%，可是在自然环境中仅有 30%左右。由于蛇自身对幼蛇没有喂养和保护的能力，在野生条件下，出生后的幼蛇完全要依靠自己独立生活而生长、发育。但是因天敌、病害、食物及越冬等诸多因素，导致自然环境下的幼蛇有较高的死亡率。

目前，国内人工饲养幼蛇大多采取箱养、池养和室内养殖。随着幼蛇的不断生长、发育，必须随之酌减其饲养密度，其间切忌同大蛇一起养殖，以免幼蛇被大蛇吞吃掉。刚孵出的幼蛇在泄殖肛孔前方有一卵黄血管的痕迹，状似一条裂缝的样子，其实这就是幼蛇的脐孔。脐孔处有的还会拖有脐带，但很快就脱落。养上一段时间后，脐孔逐渐由明显变为不明显，直至消失。

幼蛇出壳后约 7～8 天左右，就开始进行第一次蜕皮，它一出壳后就可以张口咬人或咬捕猎物，但本领很差。第一年的幼蛇宜在室内养殖至冬眠。这个时期主要是掌握好温湿度，因幼蛇体弱瘦小，抵御恶劣气候、环境的能力很差，对所栖息环境的要求比较高。一般温度保持在20℃以上，湿度保持在50%以上即可。刚出生的幼蛇两周内基本上不进食，但必须有饮用水供应。这段时间幼蛇靠吸收体内的卵黄来维持所需的营养与消耗，但随着日龄的增长，体内卵黄吸收已尽，其间的活动能力也逐渐增强，便需要从外界摄取营养了。幼蛇出生两周后，便开始了第二次蜕皮。幼蛇蜕皮时，它不食不动，同成蛇一样特别易遭敌害侵扰。刚刚蜕完皮的幼蛇，皮肤易被细菌所感染，此间必须精心护理。蜕皮期是幼蛇饲养的关键性阶段，饲喂人员应该小心管理。待幼蛇第二次集中蜕完皮后，可以适当投喂一些小蝌蚪、小泥鳅、黄粉虫等，有条件的蛇场还可直接投喂刚出生的小水蛇。幼蛇的开口食特别重要，必须投以能够吞咽下的适口食物。一般情况下，幼蛇大多喜欢在黑暗而宁静的环境下吃食，所以最好在傍晚投以幼蛇爱食的小动物，同时还必须保证洁净的饮水。

幼蛇的越冬也是个棘手难题，除有适宜的温湿度，其体重如能在过冬前达到出生时的2倍，则可望安全越冬。

如发现个别幼蛇长势慢、食欲不振或抢不到食物的现象时，我们可以人工灌喂生鸡蛋、维生素A、维生素D及钙片粉等混合流质饲料。若较稀时，可加入面粉增稠。还可灌喂营养丰富的其他流质饲料，如蛋黄、牛奶等。一般约5～7天灌喂一次，灌喂工具可以用钝头注射器和医用洗耳球（药店有售）进行（见图38）。人工填喂后，可把幼蛇放于远离其栖身处的地方，让其爬行一段距离后再到达窝中，这样对防止幼蛇食后呕吐有利。流质混合饲料的温度应与室内温度保持一致，或是略高1～2℃。如果明显低于室温，有时容易引起幼蛇反胃，导致呕吐不止，而温度过高，则易烫伤幼蛇的肠胃。

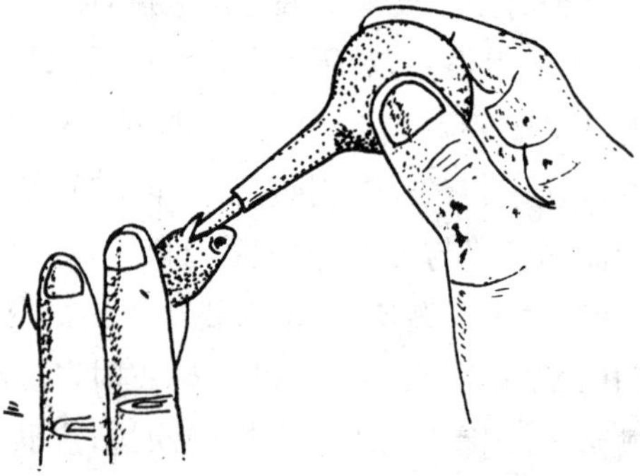

图 38　幼蛇人工填喂

第四节　幼蛇的越冬管理及打破冬眠期养殖

一、幼蛇的冬季管理

出生第一年的幼蛇，宜在室内越冬。

我国长江以南地区，幼蛇一般入蛰较晚，入蛰前有进食的机会，这样可以增强越冬的能力，减少来年出蛰时幼蛇的死亡率。我国的东北地区，蝮蛇产仔多在 8 月末至 9 月上旬，幼蛇出生后不久便进入冬眠期，一般情况下，幼蛇在入蛰前不进食大部分也能越冬，尽管该地区的冬眠期长达半年以上。在越冬条件较适合的情况下，幼蛇大多较成蛇出蛰早。因此，应在幼蛇出蛰后的 15 天内供应食物和水，也可人工灌喂混合饲料或流质饲料，幼蛇大部分能接受且长势较好。但在饲喂时，气温必须控制在 20℃以上，否则不易消化并且容易引起反胃、呕吐。

幼蛇冬眠时，所需的温度较成蛇要稍高一些，一般幼蛇越冬场所的温度宜在 8～12℃，相对湿度保持在 50%～70%，温度不宜超过 15℃，一旦超过这个温度，幼蛇便会从冬眠中苏醒过来。但温度也不能太低，若温度降至5℃以下时，易引起幼蛇的冻死或冻伤。解决的方法可用60～100瓦的灯泡来加温，使用灯泡的多少，具体可根据场地大小或幼蛇的数量来决定。如果冬眠期间的温度反复不定，对幼蛇的身体有很大的影响，从而使来年的出蛰成活率降低。幼蛇的冬眠场所一定要杜绝天敌的入侵，因幼蛇同成蛇一样，在冬眠期间始终处于“假死”的状态，对外来侵害毫无抵御能力。俗话说：“蛇吃鼠半年，鼠吃蛇半年”就是这个道理，此间若有老鼠入内，幼蛇岂不成为它的美食了。

幼蛇冬眠期管理内容虽然较少，但必须记录其入蛰、出蛰的时间，甚至包括性别，种类及越冬的基本状况和条件；还应按时测定温、湿度，如条件允许，可在白天和夜间各测1～2次，从中发现其冬眠规律。有条件的蛇场，可同时设立几个不同的温、湿度环境，把所养的每种幼蛇相互对比，从中优选出各蛇种的最佳冬眠条件，这是不可忽视的一点。

冬眠后的幼蛇体质较弱，活动能力与捕食能力也较差，并容易患某些疾病，如口腔炎和营养不良综合征等。初春是养蛇场每年幼蛇死亡率最高的时期，所以这时的饲养管理尤为重要，应确定加强春季的卫生防疫工作，注意早春的防寒工作，对病弱幼蛇进行人工护理，给予营养丰富而又适口的食物，使其获得充足的养分，并适时诱导越冬后的幼蛇及时进食，使其体质尽快复壮。如饲养的是乌梢蛇或银环蛇，一旦发现有死亡，特别是刚刚死亡的，可及时加工成“乌蛇干”或“金钱白花蛇干”，并不影响其使用价值，还可弥补一部分损失。

二、幼蛇的冬季养殖

在温、湿度条件能够解决好的条件下，幼蛇是可以打破冬眠期养殖的。此间所需的温度宜在20～28℃，湿度应在50%～60%。幼蛇大多采取人工灌喂混合饲料或流质饲料的方法，来解决其所需的营养和消耗。一般5～7天灌喂一次，喂时可使用中型的（容量为20毫升)钝头注射器,每次灌喂标有刻度的 1～2 小格。操作时需二人进行,一人持蛇握之不动,另一人轻轻地掰开蛇口进行灌喂,灌喂的详细操作方法前面已有介绍。中型注射器每吸满一管,约喂蛇 8～10 条,以后随着幼蛇的不断生长,可酌减至 5～8 条,甚至更少。

在冬季喂养幼蛇的时候,一般来说白天的温度容易掌握,关键是保持好夜间的温度不能过低。打破冬眠期养殖的幼蛇,不仅可以加快幼蛇的生长发育速度,还可明显减少初春幼蛇的死亡率,并对来年幼蛇的自行正常捕食有很大帮助,明显优于刚出蛰的幼蛇。

待到春暖花开之际,宜将幼蛇放入小蛇场内单独饲养,待饲养一段时间后,可把体较长并健壮的幼蛇,放入大蛇场同其他蛇类一块饲养。若饲养的是毒蛇,必须单独养殖,不能与其他毒蛇一起混养。

第七章　几种常见蛇类的养殖方法

第一节　人工饲养蟒蛇技术

蟒蛇是当今世界上较原始的蛇种之一，现为国家一类重点保护的野生动物。在其肛门两侧各有一小型爪状痕迹，为退化后肢的残迹。蟒蛇喜欢栖息在温暖、潮湿的热带及亚热带地区的茂密森林中或溪涧附近。善游泳及攀援，其嗅觉器官特别敏感，人们常利用葛藤这类植物的气味“醉”倒蟒蛇，从而使它束手就擒。

一、蟒蛇的饲养管理

人工养殖蟒蛇必须注意温度和湿度的适时调节，一般来说，蟒蛇最适宜的温度是20～30℃，湿度范围在50%～70%。温度过低蟒蛇不爱活动，温度过高易造成死亡。所以，在盛夏季节要有遮阴设施，避免太阳光直射，做好防暑降温工作。冬季则应保持适宜的温度和湿度，并提前准备好供蟒蛇越冬用的洞穴和充足的食物。蟒蛇喜群居冬眠，春末夏初出蛰活动，并开始第一次蜕皮，蟒蛇的蛇蜕与其他蛇类不同，是片状的蛇蜕。

新捕获的蟒蛇（经有关部门批准后）或从别处购进的，要让它有一个熟悉、适应新环境的过程。刚入场的蟒蛇对活鸡、活兔、麻雀及小白鼠等完全拒食，此时不要急于强行人工填喂，对体质弱、日见消瘦的蟒蛇，可在10～15天后采取人工填喂。体重在20～25公斤左右的，每次可喂精牛肉 1～1.5 公斤。填喂前，要先将瘦牛肉剔去筋骨，然后切成小的条状或块状，肉块的具体大小应视蟒蛇形体大小而定，切好的肉块需投入沸水锅里一滚即捞出，可起到消毒祛腥的作用，凉透后，就可以用来进行人工填喂了。

填喂时，宜 3 人协同操作，一人抓头部，一人捉住身体，一人牵尾部。抓头部的人左手抓住蟒蛇的颈部，右手用竹板或其他钝扁器具(木板，头呈半圆形，长约 30 厘米，宽 3 厘米，厚 1 厘米)，叉住肉块速往蟒蛇口里填。填喂动作既要利落又要轻柔，切忌粗鲁，以免折断它的牙齿和挫伤口腔，手抓头部的人，此时宜将手移向蟒蛇颈部，抓颈时手的力度一定要掌握好，若过紧肉块进不了食道，过松则蟒蛇会转过头来咬人。捉身体者，一方面不要使蟒蛇弯曲，另一方面又要协助把食道内的食物慢慢推挤到胃里。抓尾者要抓在肛门后边，否则易将腹内的粪便挤出来。喂完后即可放开，放时要先放头部，最后放蛇尾，并轻轻拍打蛇身和尾部，也可用温水冲其身躯，促使蟒蛇向前爬行，这样可借助食道的蠕动，迫使食物顺利进入胃里，避免其后退时，把刚填喂进的食物吐出来。因蟒蛇的食量不大，强行填喂会使蟒蛇受到很大的刺激。故在人工填喂前，可先灌服 2～3 个加有维生素的鸡蛋液，使其食道充分润滑，有利于食物顺利吞下；也可将鸡蛋液均匀地抹在肉块上，使其润滑后而顺利吞下。一般人工填喂 2～3 次后，大多数蟒蛇即可以自行捕获猎物了。

蟒蛇进食后，饲养人员应适当减少对它的惊扰，以利于蟒蛇的正常消化和吸收。此时如温度突然下降，蟒蛇会把吞进的食物再吐出来，温度过高也会直接影响蟒蛇的进食，在人工饲养时应引起注意才行。为了更好地使蟒蛇消化食物，在其进食后可用温水给它洗澡，这是人工填喂后，最好的促其消化方式。体重 20 公斤左右的蟒蛇，每周可喂活兔 2～3 只，或相当量的活鸡、小白鼠、水蛇等。在冬季来临之前，蟒蛇的食量较平时会有增多，应酌情多投喂些其喜食的小动物，以保证蟒蛇在冬眠时的所需和消耗。

蟒蛇的生长速度同所有蛇类一样，受诸多方面的因素影响而决定。在其适宜的温度范围内，温度稍微偏高，蟒蛇的生长速度较快些，反之则较慢。温度不仅影响蟒蛇的新陈代谢速度，而且还影响着食量和捕食的频率。在通常情况下，温度保持在23～27℃，相对湿度保持在70%～80%较为适宜。尽量保持这个温、湿度范围，有利于蟒蛇的增重，并且蜕皮的次数也多。反之，若使蟒蛇处在温度高、湿度小的环境中，会出现皮肤干燥，不能正常蜕皮，从而影响正常的生长和增重。

人工饲养蟒蛇时，要注意寄生虱给它带来的危害。如在蟒蛇鳞片的缝隙中，常寄生有扁虱，它对蟒蛇的危害极大，可使蟒蛇患痘疮性疾病。寄生有扁虱的蟒蛇，常表现为无精神、不爱活动、经常吐食、蜕皮时不呈片状。因此，要经常给蟒蛇洗浴，保持其身体的卫生并经常检查，一旦发现应立即人工摘除，然后涂抹些植物油以防其蔓延扩散。此外，蟒蛇的胃和肠道里常寄生有蛔虫，有蛔虫的病蟒常表现为不正常进食，即使勉强进食后也会把食物吐出，晚期表现为不停地点头，有时还会从气管里喷出带有泡沫的痰或黏液等。一旦发现蟒蛇有蛔虫寄生时，要立即对其进行驱虫治疗。驱虫方法可参照蛇类驱虫疗法，用药剂量须依据蟒蛇体重及病情而定。平时预防蛔虫，可在填喂的肉块里定期嵌入驱虫、消炎的药物，以杜绝此病的发生。蛇场、蛇窝的湿度过大，会引起蟒蛇周身性水泡疹和局部皮肤溃烂，应加以预防。对其他病症如肺炎、口腔炎，一旦发现应及时隔离治疗。

二、蟒蛇的繁殖

在人工饲养状况下，雌雄蟒蛇的比例一定要搭配合理，一般在1∶3较为适宜。蟒蛇行体内受精，雌蟒产卵后有护卵的习性。蟒蛇一般在6～7月份开始产卵，其产卵量在所有蛇类中是最高的，一般几十枚，有时多达百枚以上。蟒蛇卵呈长椭圆形，呈白色，似鸭蛋般大小，并且每枚卵均带一个“小尾巴”，重量约为80克左右，个别大者可超过100克，壳软且韧。孵化期一般在60天左右。孵化期间雌蟒蛇终日将身体盘伏于卵上，靠体热孵化。在野外，雌蟒一经幼蟒孵出，便会自行离去，幼蟒的独立生活能力很强。人工饲养条件下，雌蟒孵出幼蟒后，必须立即拣出幼蟒单独喂养，以防被雌蟒吞吃掉。

初出壳的幼蟒立即可以活动，但对所投小动物不感兴趣，经过第一次蜕皮后才开始吞吃。初次吞食时，应喂给它们能够吞吃掉的活体小动物，如小的蛙类、鼠类、鸟类和鸡雏。幼蟒习惯吞食后，可将瘦牛肉切成小块喂给它。无论是投喂活体的动物还是瘦肉，一定要搭配饲喂，否则易引起营养不良，影响正常的生长发育。在正常饲养情况下，一个半月后的幼蟒可以喂给较大的食物。经过饲养一段时间后，可与大蟒蛇一同饲养。据有关资料测定，蟒蛇是蛇类中生长速度最快的。

三、蟒蛇越冬管理技术

人工饲养的蟒蛇，除两广、海南及福建以外，其他地区一般均需保温越冬。

冬春两季蟒蛇最容易冻死，一般以15℃为最低限界，若低于此温度必须加温，确保顺利度过冬眠期。许多动物园和蛇场以前均采用暖气加温，也有使用远红外灯泡或电炉加温的，但这些保温方式除温度高低不均外，还普遍存在着费时、费力及费钱等缺点。我场下属蛇园经几年的不断探索，总结出一套蟒蛇可在华东及东北越冬的技术，现介绍如下：

我场自采用电热褥给蟒蛇加温以来，未发现蟒蛇死亡现象，此法不仅适用于蟒蛇，而且适宜眼镜蛇、银环蛇、蝮蛇、乌梢蛇、黑眉锦蛇、王锦蛇等蛇类。

（一）使用方法

蟒蛇越冬宜在室内，在其越冬的蛇箱底部，先铺一层稻草或草帘，上铺电热褥（可根据蛇箱尺寸，买电热褥芯自制），再铺一床折叠好的棉被，将蟒蛇放在里面，上面再盖上两床棉被，天热时可拿掉一床。因下面有电热褥随时产生热量，蟒蛇又盘蜷而眠，在此环境中越冬，不仅方便卫生，而且安全可靠。

（二）注意事项

白天一般将温度开在低档就可以，晚上必须开到高档。5℃以下的气温需 24 小时开档加温，棉被无需盖得太多，以免太热而迫使蟒蛇爬出被外，或爬出箱外冻死。选比较暖和的时间，用洁净的软布沾温水擦拭蟒蛇身体，以免因长期加温而导致体表干燥而死亡，并每隔一段时间将蟒蛇取出，置于温水中洗澡，一般约浸泡 20 分钟左右，并及时清除脱在棉被中的蛇蜕，保持清洁卫生。蟒蛇洗完澡后，迅速用毛巾被擦干水分，重新将其放入蛇箱中。

第二节　赤链蛇的人工养殖技术

赤链蛇多分布在稻田、水塘、园地、路边、住宅、及近水的草丛中，常在傍晚出来活动，捕食鱼、蛙、蛇、幼鸟及鼠类等。此蛇平时性情较温和，爱将头部盘缩在身体下面，但在受惊扰时行动敏捷，不主动攻击人。体长可达 1.5 米以上，体重达 1 000～1 250 克。人工养殖赤链蛇具有成本低、成活率高等优点。

一、赤链蛇的饲养管理

赤链蛇对温度、湿度、环境等养殖条件的适应能力比较强。因此，只要能达到一般的养蛇条件，即可养殖。此蛇泼辣易管理，特别适宜初次养蛇的朋友。

赤链蛇的养殖密度很大，平面养殖每平方米可养 500 克左右的蛇 10～12 条，小者可酌情增多；立体养殖一般可养 50 条左右。赤链蛇的食欲旺盛，每隔 6～8 天便要摄食一次，重 500 克左右的蛇，每次可吞食 2～3 只小蟾蜍，多者可达 5 只，几十厘米长的小幼蛇也能吞食较大的青蛙。在吞食过程中，有时会出现相互咬伤或吞食的现象。例如，一条蛇已咬住青蛙的头部，另一条蛇却咬住了青蛙腿部，很可能其中的一条在吞食青蛙的同时，连同另一条蛇一起吞下。遇到这种情况，要捏住抢食蛇的颈部，让其松口并强行分开。赤链蛇有食蛇习性，在食物缺乏时尤为明显。这就要求饲喂时需有专人守候，有人在旁并不影响其采食。

在喂养时，可轮换喂些水蛇、老鼠、鱼、泥鳅等，尽量使食物多样化。我场的喂养经验表明，赤链蛇食鱼、泥鳅、鸡雏，比专门喂水蛇、青蛙、蟾蜍长得快。以它食泥鳅为例，为了方便贮存食源，我蛇园于1997年夏天开始驯诱赤链蛇吃死泥鳅，并获得成功。所谓死泥鳅，并不是已死亡变质的，而是将活泥鳅放在开水里烫死的。捞出后放在赤链蛇吃经常出没的地方，为保证泥鳅的洁净，可在地上放一块木板或纸箱板，将死泥鳅放于板上，它即可自行捕食，多者可食5～6条。其余的活泥鳅若一次用不完，可以先放水中养着或放在冰柜内贮存。在驯诱赤链蛇吃死泥鳅前，场内应暂停投其他食物。孵鸡场淘汰的鸡雏，也是赤链蛇喜食的食物。它吞食后喜欢静卧，此时不要去惊扰它，如果受到惊吓，可能会把食物吐出来。

二、蛇病防治

赤链蛇很少生病，是人工饲养的蛇类中死亡率最低的品种，其生命力极强。常见的病大多是外伤，伤口的愈合能力很差，即使不太重的外伤，伤口周围的肉也可腐烂，严重者会死亡。这就要求蛇场内不能有尖锐锋利的东西，如铁丝、碎玻璃等物品必须清除掉。同时，蛇场要保持相对的安静，减少对蛇的惊扰，避免互相缠斗咬伤。

治疗外伤口，要先将伤口周围烂肉去掉，并严格消毒，然后涂上消炎杀菌、收敛伤口的药粉，同时灌服链霉素等抗生素药物。另外，口腔炎也是此蛇的多发病之一，治疗可参照后面介绍的方法。为更好地消除或预防蛇病发生，蛇场内要经常打扫卫生，定期更换饮用水，避免场内过分潮湿，保证蛇场通风，并定期给予全方位的彻底消毒。

三、赤链蛇的繁殖

赤链蛇每年7月开始产卵，卵呈椭圆形或长椭圆形，一般长约3厘米，每次产卵在10余枚不等，雌蛇无护卵习性，可进行人工孵化。除采取箱孵法或缸孵法外，还可采用近于自然的一种孵法。方法是，用围墙建一个小型露天孵化场，地上堆放干草，泼水让其腐烂，将蛇卵放在草上，卵周围和上面再盖草，这样利用太阳光的热量及草发酵的热，就可以满足孵化期间需要的热量，同时又能保持湿度。约经过40～50天，仔蛇就可破壳而出了。赤链蛇卵不同于其他蛇卵，人工孵化的条件越接近自然，其孵化率就越高。

刚出壳的仔蛇经第一次蜕皮后，方可吞食小动物，这时可投喂昆虫或小水蛇(同年出生的仔水蛇)。我们观察发现，它同它们的父母一样，比较爱食小水蛇。这样喂养一段时间后，就可投喂小青蛙等稍大的食物。

赤链蛇的食欲很强，非常贪吃，必须按时投喂充足的食物，避免蛇相互吞食的现象发生。

四、越冬管理

赤链蛇的耐寒性非常强，在我国自创的“多层立体式地下蛇房”内越冬，死亡率几乎为零，体重不足200克的除外。整个冬季，存有赤链蛇的地下蛇房温度始终保持在8～12℃。1997年冬季，我们曾将100条赤链蛇放在一个四周装有玻璃(缝用透明胶带贴上二层防风)、上顶用玻璃钢瓦和二层薄膜为盖的鱼池里越冬，顶为坡型，高度为1.6～2.5米。就在这样一个极为简单的环境里，做了一次破坏性试验。当时的做法是，将鱼池(抽干水)中间地面上铺一层厚约20厘米的木屑，把已进入冬眠期的赤链蛇摆放在木屑上，上面再覆40

厘米厚的木屑。当外界气温降到－17～－25℃时，木屑上面再盖一层薄膜和两床被褥，白天天热时可去掉，其他无任何保温设施。在此期间可拣暖和的日子，扒开木屑检查，看有无死蛇并将死蛇及时拣出。直至翌年春天，共死亡 9 条，其成活率高达 91％。死亡的赤链蛇，均是比较瘦弱或稍小一点的，其体重不足 150 克，有 3 条患有口腔炎，死后发现已肿至颈部，几乎跟头部一样粗。

1998 年是少有的暖冬，我园又做了另一种冬季破坏性试验。将体重均在 300 克以上、健康无病的 30 条赤链蛇，放于自制的铁丝蛇笼中，下铺一床褥子，中间放蛇，蛇上面再盖一床褥子，由于蛇笼不足 1 平方米，二床褥子折叠着包覆蛇，等于盖了三床，放于没有生火的仓房内，只有在气温下降到－9～－12℃时，才将蛇笼移到有火的房内。到 1999 年春节检查时，竟无一条蛇死亡，年前的越冬存活率为 100％。在检查时我们发现，所有的赤链蛇均体色油亮、肌肉丰满，逐一检查头部外观，没有发现口腔炎的痕迹。由此可以肯定，至 4 月中旬冬眠结束，成活率还是 100％。

从以上事例再次证明，冬眠前蛇群的整体检查工作至关重要，坚持贯彻售劣留优的原则，是保证冬眠期高成活率的关键。

另外，同赤链蛇一起做上述第一种破坏性试验的还有少量的乌梢蛇和黑眉锦蛇，其中乌梢蛇的死亡率高达 30％，黑眉锦蛇在 17％左右，这二种蛇均不适合上述环境条件下冬眠。而在蛇场内“多层立体式地下蛇房”冬眠的这两种蛇，死亡率仅在 2％～4％，最高不超过 5％。

第三节　蝮蛇的饲养技术

蝮蛇别名土公蛇、七寸子，是我国各地均有的一种小型毒蛇，除食用外，有较高的医药价值，其毒液是畅销药品——腹蛇抗栓酶的主要原料。蝮蛇种源易得，适应性特别强，养殖方法较其他毒蛇相比，技术易掌握，是人工饲养比较普遍的蛇种。

一、饲养管理

蝮蛇饲养密度大多每平方米不超过 5 条，有池养、室内养、场地养 3 种方式。少量的可用池养，池上面需加盖能透气、易观察的纱窗盖。蝮蛇的新陈代谢缓慢，饱食后几天，甚至几十天不吃食物也不会饿死，但必须有正常的饮用水。人工饲养蝮蛇除投以鲜活的小动物外，还可在场内设置黑光灯诱虫，供蛇自由捕食。在食物不足的情况下，可投放鸟蛋及各种小些的蛋类，如鹌鹑蛋、鸸鸪蛋等。蛇场内要保持清洁卫生，及时清除病蛇、死蛇，饮水要经常更换，养蛇人员最好经过技术培训，严防蝮蛇伤人，并常备蛇伤药物。

二、繁殖方法

蝮蛇的仔蛇达到性成熟须 2～3 年，东北地区还稍晚。蝮蛇的繁殖方式和大多数蛇类不同，为卵胎生。蝮蛇胚胞在雌蛇体内发育，生出的仔蛇就完全可以独立生活。由于它这种生殖方式，使胚胞能受到母体更好的保护，所以其成活率很高，对人工养殖非常有利。每年的 5～9 月为蝮蛇繁殖期，每条雌蛇可产仔蛇 10 余条，初生仔蛇一般体长 14～19 厘米，个别体长者达 20 厘米以上；体重多在 21～32 克左右。新生仔蛇当年蜕皮 1～2 次，便进入冬眠期。

室内养殖和场地养殖，总的要求必须做到安全、防逃、防敌害。地面、墙壁要用水泥抹光滑，以防老鼠挖洞或蛇借鼠洞逃逸。

三、越冬管理

蝮蛇的越冬十分重要，不论采取什么方法，都要严防鼠害。在冬眠前，要供足食物，增加蛇体的营养贮备，为安全越冬创造良好条件。蝮蛇冬眠可采取下列方法，现分述如下：

1. 蛇箱越冬法：在木箱底部铺一层 20 厘米厚的细沙，把眠蛰的蝮蛇放于沙层上，再铺沙 20 厘米厚，再放一层蛇，如此反复多次，直到木箱装满盖好为止，然后把木箱置于 2～5℃的室内。待到第二年春暖时，将蛇箱搬入蛇场内，让蛇自行爬出。

2. 钻孔修巢越冬法：在蛇场内用铁钎钻深孔，让腹蛇爬进人造巢内越冬。待蛇爬进后，将事先备好的尼龙绸呈长筒包袱状，垂入巢内加 20 厘米，并顺筒填满细土，地表面留尼龙绸布头，并用砖头压好作为标记，来年春暖时，扯住布头往上一提，即可露出巢口，蛇便能自然爬出。

3. 挖坑堆石越冬法：在蛇场内挖一深 1.5～2 米的坑，内堆放乱石、杂草等，待蛇爬进石缝冬眠后，再覆土 20 厘米厚，待清明节前后便可清除覆土，让蛇爬出。此坑因挖掘费时，可保存好，以备后用。

四、蛇毒采集

为保护蛇类资源，宜采用活蛇取毒法。这里介绍一种自咬取毒方法。采毒时用右手抓住蛇颈，左手拿盛毒器皿塞入蛇口，蝮蛇出于本能而狠咬盛毒器皿，自然地排出毒液。新取的蛇毒要立即用真空干燥器干燥，使其含水量不超过 5%，以防蛇毒腐败变质。干燥后的毒粉可用黑色纸或锡箔纸包紧，存放于低温干燥处。蝮蛇取毒不可过于频繁，以每月 1 次为宜，但在雌蛇孕期、产仔期均不宜采毒。采毒时要慎防毒蛇伤人，一旦发生伤害，应立即注射蝮蛇抗蛇毒血清，并送医院治疗。

第四节　王锦蛇的养殖方法

王锦蛇，又称菜花蛇、大王蛇、蛇王、臭黄颔等。它是无毒蛇中(除蟒蛇外)长势最快、形体较大的蛇类。为广食性蛇类，以蛙类、鸟类、鼠类、蛇类及蛋类为食；食物缺乏时，它甚至吞食自己的幼蛇。因此，养殖中尤其要加以注意。这也是人工养殖王锦蛇必须单养，不能与其他无毒蛇类混养的主要原因。

一、王锦蛇的饲养管理

目前，完全适合于人工养殖的无毒蛇品种还不太多，王锦蛇便是其中的一个好品种。由于王锦蛇体大、耐寒、适应性强、生长快、容易饲养和孵化等特点，很多蛇场，特别是北方诸省，大都以它作为无毒蛇的饲养对象。王锦蛇肛腺能发出一种奇臭，故有臭黄颌之称。手握蛇体后，要用生姜片擦洗或用香味浓郁的香皂洗手，才能把臭味洗掉。

（一）王锦蛇的饲养

王锦蛇的饲养密度宜为每平方米 7～10 条 500 克左右的蛇，个别形体较大者，每平方米可以缩少到 2～5 条；立体养殖条件下，每平方米可养 15～25 条。刚放入蛇场的王锦蛇，因对新环境不熟悉，胆子变得很小，有的白天竟躲在窝里，只有晚上才出来觅食，时间久了白天才敢出来活动。但大部分王锦蛇胆大不怕人，即使有人在旁也不妨碍它吞食。王锦蛇的食量很大，1 条 500～700 克左右的，1 次能吞 2～ 3 只青蛙或连吞 4～5 只鸡雏，饱食 1 次后便爬入窝内，消化时间约需 7～15 天。王锦蛇与其他无毒蛇类明显不同，它有食蛇习性，即使投喂的食物再充足多样，也要不定期的投放少许水蛇或杂蛇，以避免王锦蛇之间相互吞食的现象发生。王锦蛇在条件适宜的条件下长势很快。我蛇园在 1994 年春天投进一批重约 700 克左右的王锦蛇，其中的 1 条长势特别快，当年就长至 1 500 克，年增重达 800 克；第 2 年增重 1 200 克；第 3 年增重 1 500 克；第 4 年只增重 700 克左右，四年中年平均增重达 1 100 克。虽然这只是个别现象，但王锦蛇比其他蛇类增重快，这是个不争的事实。

（二）成蛇冬养的注意事项

为了获取更大的经济效益或掌握反季养蛇的新技术，有条件的蛇场往往打破蛇类冬眠，使蛇尽快地生长。因王锦蛇耐寒能力比较强，加之食物来源广、好饲养、冬季价高等优点，是人们将王锦蛇列入冬养的主要蛇类之一。但值得注意的是，打破王锦蛇冬眠，需采取逐步打破的方法。最好采取这年晚 10 天降温，使蛇晚 10 天进入冬眠；来年采用早 10 天升温，使蛇早 10 天出蛰。这样逐年缩短王锦蛇的冬眠时间，以达到打破蛇的冬眠，延长其生长时间的目的。切不可一下子就打破蛇的冬眠，使它的正常生长规律陷于混乱，更不利于蛇的正常生长。

（三）养殖中的南北差异

每年的秋末冬初时节，当气温逐渐下降时，王锦蛇便转入不愿活动的状态。当气温降至 10℃左右时，王锦蛇便进入了冬眠。对于产地在北方的王锦蛇，耐寒能力较强，进入冬眠时的气温可能比此温度还要低。

在我国的南北方，无论采取何种养殖方式，蛇窝均应设置在干燥的地方。王锦蛇冬眠的时候，蛇窝内的温度宜保持在 5～10℃左右，上下偏差不宜超过 1℃。温度过高，增加了蛇体的消耗机会，于蛇冬眠不利；温度过低，往往会使蛇冻死。

在我国北方，王锦蛇进入冬眠期要在 10 月中下旬；而在南方，则在 11 月，甚至 12 月才会进入冬眠。

春天来临的时候，气温逐渐上升，当气温上升到 10℃以上时，王锦蛇便逐渐苏醒过来，开始活动。北方的王锦蛇出蛰晚些，约在 4 月上中旬；南方的出蛰较早些，约在 3 月初至 4 月初。

（四）定期检查蛇房，尽量减少致命天敌对冬眠蛇的危害

猫吃蛇不知道大家觉着新鲜不？猫吃蛇是近年来的新发现 。群蛇冬眠后，养蛇女人觉着终于可以好好的歇歇了，再不用每日忙进忙出地去侍弄它们，只是偶尔的出出货，况且也不是每日都有货可发的。渐渐地蛇园就进去的少了，毕竟每种蛇如果客户要的不是太多，我们根本无需进入蛇园取拿，有暖气的房间里整个冬天都存放着各个品种的蛇，为的是取拿更为方便。只有来了大客户或房间里的蛇

卖得差不多时，我们才会进入蛇园的“地下大蛇房”重新补充的。

2010 年 2 月 2 日，是北方少有的暖和天气，也是进入“地下大蛇房”抓蛇的大好时机，就是此次抓蛇才发现猫有吃蛇的行为。就是这样看似“忽略”不计的一个小小疏忽，让养蛇女人家平时看似老实温顺、乖巧可人的大白猫，在短短几日便毁了几十条好端端的冬眠王锦蛇，实乃可惜。

猫吃蛇是新鲜事，但冬季防止黄鼠狼入内祸害蛇却是老生常谈、避也避不开的老话题了。养蛇近 20 年来，黄鼠狼进入蛇园祸害冬眠中的蛇已不下 10 次，尽管我们一次比一次有“实战”经验，可仍是防不胜防，屡屡受害。其实杜绝黄鼠狼糟蹋冬眠群蛇的办法也很简单，那就是经常进入蛇园和“地下立体大蛇房”仔细巡查，一旦进入地下蛇房闻着有股黄鼠狼身上特有的气味，或发现有成段不完整的死蛇或伤残蛇，首先要想方设法找到它，发现确实是黄鼠狼时，2～3 人便可以把黄鼠狼“赶”到一处死角儿，伺机逮住并处死即可。操作时最好戴上厚实的手套和口罩，以防被它咬伤或狐臊味熏着，毕竟黄鼠狼反抗挣扎中所释放的臭味实在令人作呕。

二、人工孵化蛇卵

王锦蛇为卵生，每年 7 月份开始产卵，每次产卵 10 多枚，少数达到 20 枚。刚产下的蛇卵表面有黏液，因此，常常几个粘连在一起。掰开卵后发现，卵内没有卵黄和卵白之分，均是淡黄色的胶状物质。卵较大，长圆形，每卵重约 40～55 克之间，孵化期在 40～45 天。据观察，王锦蛇产卵后盘伏于卵上，似有护卵行为，但人工养殖蛇类，重视的还是人工孵化。

人工孵化王锦蛇卵，大多采用缸孵法。孵化的最佳温度为 20～30℃，如果温度过低，孵化时间将延长；温度偏高，虽可以缩短孵化期，但容易形成畸形的幼蛇。蛇卵孵化温度的不同，还会影响到出壳后的幼蛇性别比例也不同。缸内的孵化温度控制在 24～37℃，相对湿度在50%～60%，蛇卵经过45天左右就孵出了幼蛇。在这种温、湿度条件下孵出的幼蛇，雌、雄蛇约各占一半；若温度控制在20～24℃，相对湿度在90%，孵出的全是雄蛇，这时出壳期会延长，还会有一部分卵生霉坏死；若温度高于27℃，湿度低于70%时，孵出的则全是雌蛇。而温度长时间高于27℃，湿度低于40%，卵多会干瘪而死。孵化温度最好控制在24～27℃，相对湿度在70%左右，这种条件下，卵的孵化率最高。短时间的高温高湿并不影响孵化。

怎样控制适宜的温度和湿度呢？可在孵化缸内各吊放一只温度表和干湿表。温度高时，可在卵上放些新鲜树叶或青草，2天更换一次。如果缸内温度过低而湿度过高时，就应及时打开缸盖，把一只60℃的热水袋悬吊在卵上，但不能接触到卵。在没有干湿表的情况下，可以用土办法、凭经验来测定孵化缸内的湿度。就是用手抓一把缸内的沙土，用手握紧后从0.3米的高处放开手，沙团落地时散开，这时湿度约为60%；若落地时仍不散开，说明湿度偏高；若沙团在落地之前就散开了，说明湿度偏低。

三、幼蛇的饲养与管理

（一）幼蛇饲养

刚出壳的幼蛇体长在20～35厘米之间，体色较浅。一般来说，王锦蛇的幼蛇色斑与成体差别很大，幼蛇头部无“王”字形斑纹，往往使人误以为是其他蛇种。幼蛇出壳后7～10天即开始蜕皮，对幼蛇的人工饲养，开始时最好都要人工灌喂。王锦蛇的幼蛇可每隔5～7天灌喂一次鸡蛋，喂1个月后，体长能从20厘米增至50厘米，体重增至2倍。人工灌喂时，开始只喂鸡蛋，以后在鸡蛋中加入一些捣成肉泥状的小昆虫，如蛐蛐、蚂蚱、黄粉虫等，为以后让幼蛇主动摄食动物饲料打下基础。期间可投喂活体的小水蛇、蛐蛐、蚂蚱、蝗虫等，供幼蛇自行捕食。投饵时间均以幼蛇在24小时内吃完为准，到时将未食或被幼蛇咬死的食物全部清除，平时不要零星投放，以吊起幼蛇的胃口。应培养其按时摄食的习惯，刺激它以后主动捕食的欲望。

王锦蛇的幼蛇，与其他种类的幼蛇相比，吞食还是比较积极的，但同成体相比，主动进食能力还较差，必须人工诱导集体采食。人工诱导采食的方法是：在幼蛇的活动场地内，投放数量是幼蛇数量2～3倍的活体小动物，创造出幼蛇易于捕捉到食物的环境，引诱其主动捕食。这段时间确保每条幼蛇都能捕到食物，是培养幼蛇开食最重要的时期。幼蛇采食后，隔天应检查是否所有的幼蛇均主动进食，对于个别体弱瘦小，不能主动进食的幼蛇，要拿出来单独喂养。同时，利用洗耳球或钝头注射器等工具，强制继续灌喂流质食物，待过段时间，将生长发育好的蛇重新放入幼蛇场，同其他幼蛇一块饲养。对于少数久喂不见起色的幼蛇，还需耐心护理。

(二)幼蛇管理

蛇自卵中孵化出壳或自母体产出至第一次冬眠出蛰前，称为幼蛇。

幼蛇生长、发育的快慢，与饲养管理的各个环节直接相关。一般来说，王锦蛇幼蛇管理主要包括饲养密度、温度、湿度、投饵周期、蜕皮期管理等等。

1. 饲养密度

刚出生的幼蛇个体较小，活动能力比较差，其密度可略大一些，每平方米可养100条左右，但饲养者要依据具体的幼蛇体来决定密度。原则是，蛇体的总面积约占养殖场地面积的1/3左右，以使幼蛇有活动和捕食的场所为标准。饲养约15天后，应拣出幼蛇总数量的1/5；1个月后，再拣出1/5；若打破冬眠养殖，到10月初应减至一半的数量，如果顺其自然地让幼蛇冬眠，则不需再拣。

2. 温度

幼蛇同成蛇的温度适宜范围基本相差不大，但幼蛇对温度的适应范围应略窄一些。王锦蛇幼蛇出壳时，同其他种类的幼蛇一样，要求周围的环境温度均能满足其生活的需要。然而，由于我国南北地域辽阔，同期温度差异较大。因此，在幼蛇出壳时，若环境温度低于20℃时，应采取保暖和升温措施；而环境温度若高于35℃或连续数日高于32℃时，应采取遮阴或降温措施。一般来说，王锦蛇幼蛇最适宜的环境温度为23～28℃。

若采用暂养蛇箱饲养幼蛇，可以采用在蛇箱内的顶部加挂一只60～100瓦白炽灯的方法来增温。但是，灯泡的外面一定要加罩，使幼蛇不能直接触到灯泡。对于在蛇房内采取池养、箱养等，可采取暖气、电炉等加温方式，用空调控制温度当然更好，但不宜采用炉火或柴火直接烘烤加温，慎防浓烟将幼蛇呛死。

3. 湿度

一般来说，环境相对湿度保持在30%～50%，对于幼蛇来说较为适宜。当幼蛇进入蜕皮阶段，对环境湿度的需求要高一些，应保持在50%～70%。若湿度过低，不利于幼蛇蜕皮，而往往由于蜕不下皮而造成死亡。解决的方法是：在蛇箱周围、蛇房内或蛇场内间接喷水，便能满足幼蛇蜕皮时所需的湿度要求。在高密度养殖的状态下，采用喷雾增湿的方法更为适宜。但无论何种状况，湿度都不宜过大，一般不能超过75%。短时间的高湿对幼蛇没有大影响，时间若久了，幼蛇易得霉斑病。

4. 投饵周期

幼蛇在第一次主动采食后，5天内不需投饵，应在第5天后至第7天时，开始采食后的第一次投饵。以后每隔5～6天投饵1次，每次的幼蛙或鸡雏之类较大型动物的数量，应为幼蛇数量的1.5～2倍。第一年至冬眠前的投饵量与投饵周期不变，但饵料个体可以逐渐加大。王锦蛇幼蛇喜食小水蛇，投饵数量一般为幼蛇数量的4～7倍。

对于半散养或完全散养形式饲养的幼蛇来说，须采用集中在运动场或固定场所定时投饵，久而久之，幼蛇便也习惯了这样的方式。尤其是投喂鼠类，更应注意投喂地点，并及时清除未食的活鼠和死鼠,以防止鼠类蔓延对周围环境造成鼠害。

5.蜕皮期管理

幼蛇自出壳后7～10天开始蜕皮。幼蛇蜕皮与湿度关系密切。若环境过分干燥,蜕皮就较困难。此时可见有的蛇类自行游入水中湿润皮肤,再行蜕皮。因此,幼蛇蜕皮期,环境相对湿度宜保持在50%～70%。对于那些入水湿润后仍不能顺利蜕皮的幼蛇,可人为地帮助它蜕皮。幼蛇蜕皮期间必须保证水源充足、清洁,但不必投喂饵料,以免惊扰幼蛇或造成饵料的浪费,并应减少对幼蛇的观察次数,确保幼蛇在安全的环境中顺利蜕皮。

四、幼蛇的冬养

为了有效缩短王锦蛇幼蛇的育成期,可以打破它的冬眠期,转为冬季室内养殖。即在保证幼蛇所需的温、湿度条件下,及能够供应充足的活体小动物,就可进行冬季养殖。

第一年的幼蛇因没有冬眠的适应性,可直接进行冬养。为了适时得到充足的活体小动物,可以自己培育蟋蟀、蚯蚓、小白鼠、泥鳅、小杂鱼等,并可用自养鹌鹑、鹧鸪的蛋来喂幼蛇,还可补充部分营养高的流质饲料。小白鼠繁殖得较快,易饲养,不少医院都养它作为实验动物,可以引种和培育来喂蛇。另外,暖房繁殖蟋蟀也不失为一种好方法。在暖房内放置一些麸皮,果皮、菜叶,再放些砖块和瓦片,把捉到的常在灶房中出现的"家蟋蟀"放入,过些时候就会大量繁殖,到时可捉来喂幼蛇。

在幼蛇的冬养期间,除了维持正常的温湿度外,还要定期检查幼蛇的健康状况或病害情况,发现问题及早解决、处理。如遇不能维持正常养殖的意外情况,应及早中止幼蛇冬养,让其进入冬眠状态。

五、幼蛇无冬眠养殖期间的长势

众所周知,幼蛇完全可以无不冬眠养殖,主要看养蛇人具体所处的省份了，并不是所有可以养蛇的地方都可以打破蛇的冬眠期。大致来说，符合试探性打破蛇冬眠期的地方有两广、海南、福建、云贵川、湖南、湖北南部、江西等省区是可以考虑的。让蛇不冬眠，原则上离不开温度、湿度和饵料的三大支撑点，三者缺一不可。鉴于北方目前还没有较为成熟的经验可以借鉴，建议“破冬”的先行者最好先少量试养，以免造成较大损失。因为，整个冬季是全年各种蛇类价格最高的季节，约是平时季节的2～3倍。所以，养殖条件不是十分成熟、技术方面不是很有把握的情况下，不要盲目加温解除蛇的冬眠，否则损失可不是一星半点的。

有技术、有财力、有耐力、有信心的养蛇场(户)若想打破蛇的冬眠，只要上面所说的三点能够自始至终完全满足的话，打破蛇冬眠期间的正常长势还是十分理想的。就以王锦蛇的幼蛇为例吧，常温养殖条件下长势较好的仅在100～200克左右，而有条件加温养殖的状况下，王锦蛇幼蛇的长势约分成几个波浪段的曲线，下面一一列出仅供大家参考：

王锦蛇幼蛇无冬眠养殖，长势一般的达到150～200克；长势中等的约在350～400克；长势较好的则达到650～700克；少数长势特别理想的则到了750～800克。由此可见，打破冬眠人工养殖的王锦蛇幼蛇，其长势还是叫人满意的。

只要无冬眠期间幼蛇能够正常的进食、饮水、活动和蜕皮，它们的生长速度是很快的、也是理想的，要不作为肉用的它们怎么会有“菜蟒”、“肉松”和“大型”蛇类的多个称谓呢！其实，幼蛇如同婴幼儿一样，有小不愁大，倘若几天没看到它们，给人的感觉就是它们还是曾经幼小娇嫩、皮肤看似吹弹可破的小蛇崽子吗？嗨，它们如竹子拔节般“集体”又长粗了，也长了许多！不枉咱们老百姓给出的俗名，即“长虫”的称谓。

第五节 棕黑锦蛇的养殖方法

棕黑锦蛇俗称松花蛇、黑乌松、黑松、乌虫、黑蛇、黑颈锦蛇、黑脖子蛇等等，是目前北方锦蛇类中个头较大的品种之一，人工养殖中体重达到几斤到近10斤的也十分多见。

棕黑锦蛇在北方主要分布于辽宁、内蒙古、吉林、黑龙江、山东、河北、陕西、山西、甘肃、河南、宁夏等省区，在河北东陵兴隆山、山西葫芦里、北京、天津、山东昆嵛山和青岛等的郊区（县）经常看到此蛇的踪影；南方则分布于贵州、江西、湖南，湖北、浙江、安徽，广东、江苏等省份均有一定数量的生存和分布，每年都有相当数量的活蛇涌向各地市场，目前是专销韩国煲制营养保健蛇汤的必备原料蛇。因其个头较大，同其他锦蛇类一样身披黑金彩妆，色彩艳丽，温顺好驯养，是目前国内众多“爬友”养殖观赏的蛇类新宠，再加上市面的卖价较高，野外捕抓的人也越来越多。所以，棕黑锦蛇的野外生存量必定会越来越少，国家林业部门提倡人工驯养繁殖及合理开发利用，已成为时下养蛇人的新目标。

一、棕黑锦蛇的活动规律

棕黑锦蛇野外活动主要生活在山区、郊外、丘陵沟壑近水旁边的树（草）丛或多石树洞间的天然缝隙中，更常见于山区和郊外农户四周的墙脚（洞）及闲置久不住人的老房子里，主要捕捉老鼠，鸟和鸟蛋，也偷吃农户的小家禽之类，见人一般不做攻击状，是目前较为常见的大型温顺蛇类之一，这点有些类似黑眉锦蛇。东三省也称其为“家蛇”，即家附近常见的蛇，该蛇爱窜爬上树那可是比较的出名，尤以夏天为最明显。

棕黑锦蛇虽然体型大，但它温顺好饲养容易叫人接近，更没有吃蛇的习性，人工养殖时可以与其他无毒蛇一块混养即可，这是它不同于王锦蛇的最大好处。因为它没有吃蛇嗜好，养殖成本(场地和食物来源)一下子就比王锦蛇低不少，比较适合初养且少投入的养蛇户。养殖中发现它有时偏爱鸟类和蛋类的程度胜过老鼠，比其他蛇类能适应较低温度和温差，只要有一般室温就能正常活动和生活，是目前较为容易饲养的大型蛇类之一。养蛇女人根据养殖发现：它大多白天出窝活动，只是到了炎热的夏天，气温高于 32℃时改为晨昏活动，但进食频率没有明显变化，夏天温度越高反而越能吃，这期间长势也较为明显，打眼看给人一种“圆嘟嘟”的感觉，这也是它明显好于王锦蛇和黑眉锦蛇的主要特征。

二、棕黑锦蛇的养殖管理

正因为它夏天吃食反而比王锦蛇和黑眉锦蛇吃食旺盛，没有其他蛇每年都避不开的短暂“夏眠”迹象，所以它的长势才比它们更为理想。我们还根据它的这一特征，亲昵的称它为“垃圾桶”蛇呢！一来它吃的确实多，二来它也拉(指排便)的多，送它一个“垃圾桶”蛇的绰号不为过吧！养殖的蛇能吃能拉是所有养蛇人都乐意经受的事，但作为室内养蛇的来说管理必须跟上去，不像露天养殖那样不用打扫粪便，室内养殖必须每天清理 2 次，蛇的饮用水更是如此。在这里给大家提个醒，虽然棕黑锦蛇远远好于王锦蛇和黑眉锦蛇，但它也有比不上“人家”的时候，那就是它的粪便比“人家”臭多了，若几天疏于清理打扫，四处就会弥漫着腥臭味。一旦出现这种情况，必须立即通风并消毒，最好使用含双链季胺盐化合物的消毒剂，此类消毒剂能在短时间内增强空间的通透性，促使细菌物质的漏失转化，快速起到消灭细菌，清洁空气，净化环境的作用，具体的使用剂量可按照产品使用说明即可。

投喂蛋类时一定要清洗干净，尤其是在炎热的三伏天，若把买回家的蛋不清洗直接投喂，发现它虽进食但吃的不理想，若清洗干净后投喂，蛇的吞吃量明显增多。这是因为，蛋壳很容易破碎，即使破碎一枚也会污染到其他蛋，再加上天热极易导致所购蛋类充斥着或多或少的异味，并且有的时候还会生出一些叫不上名字的小黑飞虫，如同芝麻粒般大小的小虫，直往人的脸上扑，痒痒的、黏黏的，干活时扑人脸上那叫一个烦。另外，当天剩余的蛋必须捡出后分类清洗，即没有破碎的蛋先清洗，有裂纹的或破壳的蛋后洗，以备下次再投喂时直接投喂即是。

三、棕黑锦蛇的产卵繁殖

(一)产卵期的注意事项

棕黑锦蛇露天养殖产卵发现比室内养殖要稍早一些，可能温度决定它的这一时间差距吧。它每年的7～8月进入产卵高峰期，每蛇产7～22枚，数量明显多余王锦蛇，但不如乌梢蛇产的数量多。卵的大小凭经验看是界于王锦蛇和黑眉锦蛇之间，只是卵壳比其他蛇要薄，类似赤链蛇卵的厚度，颜色给人一种比较湿润白嫩的感觉，人肉眼看好像含水分比较多的样子，可能与它饮水多有一定关系。2008年7月6日雌蛇产卵后，我们立即称重发现单卵最重达到25克/枚，约20～23枚卵/斤，产卵最多22枚，最少是7枚，不排除个别体质弱的孕蛇产卵时间较长，单个排卵的机会增大，从而诱使没有产卵的蛇或公蛇偷吃了，要不蛇园内经常拣出单卵的事怎么解释呢？这种情况尤其让人担忧，因其会在不经意间起到引诱蛇吞吃蛇卵的可能，种种迹象表明：这种情况尤其在室内狭小空间可能性最大，希望加强管理并引起注意。

另室内养殖的情况下，孕蛇喜欢将它的卵产在窝内，并且多是以卵块的形式，同时还会发现有多条蛇盘伏在卵块上，这种情况极不方便养殖人员取拿。因多条蛇或紧或松的相互缠绕在一起，要想拽出蛇来趁机捡拾蛇卵可不是一件容易的事，劲用小了根本拽不出来，劲用大了又怕伤及它们，此时只好用长柄的钝头工具将群蛇暂时掀起来，利用蛇身体短暂的离地时间迅速把卵取出。如果几天后再取会发现卵的底面，也就是贴着地的那面已经发暗红色或已经腐败变质，这是卵在不通风，不透气的情况下造成的。所以，知道了蛇的产卵期有些不为人知的“坏毛病”后，一定要细心观察、及时取卵，遇到特殊情况也应积极的想办法，以免白白浪费了宝贵的蛇卵。

（二）蛇卵孵化近年发现添了新天敌

老蛇园拆迁后经过大半年的建造，养蛇女人终于在2009年5月20日搬入新的养殖园区了。在此之前已经把监控录像和安全警报器安装好了，借着监控和警报器我又发现了蛇卵孵化前的另一天敌，谁承想竟是一群叽叽喳喳的鸟儿。发现的时候很偶然，每年的产卵高峰期定点定时进蛇园捡拾蛇卵是我们固定的“事”。为了捡拾蛇卵方便，我们通常把蛇园里面的草修剪得自然有序，为的是便于及时发现蛇卵。由于蛇园是新建的，草长得既不稠密也不旺盛，给人一种既敞亮又光秃的感觉，天敌就是在这种环境下发现的。由于每天都能捡到几个蛋壳有缝、空空如也的鲜蛇卵壳，有时还有一大堆，难道是老鼠吃的不成？一番检查后排除了老鼠。难道是猫？再次确定也不是猫所为。蛇园不是安有监控吗？赶紧打开一看就忽然明白了，是一大群早起觅食的鸟儿。再联想到警报器在清晨无缘无故乱响的原因也找到了，是几只大鸟在飞越墙头时触到灵敏度极高的报警光束造成的。早起的鸟儿有食吃，为了保护我们的蛇卵，看来只有比鸟儿起的还要早才行。

棕黑锦蛇卵的孵化跟其他蛇类差不多，在这里养蛇女人只是补充几个细节。孵化期间遇到连续的阴雨天本来很正常，但第一年的新手可能有些疲于应付，也有点不知所措，尤其是在通风条件不好的偏房内孵化。首先，阴雨天必须每天翻卵1次，否则第二天本来有些受潮严重的卵就长毛了，先长白毛，后长黑毛，最后费掉不能继续孵化。晴天的管理大多不会出意外，参照着养蛇女人其他养蛇书中（蛇养殖技术、蛇类无公害综合养殖新技术、科学养蛇问答、立体蛇园的建造与蛇的养殖技术）的介绍操作就是。

四、棕黑锦蛇的幼蛇养育和蜕皮

(一)幼蛇养育

经过 45～55 天的漫长孵化后,幼蛇陆陆续续的破壳而出了。幼蛇刚出生时大部分体长均超 30～45 厘米,个别大的达到 48～55 厘米左右,也有个别小的体长仅有 25～30 厘米。它们大多秉承了"父母"的温顺习性,但也有少数异常凶猛的,人稍微一接近它们时会张开"小大嘴"做扑咬状,样子煞是招人喜爱。幼蛇的吃食习性也延续了"父母"的好胃口,甚至是相差无几,只是食物个头要小许多或把幼蛇喜欢吃的食物切成可以顺利入口的小块就行。

(二)幼蛇蜕皮

幼蛇的健康与否,其实跟成蛇一样单从其蜕皮就能看个八九不离十。从幼蛇蜕皮的完整性或破碎程度来判断所养蛇的质量好坏,其实是我们在多年养蛇过程中总结出来的"笨"办法。若发现养殖的幼蛇有 1/3 以上的蛇蜕是较为完整的,足以说明蛇的进食营养和正常的生长成正比,说明一切顺利。倘若达不到这个比例,就要仔细回味下养殖操作过程中的一些细节了。一看幼蛇吃食的每天数量;二看投喂品种是否合乎蛇的胃口;三看养蛇场所温湿度;四看养殖场所环境是否达到蛇生存最起码的要求;五看蛇的粪便,若有相当比例的黑绿色稀薄粪便,说明蛇已患有肠炎,这也会影响其正常蜕皮。

只要幼蛇能够正常的进食饮水和蜕皮,它们的生长速度是很快的。要不,它们怎么会有北方大型蛇类的称谓呢!

棕黑锦蛇最大的特点是身体没有腥臭味,这也是所有蛇类不能比拟的,也正因着它的这一独特身体的生理优势,它的市场参考价一直紧跟眼镜蛇的走势,有时还远远的把眼镜蛇甩在后面呢!

注:赤峰锦蛇是棕黑锦蛇的"姊妹蛇",其具体的养殖方法大致是差不多的,限于篇幅有限下面就不一一累述了,实际养殖中可直接参考棕黑锦蛇的养殖方法即可。

第八章　蛇病害与天敌的防治

在自然界中，蛇的生命力是比较强的。但只要是有生命的，就会患某些疾病，蛇也会患疾，只是多不被人们注意和了解罢了。蛇类在人工饲养的过程中，由于诸多原因，如蛇场环境的卫生状况不良，投喂的食物或饮用水不洁净，及场地狭小而蛇的数量多较拥挤等等。特别是蛇经过冬眠以后，肌体对疾病的抵抗能力显著下降，加上冬眠后又是初春，正值春冬交替季节，气候瞬息万变，天气很不正常，稍不注意，就会使所养殖的蛇类感染疾病。现将蛇类常见的疾病分述如下。

第一节　几种常见的蛇类疾病

一、口腔炎

多发生于有毒蛇类，如眼镜蛇、蝮蛇、金银蛇、银环蛇、五步蛇等。在饲养中，如果长期人工填喂食物，口腔炎的发病率会更高。口腔炎是由化脓性细菌引起的一种口腔化脓性疾病。如在采挤蛇毒时伤及口腔，或在捕蛇时刮伤毒牙等均会引起此病。在蛇类冬眠结束后，蛇的体质普遍较弱，加之窝内湿度大、环境不卫生时也会引发此病。若不及时防治会迅速感染蛇群。一旦发现此病，应把病蛇及时隔离治疗，严重的应杀掉。

症状：病蛇的两颌肿胀，打开口腔可见溃烂或有脓状分泌物。这种病蛇从外表看头部昂起，口微张而不能闭合，进食时发生吞咽困难等症状。

治疗：掰开蛇口，用消毒棉签抹净口腔内的脓状分泌物，再用雷佛奴尔溶液冲洗口腔，尔后以龙胆紫溶液涂患处，每天1～2次。也可用冰硼散撒于患处，每天2～3次，直至没有脓状分泌物渗出为止。可用中药银花10克，车前草20克，龙胆草10克，加水煎熬冲洗蛇口腔，每天2～3次，亦有良好疗效。

对浓状分泌物较多的病蛇，可用2%的明矾水冲洗口腔，最后在溃疡面涂碘甘油，或者用大黄末10克与磺胺结晶粉5克，混匀，吹入患蛇口腔，每次1～3克，日吹2次即可。也可用蟾蜍1个，阴干后焙焦，加冰片5克，研为细末。再取干净的竹叶一大把熬汁(干鲜竹叶均可)，将口腔冲洗干净，撒上适量药末即可。还可用中药三黄汤：黄连、黄芩、黄柄、栀子各等份，每条蛇按0.5～1克的水煎服，每日1次，3天可愈。

预防：此病防重于治，应消除引起疾病的因素。蛇窝内若湿度过大，应将蛇窝的盖打开通风散潮，还可用石灰粉、木屑等，装入用纱布缝制的袋内，放入蛇窝吸潮；如一次效果不好，可重复多次，直到干燥为止。蛇窝内也可用漂白粉溶液消毒。对毒蛇实施人工采毒时，手的动作一定要轻柔，切不可用力鲁莽。个别蛇需人工填喂食物时，食块不宜过大，避免造成牙齿脱落或口腔出血。为了保证蛇类健康，在投喂食物前，应先将投喂的食物放入千分之三的生石灰水中浸泡5～10分钟后再喂蛇(带羽的食物除外)，这样便有效杜绝了不洁食物对蛇类的侵害，避免了病从口入的可能性。

二、急性肺炎

夏季蛇场内温度高、湿度大，阴雨连绵及蛇窝内空气混浊的情况下，蛇类易患此病。体质差的蛇或是产卵后身体消瘦、尚未复壮的雌蛇，也易患此病。或是热天突然将蛇置于冷水中洗浴浸泡，这种情况也容易患肺炎。

症状:病蛇表现为张口呼吸、游动不安、行动迟缓、呼吸困难。病蛇大多逗留窝外不思归洞,捉进去后复又爬出,检查其口腔,又没有口腔炎的迹象。此病严重时可危及全群,2～3 天内可发生大批死亡现象。此病早期可由感冒引起,最后病蛇因呼吸衰竭致死,应及时医治。

治疗:此病的治疗务必及时得法,3～4 天内可望转危为安。若延误时间多难奏效。药物治疗可用蛙皮包以红霉素、四环素或土霉素 1 克,每天 3 次灌喂,一般 3～4 天可愈。亦可用青霉素钠盐 40 万单位做肌内注射,每天 3～4 次,在病蛇背部肌肉丰满处作多次点注,疗效比较显著。注射用的针剂有多种,如庆大霉素、复方黄链霉素、链霉素等。一般用药剂量,对成蛇可掌握在给人体剂量的 1/4 或 1/5。为求价廉,可用兽用药。一旦发现病蛇应立即隔离治疗,并加强护理,其间要注意避寒保暖,让病蛇盘卧在稻草、棉絮或纸箱板上,同时要注意补充营养,增加蛇的适口食物。

预防:若天气突变,应及时采取相应的补救措施,如寒潮将到,要做好挡风和保暖工作。防治此病的对象多是产卵(仔)后体弱的雌蛇,在其产卵(仔)期间供应充足的食物和洁净的饮用水,保持适合的温、湿度,并搞好蛇窝的通风透气,杜绝此病的发生及蔓延。

俗话说:家有万贯,喘气的不算。蛇虽是低等的、有冬眠习性的爬行动物,但也在喘气之列,故养殖中得个病生个灾的,更是稀松平常的事儿。蛇在北方的冬眠习性尤为明显,养蛇女人与蛇打交道的十多年来,至今没有发现蛇大规模的疫病传播,从没有出现像养鸡养鸭养猪般成片成堆死亡的惨象,其顽强的生命力由此倒是可见一斑。

“肺炎”二字看似极普通,可养过蛇的人都知道肺炎的厉害,尤其是急性肺炎,倘若短时间内控制不住或没有很好利用的情况下,虽没有全军覆没的危险,但持续性死亡是在所难免的。养蛇女人给出蛇肺炎,尤其是肺炎后期的定义简单明了,它既是人工养蛇中的“滑铁卢”,又是不易治愈的“蛇之癌”。那么,蛇得肺炎后真的就无药可治嘛? 答案简单明了,不遂人意,总之治疗效果不甚理想。就算肺炎症状集中出现了,拿病蛇遵循“死马当做活马医”常法来医治,发现仍是收效甚微,医治好的仅在半数左右,其他的则在治疗过程中逐渐死亡,治愈率达到半数或半数以上就很是不错的了。

养蛇女人对蛇肺炎的坦诚注解是:蛇肺炎可防不好治。如果所养的蛇仅是几条得了肺炎,必须立即隔离治疗。治疗几天至 1 周,或更换药物后连续治疗达半月仍不见起色时,建议应尽快淘汰处理,以免祸及大群健康的蛇。目前,国内的众多养蛇同行,均没有找出既理想又实用的最终解决治愈肺炎的方法,可谓蛇界“顽疾”,这也是养蛇业至今一直无法做大做强、难以朝着工厂化、车间集约化发展最大的瓶颈。

三、霉斑病

常见于饲养中的蝮蛇和五步蛇等不爱活动的蛇种。此病由霉菌引起,是较常见的蛇类皮肤病。人多因蛇场和蛇窝内过于潮湿或不卫生、植被不良所引起,有霉雨季节更为多见。

症状:在病蛇的腹部鳞片,可见点状或片状黑色霉斑,有的还向蛇的背部及全身延伸,往往发生患处溃烂,严重者可导致死亡。

治疗:发现病蛇身上有霉斑时,可用 1%～2%的碘酊涂患处,每天涂药 1～2 次。只要抓紧治疗,一般 1 周内可以治愈。同时口服霉唑片,每天 3 次,每次 2 片(1 克),疗效更佳。

预防:此病的关键是降低蛇窝湿度,并搞好清洁卫生工作,同时要保障蛇窝与外界的通风透气,使蛇的栖息环境保持干燥清爽,还可经常用石灰杀菌吸潮或将石灰和木炭用纸包好,放入蛇窝的潮湿处,定期更换驱潮。

四、厌食、消化不良综合征

看上去形体消瘦、皮肤松弛、神色呆滞，行动迟缓，不爱活动。

症状：这类蛇往往很少进食，甚至不再进食，最终身体消瘦得皮包骨头，其尾部瘦得更为明显，皮肤可见皱瘪。病蛇死后解剖时，往往可发现有寄生虫存在。

治疗：此类蛇需单独喂养，每天灌服5～10毫升的复合维生素B液和灌喂葡萄糖等溶液。同时，灌喂生鸡蛋或填喂新鲜泥鳅，以增强病蛇所需的营养物质。填喂泥鳅时，为使饲喂人员操作方便；可将活泥鳅置于开水中烫一下，泥鳅遇热便死去挺直了，然后再从头喂入。

预防：在将蛇放入蛇场前，先给蛇进行一番“药浴”（前面已有详介），能较好地预防蛇类厌食、消化不良及其他疾病。另外，还应保持好蛇窝的干燥通风和清洁卫生，投喂的食物应新鲜无病且品种多样。雌蛇产卵（仔）后应及时投足食物，使之尽早康复。否则，蛇一旦掉膘，体质就会明显减弱，食欲也会随之衰退。同时，还要注意蛇的密度不能过于拥挤，应辟有宽阔的活动场地，并定期驱除寄生虫等。

五、寄生虫

蛇体内有多种寄生虫，病情轻者虽不一定致命，可往往会削弱其体质而容易染上其他疾病，严重的则直接导致死亡。蛇体内的寄生虫多是从吃进的动物身上传染来的，当蛇吞吃下有寄生虫的动物后，寄生虫便会在蛇身体内寄生繁殖，直接影响了蛇的身体健康。因此，要特别注意对寄生虫的防治。蛇类寄生虫有鞭节舌虫、圆线虫、棒线虫、绦虫、蛔虫、体外寄生虫等。

蛇体内有寄生虫的，大多食量很大而且进食正常，但蛇体却不见增重，反而日渐消瘦，并懒得活动。死后解剖时，往往发现有许多条活的寄生虫。通常在没有确定寄生虫种类时，可采用灌服敌百虫或左旋咪唑片等；而一经确诊为某种寄生虫时，就应该根据其种类而对症下药。下面将各类寄生虫依次介绍如下：

(一)鞭节舌虫

此种寄生虫又叫乳头虫，在五步蛇体内有较多发现。此寄生虫的长度因性别而异，雌虫长约5厘米，雄虫长约2厘米，状似一条老蚕，多寄生于蛇的肺部和气管上，有的虫还会经过喉头爬到口腔，堵塞住蛇的内鼻孔。病蛇身体消瘦异常，且皮肤多有皱褶，常伸直身体逗留窝外，或是张口呼吸。正因此虫多寄生于蛇的呼吸系统，最终导致病蛇因呼吸窒息而死亡。

治疗：可按病蛇体重每公斤灌服精制敌百虫1克(药液最好现配现用，以防失去药效)，连续灌喂3天，即可见效。也可灌喂灭虫宁，每次1～2克，每天灌服1次。

(二)棒线虫

此寄生虫长约5～8毫米，呈线状，多寄生于各种蛇的肺泡内，严重时有许多条寄生虫密布患处，致使蛇的肺部高度糜烂而致死。

治疗：可用左旋咪唑灌喂，每次2片，连服2天。或按病蛇体重，每公斤灌喂四咪唑1～2毫克。

(三)圆线虫

这种寄生虫呈线状，体长约3～5厘米。常寄生于蛇消化器官的浆膜组织内，有肝脏中尤为多见。此虫一至数条，被包于约黄豆粒般大的结节内。此虫在五步蛇体内多有发现。

治疗：方法同鞭节舌虫或棒线虫。

(四)绦虫

此虫全身呈带状，由许多节片组成，头上有槽、吸盘和钩、寄吸于蛇的肠壁上。人们用蛇做菜时，如果蛇肉烧不熟而吃下，绦虫能感染给人体并发育为成虫，继而在人体内寄生。因此，当人们在食用蛇肉时，必须彻底烧熟后再食用。

治疗：此类寄生虫对蛇的健康危害不是太大，在治其他寄生虫时，就附带驱除了。若严重时，可用硫双二氯粉，每公斤体重2克，或氯硝柳胺每公斤体重 0.05 克治疗。

（五）蛔虫

在蟒蛇、百花锦蛇、灰鼠蛇、滑鼠蛇等个体较大的无毒蛇消化道中多有发现。体内寄生有蛔虫的蛇类，大多食欲不振，体质渐衰，死前表现为经常点头，甚至猛烈的用头撞墙或碰地，样子非常痛苦难忍，有时口中还会喷吐出黏稠的液体。

治疗：按病蛇体重的千分之一计量，灌喂精制敌百虫或驱蛔灵，一般每次半片，连服 3 天，即见效。

（六）体外寄生虫

蛇类的体外寄生虫主要是螨类。蛇螨寄生在蛇皮上，以吸食蛇血为主，严重影响着蛇的健康。蛇螨的种类很多，不同蛇种所寄生的蛇螨也各有异。多寄生在体型较大的蛇鳞层下，也有部分裸露出鳞外，严重时每条蛇身上的寄生虫多达十几处。人工养殖条件下的眼镜蛇、蟒蛇、灰鼠蛇、滑鼠蛇等的体表多见。病蛇大多消瘦无神，但食量正常，却不见增膘。

治疗：对于个体较大的蛇螨，可以采取人工拔除蛇螨的方法；对于个体稍小的蛇螨，可将病蛇直接浸泡于 1％的敌百虫溶液中，浸泡时间为 10～15 分钟左右，注意别让蛇头部接触药液，以免蛇吸吮后出现中毒现象。一经药液的浸泡，此虫即会死亡脱落，这时用手拔去即可。

无论采取哪种方法去除蛇螨，一定要在患处涂抹龙胆紫或 1％～2％的碘酊，防止细菌再次感染患处。

预防：除不让蛇接触不洁净的食物和水源外，蛇场最好在每年的初夏和初秋进行两次集中驱虫，也可在夏天不定期地在水沟或水池中投放四环素，供蛇饮用和洗澡。幼蛇出壳后，每 10 天在水盆中放一次四环素供其饮用，对以后寄生虫的减少有明显效果。

六、急性胆囊炎

是由一种大肠杆菌引起的急性病，多发生在夏秋暑热季节。

症状：病蛇不吃不喝，全身皮肤发黄、体温很高，如不及时治疗，2～3天内即可引起死亡。此病病情凶险，死亡率高。

治疗：发现病蛇要及时隔离治疗，若气温偏高，应将病蛇移至阴凉处，暂停投食，定时喂水。药物可试用各种新型抗菌素治疗，但以氯霉素的疗效最佳，剂量每次 0.5 克，每天 3～4 次；也可用链霉素针剂作肌内注射，每次 0.5～1 克，每天 2 次。

预防：细菌传播疾病，虽然人的肉眼看不见，但其传播速度非常快。一旦发现有此类病蛇时，除速将病蛇隔离治疗外，蛇场、蛇窝应做一次彻底的消毒。消毒剂可选用百毒杀或抗毒威，两种消毒剂最好交替使用。消毒剂稀释比例为：百毒杀 1∶400，抗毒威 1∶800。

七、肠炎

是由肠道内的细菌大量孳生，致使蛇类产生消化不良所引起的肠道性疾病。

症状：蛇患肠炎后，往往表现为进食困难或少进食，甚至不再进食。神态呆滞，外观消瘦、不爱活动，排便稀、色为绿黄，身体消瘦的可见干瘪的皱褶，尾部消瘦更为明显。发病严重时，可以致蛇死亡。

治疗：可口服吡哌酸 0.1 克，每天 3 次，连用 3 天即可治愈。也可直接灌喂复合维生素 B 液，每天 5～10 毫升，直至病蛇症状消失。在喂药期间，暂停投喂食物，等病情有所好转后，再按时投喂。

预防：必须保持蛇场、蛇窝的干燥通风、清洁卫生。另外，蛇在入场前行“药浴”，也是预防肠炎发生所必不可少的有效措施。

八、毒腺囊炎或萎缩症

该病主要发生于人工饲养状况下被取毒的各种毒蛇。由于在人工取毒时，对毒腺囊挤压过重造成损伤，加之毒液本身的作用，易引发毒腺囊炎症，这种情况也可能由于取毒次数过度频繁而引起。

症状：病蛇毒腺肿胀，正常的毒液分泌量明显减少或停滞分泌，严重的可能流出带有脓血的毒液。即便是能度过急性期，毒腺也会慢慢萎缩，从而导致机体功能的下降，使毒蛇失去分泌毒液的功能而不能捕食。吞食后也不能很好地消化吸收，最终导致绝食而亡。

预防：人工取毒时应该操作轻柔，用蛇钳夹其头部不可过紧，取毒次数不能过于频繁，使蛇有个恢复的过程。对于已发现有毒腺囊炎的蛇类，绝对不能再挤压取毒加重其病情，可取出单独喂养或放回野外，在条件好的情况下有慢慢恢复的可能性。经喂养、观察一段时间后，发现没有恢复的希望，干脆杀死利用。

九、外伤

无论是从野外捕捉的或购买来的蛇，在一定程度上会有些外伤。另外，蛇在运输途中免不了会有磕碰磨伤，在养殖过程中也会发生蛇类彼此相互间的咬伤。如不及时治疗，伤口被细菌感染后会造成溃烂，从而影响蛇的正常生长和发育。

外伤的治疗可用龙胆紫药水涂抹患处，或用1％～2％的碘酊每天在患处涂抹2～3次即可。

以上列举的几种蛇类疾病，只是对蛇病防治经验的归纳和总结。据我场多年的实践经验，这些蛇类疾病只发生在个别蛇的身上，并不具有普遍性，只要我们按照科学的方法，对蛇群进行喂养和管理，蛇病（肺炎除外）是不难治愈的。

第二节　蛇天敌的防治

俗话说：“不怕山中虎，只怕拦路蛇”，蛇给人们留下一个可怕的印象。尽管蛇类在自然界中堪称强者，但它的致命天敌也不少，有许多动物不仅不怕蛇，还专以蛇为食，直接成为蛇的天敌。此外，蛇类自身也会互相残害，彼此吞食。

蛇类天敌中最小的是蚂蚁，它专门与蛇作对，如非洲的劫蚁。蛇要是遇到了它们，既咬不着它，也压不死它，反而被成千上万只蚂蚁叮咬住，最终成为它们的美餐，直至剩下的一副骨架。山谷溪涧中的棘胸蛙，本来是蛇的食物，但在此蛙多时就会占有绝对的优势，它们会成群的扑在蛇身上乱抓乱咬，直到把蛇折磨死。蛇是捕鼠的能手，但在蛇类的冬眠季节，处于冬眠中的蛇毫无活动能力，反而被鼠类咬伤咬死，体小者会成为鼠类的腹中物。獴体虽小却很灵活，遇到眼镜蛇时，就在它的周围打转转，并不断发起攻势，最后出其不意地把蛇咬死吃掉。黄鼠狼不但咬鸡吃鼠，还有与蛇搏斗的本领，毒蛇与黄鼠狼相遇后，灵活的黄鼠狼除放出一股难闻的骚臭味熏蛇外，还会行准机会，迅速、准确地一口咬住毒蛇的头部，然后将蛇置于死地。鸟类中的鹰、雕等肉食性猛禽，均是蛇的天敌，以蛇为美食。哺乳动物中的穿山甲、刺猬、野猪等，均是捕蛇食蛇的能手。还有些蛇类本身就有食蛇的习性，如毒蛇中的眼镜王蛇、眼镜蛇、金环蛇、银环蛇、赤链蛇，无毒蛇中的蝣蛇、王锦蛇等蛇类，均以食蛇而著称。

此外，蛇的最大“天敌”就是我们人类自己，由于利益的驱使，人们大肆地滥捕滥杀蛇类，使蛇类这一宝贵的野生动物资源惨遭浩劫，有些珍稀蛇种甚至到了濒临绝种的境地，如眼镜王蛇、蟒蛇等。为此，我们呼吁有关部门，在积极开展蛇伤防治的同时，应做好对蛇类的保护工作，采取切实有力的保护措施，为蛇营造一方乐土。

在自然界中，由于众多蛇类的天敌存在，所以人工养殖蛇类的过程中，从建蛇场的开始，就应对蛇场周围地势和环境做好勘察，预先考虑好将蛇类天敌置之于远离蛇场的地方或蛇场之外，尽量减少天敌对蛇类的干扰或侵害，如发现应及早捕捉或设法驱除。只有这样，才能保证蛇类的正常生长，达到繁衍的目的。

第九章　毒蛇咬伤的防治

俗话说，养蛇者要“知蛇不怕蛇”。我国的200多种蛇类中，虽然毒蛇约占1/4，可是大多数毒蛇并不能致人死命，剧毒蛇只有近30种，而其中有15种是生活于海洋中的海蛇。就毒蛇容易咬伤人畜的分布面来讲，剧毒的毒蛇只有近10种，其中大多数毒蛇并不主动攻击人类，即便是被咬伤，也并不一定能排放出足以致人死命的毒液量。若被毒咬伤中毒的症状轻微，就容易对付；若中毒症状严重，只要处理得及时得法，也并无生命危险，何况目前已有不少行之有效，甚至有特效的药物来治疗，如各种抗蛇毒血清、蛇伤药片等。但毕竟毒蛇能危害人类，如果我们对它存有疏忽大意，就可能有被它咬伤中毒的危险。而中毒后一旦处理不当就会造成人畜伤亡。据有关部门报道，全世界每年遭受毒蛇咬伤的人数约在30万人左右，而每年死于毒蛇咬伤者也多达3万～4万人。我国地处温带和亚热带，尤其是南方及西南诸省人口稠密，而毒蛇的种类和数量也比较多，每年的夏秋季节是各种蛇类活动的高峰期，此时从事野外工作的人员，被毒蛇咬伤的情况常有发生。由此可见，对于蛇伤也和其他疾病一样，必须采取预防为主，广泛普及及宣传防治蛇伤的有关知识，了解蛇类活动的规律，正确识别毒蛇和无毒蛇，掌握毒蛇的习性和特点并实施多种有效措施，积极开展蛇伤的防治工作，以减少蛇伤的发生。

第一节　毒蛇咬伤时的鉴别与诊断

被蛇类咬伤，首先要正确区别是毒蛇还是无毒蛇，或是被有毒的昆虫所咬伤，如蜈蚣、蝎子、黄蜂、毛辣虫、毒蜘蛛等。因被某些无毒蛇或这些有毒的昆虫咬伤的症状，有时与毒蛇咬伤有些相似，可主要从以下几个方面给予正确鉴别。

一、毒蛇咬伤与无毒蛇咬伤的鉴别

要确诊是不是被毒蛇咬伤，首先应鉴别是不是被昆虫所咬伤，在排除了被毒昆虫所伤的前提下，再进一步鉴别是不是被蛇类所伤。若确诊为蛇类咬伤后，应再鉴别是被毒蛇咬伤还是被无毒蛇所伤，最后再鉴别是被哪一种毒蛇咬伤，可根据蛇在伤口处留下的牙痕、伤口情况、局部症状及全身症状来做出正确的诊断。

(一)牙痕

典型的无毒蛇咬伤，在伤口处看不到深而粗大的牙痕，只可见到两行或四行排列整齐的牙痕。后者在临床上不多见，这是因为无毒蛇上下颌所有的牙齿不可能都咬进皮肤，所以一般多见仅为数个细小成行的牙痕印。而毒蛇咬伤会在伤处留下比较大而深的毒牙痕，有时还会有折断的毒牙残留在伤口内，在两个牙痕间有一定的距离。毒牙痕有时只见到 1 个，这是被一边蛇口所伤而致；但有时也多为几个，这大多是被毒蛇重复咬几口的痕迹，这种情况下的中毒症状很严重。

(二)局部症状

被无毒蛇咬伤后，一般伤口不很疼痛，疼痛的范围也不扩展，痛感一般在 10 分钟后逐渐消失；被咬部位无麻木感，伤口不出血或出血甚少，并很快会止血结痂；局部无肿胀或轻微肿胀，附近淋巴结触之不痛。毒蛇咬伤一般都有比较明显的剧烈疼痛(神经毒类的毒蛇除外，如银环蛇等)，并且随着时间的推移逐渐加重；伤口处多呈青黑色、红紫色或污黄色，伤口流血或出血不止，伤口周围可有水泡、血泡、瘀点、瘀斑，皮肉紧硬，伤部皮肤有冷感；局部肿胀严重并且发展迅速，疼痛亦随之剧增或减轻，附近的淋巴结一触即疼。但被具有神经毒类的毒蛇咬伤后，局部不肿、不痛、不出血，略有微痒和麻木感觉，应格外加以小心，以防延误救治时机。

（三）全身症状

无毒蛇咬伤后，无全身中毒性的反应，个别被咬者可因精神过度紧张、恐惧等原因而发生休克现象，但休息片刻后就会恢复正常；有时也会出现眼花、心悸、胸闷、心跳加快等症状，但经解释后很快就会好转，这与毒蛇咬伤的中毒症状显然不同，很容易区别。而被毒蛇咬伤后，会有明显的全身中毒反应，病情发展快并逐渐加重；继而会出现头昏、视力模糊、胸闷、心悸、畏寒发热、恶心呕吐等症状。严重者会出现烦躁不安、血压下降、脉搏细速、呼吸困难、神志不清、昏迷休克，并可发生急性呼吸麻痹，急性心力衰竭或急性肾功能衰竭，有直接导致突然死亡的现象。

另外，不同种类的毒蛇咬伤，其牙痕也各有特点，富有经验的蛇医可根据其牙痕的形状特点，初步判断出是被哪种毒蛇咬伤。因毒痕间的牙距离大小，在临床上的意义较大，可作为诊断时的参考。毒蛇牙痕间的距离，大多随其种类和大小各不同，如五步蛇体大头也大，牙痕间距离较宽；而蝮蛇因其体较小，故牙痕间距离也小。即便是同一种类的毒蛇，其牙痕距离也是随蛇的大小而不相同，蛇大牙距较宽，蛇小牙距则小。因此，在正确区别毒蛇牙痕时，也应考虑到这些情况（见表 8、表 9、图 39），从而赢得抢救时间。

表 8　几种常见毒蛇咬伤时的牙痕距离及形态

种类	毒牙距离(cm)	伤口形态
眼镜王蛇	1.9～3.0	较大而深，伤口周围肿胀明显
眼镜蛇	1.0～2.0	伤口很快闭合变为黑色
金环蛇	0.8～1.6	伤口周围皮疹呈荔枝壳样外观
银环蛇	0.5～1.5	伤口呈撕裂伤
烙铁头	0.8～1.6	伤口紫红色可有渗血

续表

种类	毒牙距离(cm)	伤口形态
竹叶青	0.5～1.2	伤口有血迹
五步蛇	1.5～3.5	牙距大,出血多
蝰 蛇	1.0～1.6	伤口深黑色或流血
蝮 蛇	0.5～1.5	距离小,深而清晰
海 蛇	各种蛇因大小不一	不红、不肿,无炎性反应

表 9 毒蛇与无毒蛇咬伤鉴别表

区别 蛇类	牙痕	局部症状	全身症状
无毒蛇	牙痕浅、小、个数较多,有 4 行或 2 行锯齿状牙痕,呈弧形排列	局部伤口只有轻微的疼痛或有少许出血,但很快会自行消失。伤口周围组织不肿或只有轻度肿胀,无水泡、血泡及组织坏死现象,局部淋巴无肿大	除患者有时因精神过度紧张、恐惧而发生精神性虚脱外,一般无全身症状
有毒蛇	伤口有 2 个针尖大小的牙痕,牙痕深且大,呈倒八字形,为对称排列	伤口有麻木或剧烈疼痛,并逐渐加剧,伤口出血少许或流血不止,局部皮肤出现水泡、血泡或瘀斑,可形成溃疡,患肢淋巴结肿大	除有头昏、胸闷心悸、恶心、呕吐外,严重者可出现昏迷、抽搐、休克及心、肾、肺等重要器官机能衰竭症状

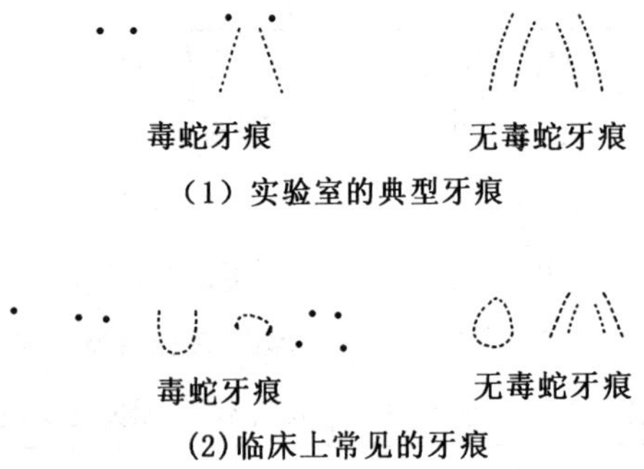

图39　毒蛇和无毒蛇的牙痕

二、毒蛇咬伤与有毒昆虫咬伤的鉴别

在临床上,往往碰到一些被有毒昆虫咬伤或刺伤的患者。尤其是在夜间或密林草丛处被咬伤或刺伤,患者又未能看清这些有毒昆虫,极易误认为是被毒蛇所伤。因为,通常被有毒昆虫伤后,也会引起剧烈的局部反应,虽然大多数伤者全身中毒的反应较轻,但有的因精神过度紧张,误以为是被毒蛇咬伤。所以,应认真加以鉴别(见表10)。

表10　毒虫与毒蛇咬伤的区别

区别 毒虫	相似症状	区别要点
蜈蚣	剧痛,局部伤口周围红肿,可有组织坏死现象	伤口呈(▶◀)状牙痕排列,伤口无麻木感,全身症状轻或无
蝎子	局部伤口周围有麻、痛感	常有流泪、流涎反应
黄蜂	局部肿痛甚重,有时有畏寒,头昏等全身症状	伤口无麻木,有多个点状伤口,而且伤口多在头部

续表

毒虫＼区别	相似症状	区别要点
山蚂蟥	伤口疼痛极轻，但流血不止	伤口痒但疼痛轻，不肿、无麻木感，全身无中毒反应
毒蜘蛛	伤口剧痛，麻木，可有组织坏死	无典型蛇伤牙痕，全身中毒症状轻
毛辣虫	表皮损伤，局部红肿	有片状表皮损伤现象，无典型牙痕，伤口痒而不痛
海蜇	局部有剧痛	有条线状伤口，可发生休克症状，但无死亡现象

三、精神性虚脱与蛇伤中毒休克的鉴别

被无毒蛇咬伤后，个别的伤者因精神过度紧张，如胆小的儿童、妇女及部分老人，虽无中毒症状，但却吓得面无血色、心跳加快、腿足无力，常常会因恐惧蛇的心理而发生昏倒、休克现象。在临床中，应与毒蛇咬伤所致的中毒性休克加以鉴别（见表 11）。

表 11　精神性虚脱与毒蛇咬伤中毒性休克鉴别

毒蛇咬伤中毒性休克症状	精神性虚脱症状
1. 发生较慢，以疲乏、嗜睡开始	由于对蛇伤的惧怕心理，而突然发生精神紧张
2. 清醒（重症例外）	意识模糊或丧失
3. 面容自然，皮肤不冷	脸色苍白，皮肤出汗，四肢冰凉
4. 呼吸困难或呈腹式呼吸	呼吸浅快
5. 有瘫痪、眼睑下垂、吞咽困难、语言模糊不清，有出血现象，血色素下降。重症死于呼吸、循环衰竭	无瘫痪症状，无出血、无死亡现象

四、血循毒、神经毒及混合毒类毒蛇咬伤的鉴别

毒蛇咬伤诊断明确后，必须迅速判断出是属于哪一类毒蛇咬伤。如果咬伤的局部症状不明显，而全身症状如神经系统的中毒反应较重，多为神经毒类的毒蛇咬伤，如银环蛇、金环蛇、海蛇等。若咬伤后局部疼痛剧烈，伤口出血不止并肿胀明显，多为血循毒类的毒蛇咬伤，如五步蛇、烙铁头、蝰蛇、竹叶青等。咬伤后若局部和全身中毒症状均较明显，并伴有明显的神经系统症状，则为混合毒类的毒蛇咬伤，如眼镜王蛇、眼镜蛇、蝮蛇等。

第二节　我国常见10种毒蛇咬伤的鉴别

在肯定了是被毒蛇咬伤以后，还要进一步断定是被哪一种毒蛇咬伤，这是比较困难的，但又是十分必要的。如果伤者或其同伴能准确地说出是哪一种毒蛇，或是将毒蛇打死带来当然最好。如果伤者无法说清是哪一种，那就应该根据各种毒蛇的分布地区、生活习性和毒蛇咬伤中毒症状的多种不同表现来判断了。

一、毒蛇的分布地域和生活习性

平原地区首先应考虑蝮蛇；丘陵地区多考虑眼镜蛇；丘陵山地、近水地带应考虑金环蛇、银环蛇；开阔的田野要考虑蝰蛇；丘陵山地或灌木丛处要考虑竹叶青和烙铁头；山区或丘陵林木荫湿处或山谷溪涧多考虑五步蛇；原始森林、山间林区的水边、岩缝要考虑眼镜王蛇；在海边或海上多考虑是海蛇。此外，根据各种毒蛇的不同活动规律、遭咬伤的时间亦有参考价值。在清晨或黄昏被咬，要考虑是蝮蛇所为；夜间被咬则多考虑是金环蛇和银环蛇；白天多考虑眼镜王蛇和眼镜蛇；长期从事海上作业的人员，常常容易被夹杂在鱼群中的海蛇

所咬伤。

二、我国10种主要常见毒蛇咬伤的不同中毒症状的表现如下(见表12)

表12 10种毒蛇咬伤症状表

蛇伤种类	局部症状	全身症状
海蛇	伤口不红、不痛,但有麻木感	于咬伤后3～5小时才出现全身中毒现象:眼睑下垂、目糊、吞咽和语言均困难、全身肌肉呈松弛性瘫痪,尿呈深褐色
烙铁头	伤口火烫样灼痛,有时有血泡,瘀斑出现	头晕、目糊、意识朦胧,重者有五官及内脏出血
竹叶青	伤口灼痛、肿胀明显,局部早期出现水血泡	有时头晕、眼花、恶心,但都比其他毒蛇咬伤中毒症状轻
蝮蛇	肿痛与其他毒蛇咬伤差不多,儿童被咬伤后,大多出现皮下出血呈乌青块	早期目糊,眼睑下垂,出现复视,重者胸闷、气促、心跳加快、尿呈深色
蝰蛇	伤口剧裂灼痛,出血较多,肿胀迅速,伤口附近有大量水血泡、瘀斑、组织坏死或溃疡	病势迅猛,病程持久,皮下及内脏、五官出血严重,早期血尿,严重者可出现溶血、贫血及黄疸
金环蛇	不痛或有轻微疼痛,伤口周围略红肿	一般在1～4小时才出现全身症状,唯发展缓慢,病程较持久,全身肌肉呈阵发性疼痛
银环蛇	伤口不红、不肿、不痛,仅有轻微麻木感	基本症状与金环蛇相同,一旦出现就很严重,头晕,肌肉关节酸痛,甚至瘫痪、窒息

续表

蛇伤种类	局部症状	全身症状
眼镜蛇	红肿严重，伤口中心麻木而四周皮肤过敏。常有血泡出现，甚至组织腐烂	胸闷、心悸、恶心、呕吐、腹痛、腹泻等最为明显
眼镜王蛇	同眼镜蛇咬伤同，但唯水血泡及组织坏死少见	基本同眼镜蛇咬伤，但发病特急，且严重。重者可在伤后半小时内发病，甚至死亡
尖吻蝮	伤口出血不止，肿胀严重，并有紫黑色瘀斑出现，甚至局部组织迅速坏死	常有鼻出血、牙龈出血、血尿、便血等全身出血现象

（一）银环蛇

蛇毒的毒性为神经毒，中医称风毒，其毒力很强，被咬伤者多见于夜间。

局部中毒症状：在被咬伤处常见有两个针尖大小的牙痕，伤口一般不出血，常常不痛。约经 10 分钟左右，伤口有被蚊虫叮咬一样微痛，微痒，局部有麻木感觉，周围皮肤不红不肿。咬伤后早期全身中毒症状未出现前，被咬伤者和一些医务人员常不引起充分注意，并容易误认为是无毒蛇咬伤或其他有毒昆虫咬伤。因此，会贻误病人的救治时机，造成严重的恶果。所以，必须引起足够的重视。

全身中毒症状：通常在被咬伤后 1～4 小时后出现。常有头晕、眼花、头痛、胸闷、气短、腹痛、咽喉不适、四肢乏力、全身肌肉关节酸痛、张口困难、舌活动不灵等。一旦延误了救治时间，多数患者的病势会迅速恶化，出现流口水、牙关紧闭、肌肉松弛、视物模糊、眼睑下垂，但神志仍清醒。严重者还会出现呼吸麻痹，导致呼吸困难或突然停止而死亡。

近几年来，随着医疗技术的不断发展，对银环蛇咬伤中毒所引起的呼吸衰竭，多数病人经抢救而获治愈。病人虽经治愈后，数天内仍有视物模糊、眼球固定、眼睑下垂、局部肌肉弹跳等表现。但被这种毒蛇咬伤治愈后，一般不留后遗症。

（二）金环蛇

其蛇毒的毒性亦为神经毒。中毒症状与银环蛇咬伤中毒基本相仿，被咬伤者也是多见于夜间，但发病的潜伏期较长些，病程发展亦较缓慢。

局部中毒症状：被咬伤处常见有 2 个牙痕，局部伤口不出血或有少许流血，局部不痛或疼痛轻微，伤口周围皮肤有轻微红肿或潮红，毛囊突起呈荔枝壳样外观。被咬后约 20 分钟左右，局部皮肤常可见到有局限性鸡皮样的小疙瘩，近淋巴结常有肿大现象，用力触压有痛感。

全身中毒症状：一般全身中毒症状的出现较银环蛇咬伤慢一些，主要表现为全身不适、胸闷、骨骼肌肉关节呈阵发性疼痛，活动时疼痛加剧，并伴有喉头疼痛、吞咽困难、牙关紧闭、全身肌肉瘫痪等。病情进一步恶化时，还可能出现失声，如治疗不及时，则会出现呼吸困难，最后因呼吸麻痹、循环衰竭而导致死亡。但被这种毒蛇咬伤的患者，死亡时间要比银环蛇咬伤晚得多。

（三）海蛇

为神经毒。各种海蛇咬伤的症状基本相似，发病、发展和恢复健康均比较缓慢。

局部中毒症状：除被咬时有瞬间刺痛外，伤口只有麻木感觉，伤口周围无急性炎症反应，不红不肿，不痛不痒。因此，常使患者麻痹大意，以致延误诊治时机而死亡。

全身中毒症状：常于被咬伤 3～5 小时后，才会出现明显的全身中毒症状，如眼睑下垂、视力模糊、吞咽及语言发生困难、全身筋骨疼痛，接着出现全身肌肉松弛性瘫痪，呼吸变得慢而浅短，甚至呼吸麻痹，尿呈深褐色，并可出现急性肾功能衰竭，严重者还出现耳下腺肿大，流口水、出汗等症状，死亡者多在伤后的第2～3天发生，但伤者的神志一直比较清醒。如能度过危险期而愈的患者，其肌肉伸张能力恢复得也较缓慢，约经数月后才能完全恢复正常。肾功能损害时，个别伤者难以恢复如初。

（四）眼镜蛇

为混合毒，中医称为风火毒。被咬伤者多见于白天。

局部中毒表现：被咬伤后伤口即感到疼痛，并且逐渐加剧，范围迅速扩大，局部皮肤常见有2个牙痕，牙距在1.1～1.9厘米之间。伤口流血不多，但很快会闭合变黑，伤口中心有麻木感，周围皮肤迅速红肿并向近心端蔓延。咬伤约6～12小时后，即可扩展到整个肢体，甚至到躯干。局部常有水泡或血泡，1～2天后变成黑色水泡，伤部组织坏死，常伴有附近淋巴结或淋巴管炎。如得不到及时治疗，局部易造成慢性溃疡，且久不愈，会影响肢体功能。

全身中毒表现：一般在咬伤后2～6小时会出现全身症状。伤者即感觉胸闷胀、困倦、心悸、恶心、呕吐、腹痛、全身不适、畏寒发热，体温可高达39～40℃，肌肉无力、走路不稳、语言困难、发音不清楚、舌头转动不灵活、咽喉肿痛、吞咽困难。随着病情的进一步发展，可出现牙关紧闭、呼吸困难、瞳孔缩小、口吐白沫，血压先高后低，最后发生休克，以致昏迷不醒，终因循环衰竭和呼吸麻痹而死亡。伤者在死亡前往往有抽搐现象。死亡多发生于被咬中毒后的48小时内，如能度过这一危险期，绝大多数患者都能转危为安，症状逐渐好转并痊愈。但有少数伤者经治愈后，仍因局部溃疡严重久治不愈，或局部组织坏死而致伤肢体肌肉，导致肌腱萎缩而变成畸形，影响肢体活动功能，造成终生残废。

（五）眼镜王蛇

亦为混合毒。被咬伤者多见于白天，伤后的死亡率很高，占剧毒蛇之首。咬伤中毒的表现与眼镜蛇咬伤大致相似。但由于眼镜王蛇体大凶猛，会主动袭击人，且咬人时常常咬住不放，每次咬人时排放出的毒液量远远多于眼镜蛇。所以，被咬伤者中毒大多比较严重，死亡率也最高。伤者的中毒症状发展非常迅速，一般多在咬伤后的1～3小时内引发死亡。文献报道中曾有被此蛇咬伤后，3 分钟内死亡的事例。

局部中毒表现：一般可看到 2 个较大而深的毒牙痕，牙痕的间距较宽，常不小于 1.9 厘米。中毒症状首先是伤口处有疼痛感，但一般没有水泡、血泡、组织坏死及淋巴管炎等。被这种毒蛇咬伤后，局部症状一般不明显，但其全身中毒症状发展得非常快且很严重，当局部症状尚未出现以前，全身中毒症状就足能威胁伤者的生命。

全身中毒表现：一般在被咬伤后 10～20 分钟内，伤者即感觉有头昏、头痛、全身乏力、思睡，继而出现流口水，并发生语言障碍、吞咽困难、视物模糊、血压突然下降、手足冰冷、全身出冷汗、昏迷、抽搐、以至休克等，最终因急性循环衰竭和呼吸麻痹而死亡。

(六)蝮蛇

为混合毒。中医称为风火毒。

局部中毒表现：伤处一般有 2 个牙痕，深而清晰，伤口有刺痛及麻木感。在被咬伤后 30 分钟左右加重，局部触之疼痛明显，患肢稍微活动则疼痛加剧。伤口周围有明显的肿胀，并向整个伤肢蔓延，一般在 2～4 天达到最高峰。少数严重者可蔓延至同侧的胸腹部，附近淋巴结有肿痛现象。伤口出血不多，常有少量的黄色黏液渗出。伤口周围皮肤可出现程度不同的瘀斑，牙痕周围有时可见水泡、血泡；个别伤者亦可有局部组织坏死的现象。

全身中毒表现：常于咬伤后 1～6 小时出现全身反应。表现为眼睑下垂、视物模糊，复视是早期中毒的特征之一。较严重者可出现吞咽困难、颈项强直、张口困难、胸闷气短、全身肌肉酸痛，患肢活动障碍、皮肤上出现紫癜(尤以妇女、儿童较为多见)，并有呼吸急促、心跳加快、血压下降、心律紊乱、尿少或无尿，尿液常常出现酱油样颜色。

如果治疗不及时，则会因休克、呼吸麻痹、急性肾功能衰竭而致死。

（七）五步蛇

为血循毒。被咬伤者在白天和晚上都有发生。此蛇其性较凶，咬人也较狠，其毒牙特别长，一般被咬后的中毒表现较严重。在民间有咬伤后走不出五步的传说。

局部中毒表现：在伤口处可见到两个较大、较深的牙痕，牙距较宽，常在 1.5～3.5 厘米之间，伤口出血较多，常出现流血不止的现象。在被咬伤后的数分钟内，即感到伤口处有剧烈灼痛，并持续不止，令人难以忍受，但极少出现麻木感。局部肿胀严重是这种毒蛇咬伤的主要特征之一，在被咬伤后数分钟内即可出现，并逐渐加重且向外扩展，严重者可扩展到躯干部。伤口附近常有较多、较大的血泡、水泡形成，局部组织坏死、溃烂的较为严重。附近常伴有淋巴结肿痛的现象。

全身中毒表现：被咬后，全身中毒的症状很快出现，而且来势凶猛，常有全身不适的状况，如畏寒、发热、心悸、胸闷、气短、视物模糊，严重者可出现烦躁不安、呼吸困难，由于全身会产生广泛性的皮下、五官、内脏等部位出血，从而出现伤肢处，直至全身散在性皮下有出血性紫癜，牙龈、鼻、眼结膜出血，大小便出血等；并有咯血、呕吐，最后出现血压下降、心律紊乱、尿少或无尿、手足冰冷并导致休克。病势若继续发展，伤者开始出现神志不清，甚至昏迷；严重者多因急性循环衰竭和急性肾功能衰竭而死亡。

本类蛇伤虽经抢救治愈后，仍有部分患者存在着伤肢肌肉萎缩、挛缩，骨质坏死等诸多后遗症。

（八）蝰蛇

为血循毒。白天或晚上都有被咬伤者。被此种毒蛇咬伤后，发病急，来势猛、症状严重，毒性作用持久，病情的潜伏期较长。

局部中毒表现：一般有 2 个明显的毒牙痕，牙痕距离约为 1～1.6厘米。被咬伤部位感到疼痛，并逐渐加剧，伤口常流血不止，局部有红肿、发热现象，并向近心蔓延，严重者可肿至躯干，附近淋巴结常有肿大，且有一压即疼的感觉。

全身中毒表现：被咬伤后很快出现全身不适症状，如畏寒、发热、胸闷、心悸、头晕、头痛、恶心、呕吐、全身皮肤及肌肉感觉疼痛。触动时更剧烈，常伴有口腔、牙龈、鼻、眼结膜下出血和产生血尿。血尿是此类毒蛇咬伤中毒早期的特征之一。如病情发展加重，还会出现咯血、呕血、便血、尿液呈酱紫色，有皮肤广泛性出血等全身出血症状。心脏因有散在性出血，常会造成心脏机能紊乱，并出现心律失常，传导阻滞的现象。此外，因有明显的溶血，所以伤者因失血常有贫血的可能。大部分伤者因失血或失水过多，可见面色苍白、表情淡漠、口干舌燥等。随着病情的进一步恶化发展，会出现少尿或无尿，更严重者可出现烦躁不安、四肢冰冷、血压下降，甚至休克，最终因急性肾功能衰竭、急性循环衰竭而死亡。

伤者如能得到及时的抢救治疗，大多数能转危为安，但恢复期一般较慢。此外，必须指出的是，妇女在月经期或妊娠期被此蛇咬伤后，常会引起子宫大出血、早产或流产现象，而且这种大出血很难止住，常会造成严重后果。因此，对处在月经期或妊娠期被咬伤的妇女，更应倍加重视，突出一个“早”字，并采取积极有效的措施给予救治。

（九）竹叶青

为血循毒。被咬伤者在白天、晚上均可发生。

局部中毒表现：咬伤后，在伤处常见2个针尖样的小牙痕，牙痕距离在0.5～1.2厘米。被咬伤者常感觉伤处灼痛，令人难以忍受。伤处肿胀明显，并迅速向近心端蔓延，伴有水泡出现，严重者在患肢皮下可见出血斑。

全身中毒表现：一般中毒症状不是很严重，部分伤者可有头痛、头昏、眼花、嗜睡、黏膜下出血、呕吐、便血等。严重者可有言语不清，疼痛严重的可导致昏厥性休克。通常情况下，因竹叶青排毒量较少，毒性也较弱，伤者的死亡率较低，治愈后恢复得较快。如果咬伤的是头部或颈部，因肿胀严重压迫气管，可造成呼吸困难或窒息而危及生命，若遇到此种情况，切不可麻痹大意，以防出现意外。

（十）烙铁头

为血循毒，毒性作用与竹叶青相似，但较之强烈。

局部中毒表现：在伤处可见 2 个毒牙痕，局部表现与竹叶青咬伤大致相似。伤肢疼痛似灼烧，令伤者极难忍受，伤口周围红肿，有时可见水泡、血泡或瘀斑痕迹，常伴有附近淋巴结肿痛。

全身中毒表现：同竹叶青咬伤症状基本相似，但较为严重些，常有头昏、头痛、眼花、恶心、呕吐、嗜睡、视物模糊、皮肤呈黄色。严重者可出现五官出血、呕吐、大小便出血，并有意识朦胧、血压下降、四肢冰冷、休克以至昏迷等现象；也会有因急性肾功能衰竭和急性循环衰竭而致死的可能。

上述我国常见 10 种毒蛇咬伤人后，中毒症状的鉴别要点特汇于表 13。

虽被同一类毒蛇咬伤，因地区环境的不同，其中毒的轻重程度也可能有所不同。如被竹叶青咬伤中毒，在广东、广西、福建、海南等省（区）较少引起死亡，但在云南、贵州等省则有被竹叶青咬伤中毒后致死的现象。又如在我国的某些沿海地区，据有的渔民反映，他们在海上捕鱼时，常有被海蛇咬伤的事情，一般发病率较低，中毒程度也较轻微。但是把海蛇放在海岸上或海产仓库、渔船仓库关养，只需经过 1～2 天，再被它咬伤时，其中毒程度却较严重，并常有被咬伤而致死者。所以，对蛇伤中毒病人轻重程度的估计，必须要从各方面加以考虑，这样才能制定出合理的治疗措施，以确保蛇伤治疗的效果。

表 13 常见 10 种毒蛇咬伤一览表

种类	毒素类型	咬伤时间地点、部位	发病急慢	局部及感觉	肿胀、水泡血泡、瘀斑	瞳孔复视	眼睑下垂	吞咽困难呼吸困难	出血休克	化验
五步蛇	血循毒	山区、丘陵	急	伤口剧痛如刀割	出血不止广泛瘀斑	无	无	无	五官及内脏出血	出凝血时间延长、血块收缩不良、血尿
蝰蛇	血循毒	山区、丘陵	急	伤口剧痛呈深黑色	肿胀、瘀斑、水泡、血泡明显	无	无	无		出凝血时间延长，红细胞脆性试验增加，黄疸指数增高
烙铁头	血循毒	山区、森林	急	伤口灼痛	较轻	无	无	无	可出现内脏五官出血	
竹叶青	血循毒	白天或晚上，多咬伤体上部	急	伤口剧痛灼热	肿胀、水泡、血泡明显	无	无	无		
银环蛇	神经毒	多在夜间	较慢	不红、不肿、不痛、仅有麻木感	无	瞳孔多散大(早期)	常有	常出现	无出血或出血极少	

续表

种类	毒素类型	咬伤时间地点、部位	发病急慢	局部及感觉	肿胀、水泡血泡、瘀斑	瞳孔复视	眼睑下垂	吞咽困难呼吸困难	出血休克	化验
金环蛇	神经毒	多在晨昏	较慢	红肿痛轻，微仅麻木，皮变化	无	瞳孔多散大	常有	常出现	不出血或出血极少	
海蛇	神经毒	海边、海水中	较慢	红肿痛不明显，仅有麻木感	无		常有	常出现	不出血或出血极少	肌红蛋白血尿
眼镜蛇	混合毒	白天、晚上均有	特急	疼痛、麻木	水泡、血泡明显组织坏死	瞳孔缩小（早期）	无	无	无	
眼镜王蛇	混合毒	多在白天	特急（立即）	疼痛、麻木	水泡、血泡，组织坏死少见	无	无	无	常出现休克	
蝮蛇	混合毒	白天、晚上均有	急	刺痛麻木	肿胀明显，并有血泡、水泡、瘀斑	复视	常有	常有		血红蛋白尿

第三节 毒蛇咬伤中毒程度的估计

当毒蛇咬伤的诊断成立后，为了使病人得到合理的治疗，以期达到预期的治疗效果，就要对每个蛇伤患者的中毒程度，有一个正确的估计。人被毒蛇咬伤后的中毒程度，主要取决于注入人体的毒液量多少，这与毒蛇的种类、被咬伤者的体重差异有关。大多数毒蛇咬人后，不一定会立刻引起伤者全身中毒，因为还需要一个被吸收的过程。但在一般情况下，吸收快则发病快，吸收慢则发病慢。所以，医务人员只要抓住这个特点，趁大部分蛇毒还没有被吸收之前，尽量使被咬者减少伤肢活动，从而也就减少了淋巴液的回流速度，减慢人体对蛇毒的吸收。另一方面应尽快将停滞在局部的蛇毒排除体外，用民间方法或物理、化学疗法去破坏蛇毒，这样就可以大大减少中毒致死的危险性。因此，在估计被毒蛇咬伤者的中毒程度轻重时，应从以下 3 个方面来估计。

一、中毒程度与注入人体的蛇毒量多少有关

一般来说，排毒量大的毒蛇，其注毒量也多，在临床上所造成的危险性和中毒程度，往往要比排毒量少的毒蛇中毒情况严重得多。凡是排毒量大与毒性强度大的毒蛇，大多咬人致伤或致死的危险性都很大。以眼镜王蛇为例，它是所有毒蛇中排毒量最大的剧毒蛇，加上它的毒性强度也很大，由它造成的蛇伤死亡率占众毒蛇之首。据有关统计资料表明，它一次的平均排毒量为 101.9 毫克，而这种蛇毒平均一个人的致死量为 12 毫克。由此可以知道，它的一次平均排毒量比一个人的致死量要高 9 倍以上。相反，凡是排毒量少和毒性强度弱的毒蛇，其咬人致伤或致死的危险性就比较少，以竹叶青咬伤为例，它的排毒量很少，对人咬伤的致死剂量仅为 100 毫克左右。在临床上，因竹叶青咬伤致死的患者是极少见的，只有在云贵两省，有被

竹叶青咬伤致死的报告。这样看来，是否又可以认为，凡是被眼镜王蛇咬伤的患者一定会死亡，而被竹叶青咬伤的患者就一定没有危险呢？对这个问题，应从它在咬人时注入人体的蛇毒量多少，及救治是否及时为依据。如被眼镜王蛇咬伤时，仅是被毒牙刮伤了一下，由于被咬的时间短暂而又不深，注入人体的毒液量也很少或救治及时，这样的话，被它咬伤的患者就不一定会引起严重的中毒或死亡。那么，被竹叶青咬伤中毒后有没有死亡的危险，还要做具体的分析，如果被它咬伤到头部、颈部等部位，由于局部中毒后肿胀十分明显，会压迫到气管，则可引起呼吸困难或窒息，如救治不及时，那就有造成死亡的危险了。

二、中毒程度与毒蛇的种类有关

毒蛇的种类不同，所引起的中毒程度表现也各不相同。以银环蛇和眼镜蛇为例做比较，按银环蛇毒对人体的致死量为 1 毫克计算，它一次的平均排毒量为 4.6 毫克，就足以毒死 4～5 人。按眼镜蛇毒对人体的致死量为 15 毫克计算，它一次的平均排毒量为 79.7 毫克，这个毒量足以毒死 5～6 人。虽然，银环蛇的毒性强度要比眼镜蛇的毒性大得多，而眼镜蛇的排毒量又明显多于银环蛇。所以，被这两种毒蛇咬伤中毒后致死的危险性同样存在。

三、中毒程度与被咬者的体重、性别、年龄有关，也与其健康程度有关

如年老、体弱、儿童、妇女(尤其是月经期和妊娠期)、原有肝肾功能疾病者，被毒蛇咬伤后，一般中毒症状较为严重。同时，如头、颈、胸等部位或血管较丰富部位被咬伤，特别是被较大的毒蛇咬紧不放，或被咬伤后处理不当或救治不及时。再者，被咬伤者因精神过度紧张或跑动较多等，这几种情况下的中毒症状，一般也较严重。

四、中毒程度与毒蛇伤人时所处的状态有关

在夏天，刚刚进过食的、人工饲养的毒蛇毒液量较少，其毒液一般比较缓和。处在饥饿中的毒蛇和冬眠初醒的毒蛇其毒性强度较大。还有在生殖期的毒蛇，性情格外凶猛，在咬人时便会孤注一掷地排尽毒液。这几种情况下的咬伤中毒比较严重，一定要引起充分注意(见表14)。

表 14　我国常见毒蛇咬伤的死亡率及蛇毒致死量

	小白鼠的半数致死量(ng/kg)	人致死剂量(mg/kg)	蛇咬伤的死亡率(%)
眼镜蛇毒	0.71	15	8
眼镜王蛇毒	0.34	12	100
银环蛇毒	0.09	1	23
金环蛇毒	2.4	10	30
蝰蛇毒	1.6	4.2	30
圆斑蝰蛇毒	3.25		
竹叶青蛇毒	3.3	100	1
蝮蛇毒	2	25	7
尖吻蝮蛇毒	8.9		24
烙铁头蛇毒			8
平颏海蛇毒	0.52	3.5	35

第四节　毒蛇咬伤的自救或急救

毒蛇咬伤多发生在户外，被咬伤者往往在毫无提防的情况下被咬。蛇伤在一般情况下，大多发病急、变化快、症状比较严重，是我国广大山区或农村夏秋季节（其中不排除春末）危害较大的一种自然病害。若不积极有效地采取自救或急救，蛇毒就会很快地进入人体内，损害肢体或脏器组织，从而出现中毒症状，可造成人体伤残，严重的会出现致人死命的后果。

蛇伤的自救或急救处理是指被毒蛇咬伤后，应在短时间内尽快采取有效措施，阻止蛇毒在人体的进一步扩散，减轻和延缓中毒反应，这是治疗蛇伤过程中的重要环节，其结果直接关系到救治的疗效和减少蛇伤后遗症的发生。实验证明：毒蛇咬人后，注入肌体的蛇毒扩散非常迅速，一般 3 分钟左右被吸收的蛇毒，即可达到一个人的致死量。因此，被毒蛇咬伤以后，首先要做到在精神上必须沉着冷静，千万不要惊慌失措、六神无主，更不能用力奔跑或大呼大叫，因呼喊、奔跑会使血液循环加快，从而使蛇毒扩散得更快。其次必须争取时间，将注入到肌体的毒液尽早冲洗掉，达到排除和破坏毒性的作用，为下一步的治疗打下好的基础。所以，被毒蛇咬伤后，应按以下步骤进行自救或急救。

一、结扎法

被毒蛇咬伤以后，要立即用柔软的绳、带子，在被咬的上方进行局部结扎；也可用自身携带的手帕、鞋带或将衣服撕成条状。野外情况下，还可就地取材，如稻草、树皮、植物藤条等进行结扎，以减慢淋巴液和血液回流，暂时阻止肌体对蛇毒的吸收。结扎的位置应视咬伤的部位和局部肿胀的程度而定，如手指、脚趾咬伤，可在指根部结扎（见图 40）。咬伤手背或手腕关节以下则在臂弯部上侧结扎。咬伤足部及踝关节以下，可在脚上方或膝关节上方结扎。

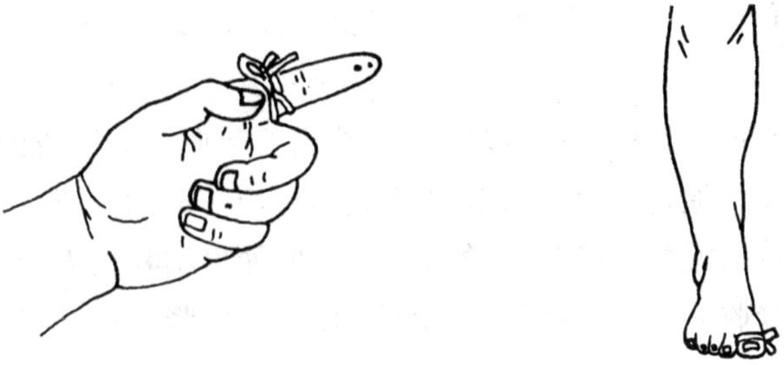

A.手指、脚趾被咬伤结扎的位置

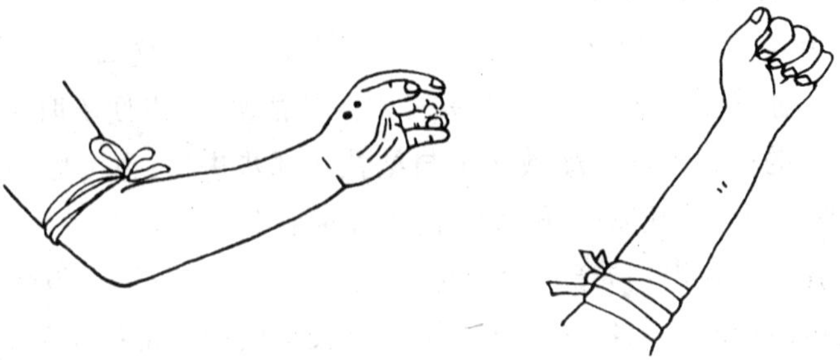

B.手背、手腕被咬伤结扎的位置

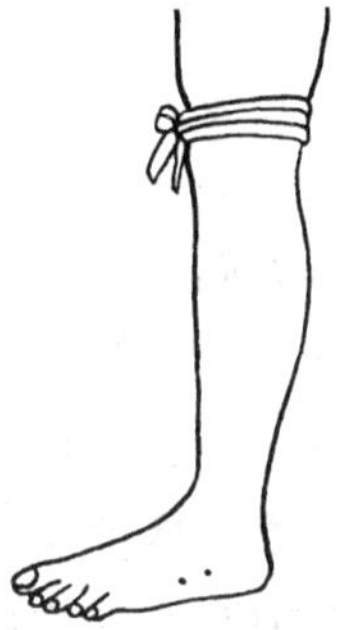

C.足部被咬伤结扎的位置

图 40　不同部位被蛇咬伤的结扎位置

结扎必须尽早尽快，若被咬时间超过半小时，结扎部位应以超过被咬部位的一个关节为宜。若被咬时间超过 2～3 小时，则局部结扎无效。

结扎的松紧度，一般以能阻止淋巴液和血液的回流即可。因为蛇毒主要是通过淋巴液吸收进入血循环而扩散的。所以，结扎能达到阻止或减慢蛇毒吸收扩散的目的。但如果结扎得太紧，咬伤部位因蛇毒吸收后，局部高度肿胀，使结扎变得更紧，致使结扎以下的患肢有瘀血、组织坏死现象。因此，结扎后要特别注意每隔 20 分钟左右松解 1～2 分钟，以避免造成截肢的严重后果。

在有条件的地方，于结扎的同时，可用冰块敷在伤口的上部，使淋巴管和血管收缩，可更进一步减慢对蛇毒的吸收，以便争取时间进行下一步的抢救治疗。冰敷法可与结扎法同步进行；也可以在切开伤口，做完排毒处理以后，解除结扎伤口时采用。

结扎一般在得到局部有效的扩创排毒、敷药和服用有效蛇药半小时后可以松除。但最好是到医院进行较彻底的局部排毒后，或经有经验的蛇医进行处理后，方可解除结扎。

二、洗冲伤口、刀刺排毒

（一）洗冲伤口

毒蛇咬伤人后，会有毒液流溢在伤口周围皮肤上，洗冲时可以将伤口周围或皮肤上黏附的毒液洗去，减少伤口对毒液的浸入或吸收。洗冲最好用生理盐水、双氧水或 1％的高锰酸钾溶液、肥皂水等。在野外可视条件用冷茶、冷开水或在山涧溪流中洗冲，用冷开水加食盐洗冲的效果最好（见图 41）。若不具备以上洗冲条件，可用自己解的新鲜小便洗冲。迅速洗冲完伤口后，应立即做排毒处理。

（二）刀刺排毒

洗冲完伤口后，最好能用 75％的酒精将伤口周围进行消毒，再用已清洁、消毒好的痧刀、三棱针或其他干净的利器将伤口挑开（见

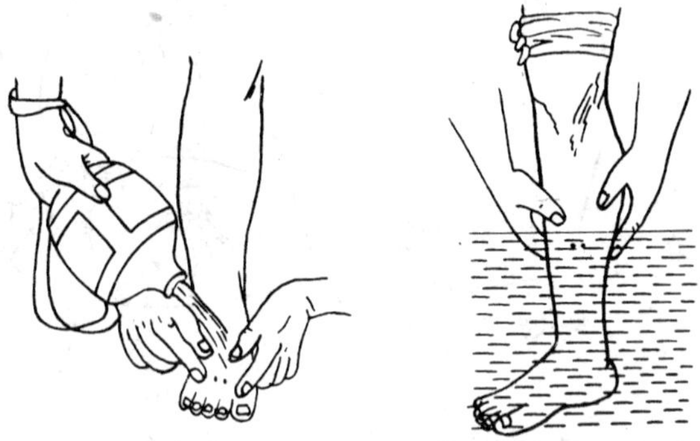

图 41 洗冲伤口

图 42)，但不能挑得太深，以能划破 2 个毒牙痕间的皮肤为原则，同时在伤口周围斜刺数孔，刀口如米粒般大小，深度可直达皮下(见图 43)。这样就可以防止伤口闭塞，促使毒液顺畅流出。在有条件的情况下，可用 1%的普鲁卡因进行局部麻醉以减少伤者的疼痛，按无菌操作沿伤口牙痕，用小刀将伤口作“米”字形或纵形切开。切口长约 1 厘米，深度直达皮下组织。如局部有血泡，可在其周围作若干个小“十”字切口，以利毒液顺利排出。除挑破伤口外，如上肢被咬伤，可在“八邪”穴，下肢咬伤可在“八风”穴(见图 44)及局部肿胀的地方，用痧刀挑破浅表皮肤排毒。在将伤口切开时，必须注意避开血管和神经，同时不能切得太深，以免把血管和神经切断，造成伤口流血不止，致使蛇毒迅速扩散，或使患肢神经功能发生障碍等危险。

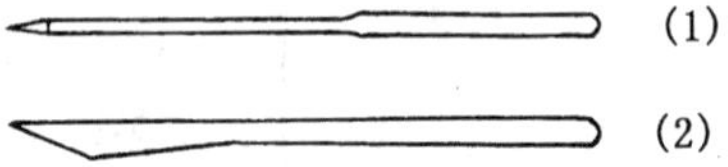

(1) 三棱针 (2) 痧刀

图 42 刀刺毒的工具

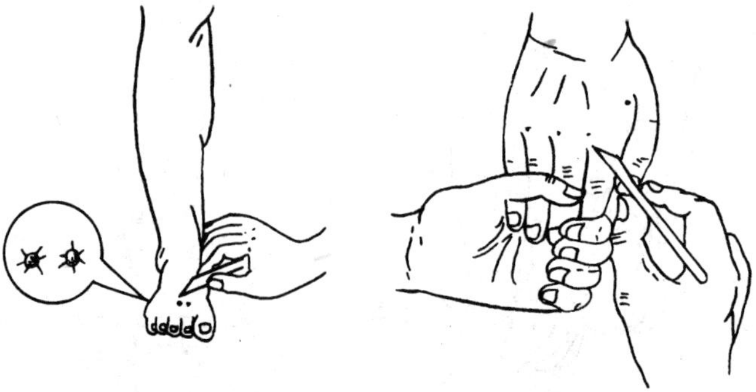

A.冲洗后小刀切破伤口　　B.用痧刀挑破皮肤

图 43　刀刺排毒

在进行刀刺排毒或切开伤口排毒后，要马上将受伤的肢体浸入2%的冷开盐水或冷茶水中，也可浸在溪水中，用高锰酸钾溶液、双氧水等反复洗冲伤口，并用手由伤口上部从上而下，向伤口不断挤压15～20分钟，以求最大限度地将注入伤口内的毒液排挤、洗冲干净(见图 45)。但是，被五步蛇、蝰蛇、竹叶青、烙铁头等血循类毒蛇咬伤后，一般不作刀刺排毒，以防出血不止，从而使病情迅速恶化，而应采取其他的方法来破坏蛇毒。

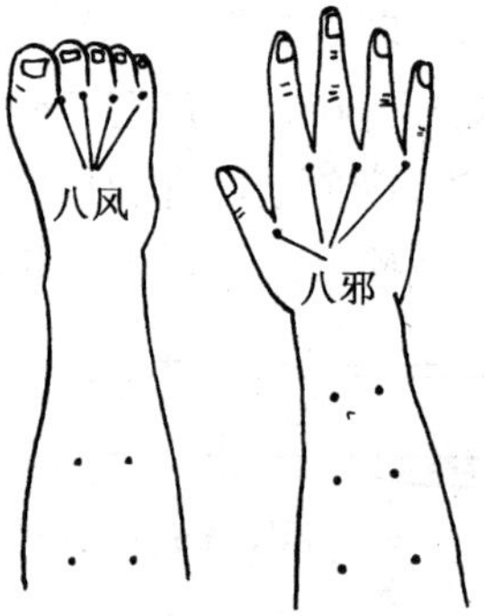

图 44　"八邪"穴、"八风"穴及肿胀处用三棱刀挑破皮肤

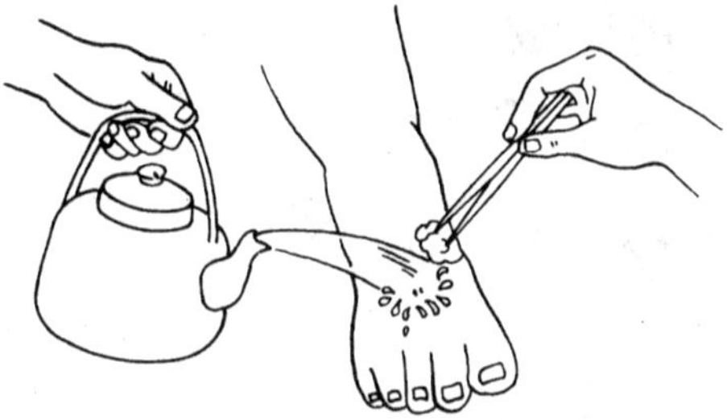

A.洗冲伤口

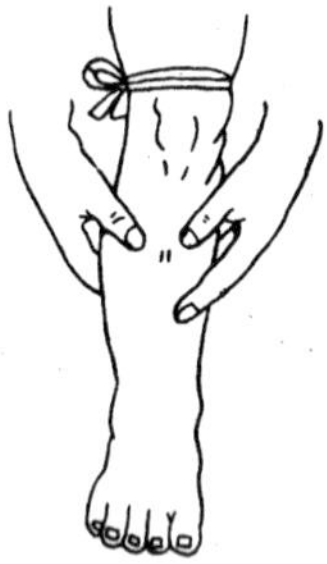

B.挤压伤口

图 45　挤压排毒

三、吸吮法

这种排毒方法简单、效果好，是野外发生意外蛇伤的应急措施。做法是，用口直接在伤口进行吸吮排毒。此法能有效地将蛇毒液吸出，但一定要边吸吮边吐出，并且每次必须清水漱口，以防止随唾液咽下而导致中毒(见图 46)。使用吸吮法吸毒液的人，口腔一定要没有任何溃烂或龋齿、牙龈炎等口腔疾病，患有慢性咽喉炎或慢性扁桃体炎的人也不能采用此法。如将毒液吸入口中，难免有通过病变之处，吸收毒液而发生中毒的可能性。

如果伤口里的毒液不能顺畅地外流，伤口又处在较大的部位时，可用吸奶器、拔火罐等方法帮助吸吮排毒(见图 47)。如伤口处在较小部位时，还可用带有锌盖和胶塞的注射用的小玻璃瓶，将底部磨穿、磨平滑后罩住伤口，再用注射器抽尽瓶内的空气，使其变为负压而吸毒，可反复抽 7～8 次，直到把伤口内的大部分蛇毒吸出为止(见图 48)。

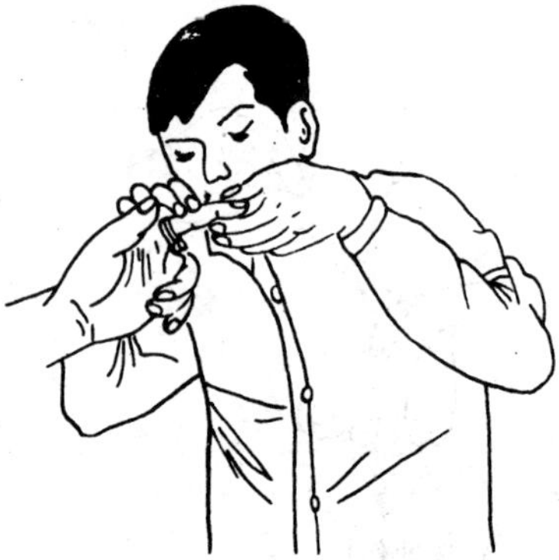

图 46　用口吸吮法

图 47　用拔火罐吸毒

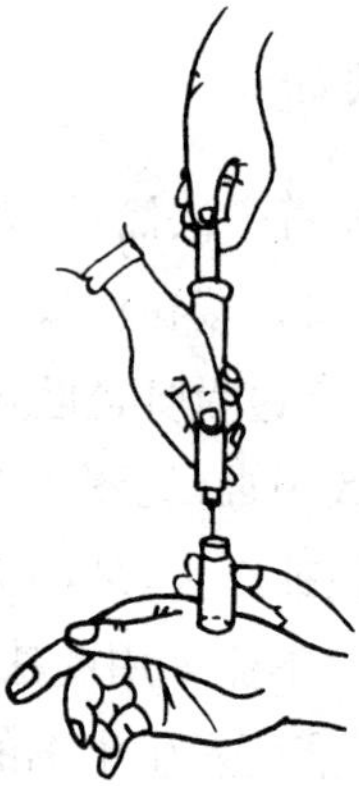

图 48　用青霉素瓶吸毒

四、火灼排毒法

此法是利用高温来破坏蛇毒的一种方法。它取材简便、易行，早期应用的效果比较好，在民间应用较普遍。只是烧灼伤口时，伤者比较疼痛，伤口也可能有些烧伤。但是，这对破坏蛇毒，保护伤者的生命安全有积极的作用，并且灼伤的部位日后是可以医治好的。常用的火灼排毒法有如下 2 种方式：

（一）火柴爆烧法

被毒蛇咬伤后，先把伤口洗冲干净后，再用消好毒的锋利小刀切开，立即取火柴头5～10个堆放于伤口上，用火柴点燃让其爆烧。如能反复烧灼3～5次，即可达到破坏蛇毒的目的（见图49）。用火柴爆烧后，局部会留下烧伤焦痂，周围并有小水泡或小血泡发生，应按外科常规处理换药，直至痂皮脱落、伤口完全愈合。此法适用于金环蛇、银环蛇、蝮蛇、竹叶青等牙痕较浅的毒蛇咬伤。

图49 用火柴灼伤口破坏蛇毒

（二）铁钉烙灼法

蛇伤发生后，在确诊为系五步蛇咬伤，应马上取长约5厘米的粗铁钉几个，放入火中烧至红透，然后用手钳夹住烧红的铁钉，迅速从牙痕处垂直烙入伤口内，尔后立即拔出，每个牙痕处要连续烙灼3～4次。铁钉烙入的深度要根据咬伤部位、毒牙痕的深浅或局部肿胀的程度而定，一般以烙入0.5～1厘米为宜。经铁钉烙灼后局部亦会留下灼伤，再按外科处理后换药，直至伤口愈合。这种方法虽可直达伤口深处破坏蛇毒，但也会造成较大的组织损伤，并且仅限于五步蛇咬伤时使用。烙灼时，要特别注意避免烙伤血管、神经及肌腱等，头、颈、胸、腹部等部位咬伤，不适用此法，望引起注意。

五、塞药排毒法

被毒蛇咬伤后，即用锋利的小刀将伤口处斜行切开数条，并用1%的高锰酸钾溶液洗冲伤口，然后再往伤口内塞入米粒大小的高锰酸钾药粒于其中，约经数分钟后，再用清水将高锰酸钾冲去。这样可达到破坏蛇毒的作用，对于牙痕较浅的毒蛇咬伤尤为有效；亦可用来治疗各种毒蛇咬伤。实践证明，对蛇伤早期破坏蛇毒有较好的效果。

此外，当伤口切开排毒后，可用脱脂棉花以 20%～ 30%的食盐或明矾水湿敷于其上。通常敷 24 小时就可以了，这对破坏蛇毒和中和蛇毒均有作用。

六、局部注射结晶胰蛋白酶

用注射结晶胰蛋白酶 2 000～4 000 单位，加 0.25%～ 0.5%普鲁卡因 10～60 毫升，做伤口局部浸润注射，还可在伤口上方或肿胀上方做环状封闭。即把药物注射到某个局部的小范围内，让药物对这一特定部位发挥药效，从而达到破坏蛇毒的目的。必要时可以重复注射，一般 1 天 1 次，连注 2 天即可。

结晶胰蛋白酶是一种强而有力的蛋白水解酶，它能迅速破坏蛇毒的主要毒性成分、毒性蛋白质，从而使蛇毒失去毒性。临床上早期用来治疗各种毒蛇咬伤，可获得较高的疗效。

本疗法在 20 世纪 80 年代曾获国家发明三等奖。经广西、广东、云南、湖南等省区临床治疗，对 12 种毒蛇咬伤患者 1 167 例，治愈率达99.8%以上。用结晶胰蛋白酶治疗蛇伤，具有高效、速效、广泛、价廉、副作用小等优点。优于国内其他早期破坏蛇毒的治疗方法，且有较好的抗组织坏死作用。

七、局部注射高锰酸钾液

确诊是毒蛇咬伤后，先用 0.25%～0.5%普鲁卡因 20～ 40 毫升作局部封闭，然后用 0.5%高锰酸钾液 5～10 毫升作伤口局部注射。当蛇毒遇到高锰酸钾液时，即发生氧化作用而被破坏。

早期用来治疗各种毒蛇咬伤，可收到较好的效果，但高锰酸钾对肌体组织有强烈的损害作用，注射后可引起剧烈疼痛，故不宜多用。

同时，还要注意高锰酸钾不能与普鲁卡因混合使用，因二者混合后会起化学反应，就失去了破坏蛇毒的作用。

八、自备毒蛇咬伤急救盒

该药盒专门为蛇伤急救用，现已正式由广西中医骨伤科学院附属中草药厂生产。

该急救盒中备有已消毒好的注射器及针头、结晶胰蛋白酶、2%普鲁卡因、蛇伤解毒药、扩创伤口用的刀片和止血带等。使用时只要按照使用说明书去处理，即可收到良好的效果，使蛇伤化险为夷。

经过大量实际使用效果表明，该药盒具有携带方便，使用方法简单、经济便宜且行之有效等优点。

九、野外急救服药

在野外不慎被毒蛇咬伤，经排毒处理后，要尽早服用蛇药。一时若找不到蛇药时，可就地采用新鲜草药及早内服，以起到抑制蛇毒内攻脏腑的作用。

1. 用新鲜半边莲(见图 50)（全草）120～150 克，洗净后加冷开水 50 毫升，捣烂取汁内服，每日 3～4 次，连续服用数日，并以药渣外敷伤口周围。半边莲有明显的解毒、排毒和利尿作用。

2. 用烟油 3～6 克，滴入 1 碗开水中内服，有防止蛇毒攻心的作用，伤口周围也可以涂抹烟油。

3. 用新鲜的乌桕嫩芽 50 克左右，加冷开水捣烂取汁内服，有防止蛇毒攻心的作用，药渣可外敷伤口周围(见图 51)。

4. 用优质白醋 1 小碗约 100 毫升内服，可防止蛇毒游走扩散。如果再用五脂灵 15 克、雄黄 8 克、白酒 60 克内服，并以雄黄外敷伤口周围，能促使伤口排毒，并有消肿止痛的作用。

图 50　半边莲

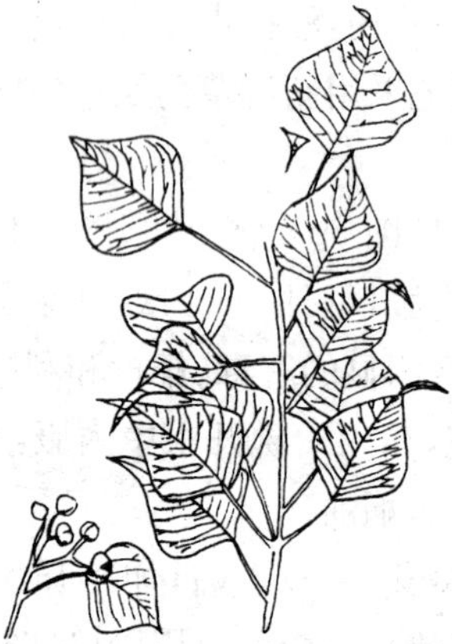

图 51　乌桕

十、蛇伤早期救治易出现的错误

毒蛇咬伤往往发生得很突然，人们如果缺乏正确的早期救治知识，容易在救治中出现一些错误的处理。现将蛇伤早期救治中易出现的错误分列如下：

1.许多蛇伤患者在发现自己被毒蛇咬伤后，感到非常惊慌或惧怕，自己急忙往医院奔跑或被人们扶着往医院或诊所跑，这是最常见的错误。疾速奔跑会促使蛇毒在体内的吸收、扩散，特别是下肢咬伤者尤为显著。正确的方法是，首先在毒蛇咬伤现场做急救处理，如结扎、洗冲、挤压排毒等。然后用担架、板车或门板将伤者送往医院，或背着送往医院救治。

2.有些地方，特别是偏远山区的人们，因有崇蛇、敬蛇的旧习俗，缺乏对蛇伤的正确认识，有毒蛇咬伤人后，不是马上采取救治措施，而是立即切除被咬部位或者干脆截去伤肢。殊不知这会严重损伤肌体、神经和血管，严重者将会留下终身残疾。另外，不正确的结扎或结扎得过紧，致使伤肢由于缺血而坏死。用强酸或强碱处理伤口，如使用过量，也会造成不必要的组织损伤或坏死。

3.野外被毒蛇咬伤时，应及时的将毒蛇捉住或打死，打死的毒蛇不应随便遗弃。因为死毒蛇是确定蛇伤种类的重要依据，所以应将死毒蛇带回医院或诊所，以供医生参考。

第五节 毒蛇咬伤的治疗

蛇伤的治疗方法很多，可以用中西药物来治疗，也可以在蛇毒还未扩散前，直接使用相应的抗蛇毒血清。蛇伤治疗通常分为局部治疗和全身治疗。

一、局部治疗

大多数毒蛇咬伤的急救处理是在野外进行的，因受条件的限制，往往伤口处及周围消毒得不是很彻底，加之蛇毒内又带有不少细菌，极易导致局部感染，而且蛇毒对局部组织的浸入，会引起一系列的局部中毒症状，如伤部肿胀、疼痛、伤口出血、水泡、血泡、瘀斑、组织坏死、溃烂等，这些表现在血循毒类和混合毒类毒蛇咬伤后尤为突出。此外，伤口的细菌感染，往往使局部症状更加严重。局部治疗又分为早期治疗、中期治疗及后期治疗。

（一）早期治疗

治疗的重点是排毒、消肿、止痛。如果伤者已自行进行过初步的排毒处理，则必须视情况做进一步排毒。如果病人未做急救处理，应在局部用药或治疗之前，先检查伤口后再决定采取使用何种方法排除蛇毒。检查伤口时，如发现伤口还未扩开，但局部已肿硬或肿胀继续向上发展，应按刀刺排毒的方法处理，须在无菌操作下扩创排毒。先用0.5%普鲁卡因溶液于伤口周围浸润麻醉，以伤口为中心，将伤口纵向或“十”字形切开1～2厘米，深达皮下组织，但必须注意避开大血管、神经，然后用手自近心端至远心端，自外而内的挤压排毒，或用拔火罐、吸奶器等吸出毒血。如毒蛇咬伤部位在四肢，而肢体肿胀较严重者，可用针刺“八邪”穴或“八风”穴的方法排除蛇毒。皮肤经消毒后，用粗注射针头避开血管刺入各穴。咬伤上肢取“八邪”穴，咬伤下肢取“八风”穴。粗针刺入皮肤后，再将针尖朝近心端沿皮下平刺约2厘米，足部的“八风”穴可刺入3～4厘米，刺入后并摇粗针，扎吸后迅速出针，再将伤者患肢下垂或平行，用手自上而下轻缓地挤压按摩，使毒水由针孔向外流。必要时亦可在以上穴位局部麻醉后，作约0.5厘米长的减压小切口，以利引流毒水，便于伤部消肿。被五步蛇等血循毒类的毒蛇咬伤者，不宜做此法处理，以免针孔及伤口流血不止。

蛇伤早期应用封闭治疗，有抑制蛇毒扩散、消肿止痛和消炎散瘀的作用。一般可用0.25%～0.5%普鲁卡因溶液20～40毫升，加入地塞米松5毫克，或氢化可的松琥珀酸钠50～100毫克，在伤口周围做皮下注射，并在肿胀上方约5厘米处做皮下环形浸润注射一圈，形成环状封闭。封闭溶液的剂量也可根据患肢具体情况酌定，一般1天1～2次即可，能迅速破坏蛇毒，控制中毒症状扩展，还有较好的抗组织坏死作用。

对于局部肿胀、灼热、疼痛较重的伤者，可选用数种有效草药洗净捣烂后，做成药饼后加入少许雄黄粉，外敷于伤口周围。每天换药1～2次，对消肿、止痛有明显的作用。外敷的草药宜厚敷并要超过肿胀部位。伤口不要敷药，可用带有药液的纱布敷盖。没有草药时，还可用蛇约片研末，用开水调成糊状涂抹在肿胀处。或选用成药三黄散、如意金黄散等，用冷开水调成糊状外敷。

常用的外敷新鲜草药有半边莲、犁头草、一点白、辣蓼草、九头狮子草、马兰、七叶一枝花、野菊花、积雪草、盐麸木根皮、鬼针草、满天星、南五味子叶、蛇总管皮、八角莲、鹅不食草、一枝黄花、牛皮消、青木香等，可择其中的二三种洗净后，加食盐少许共捣烂，外敷在伤口周围。

此外，被血循毒类和混合毒类毒蛇咬伤后，伤口周围及患肢会发生水泡、血泡。小的水泡和血泡不必处理，大的需在局部消毒后，用注射器吸出泡内的渗液，外用消毒好的纱布覆盖保护。也可用虎杖、灯笼草、明矾等煎成浓汁，兑雄黄末少许，以纱布蘸药液湿敷。伤口湿敷是为了防止伤口闭合，促使毒液外排流畅，同时亦可起到消炎、退肿、止痛的效果。临床常用的湿敷溶液有1∶5 000呋喃西林溶液或用1∶500高锰酸钾溶液或2%氯化钠溶液等。

（二）中期治疗

治疗的重点是祛腐拔毒，避免感染恶化。血循毒类和混合毒类毒蛇咬伤时，局部若处理不当时，容易导致组织坏死和溃烂等。由蛇伤造成的伤肢溃疡，尤其是五步蛇咬伤所致者，常会有大面积的溃疡，溃疡往往深达筋骨且较难愈合，故必须及早注意预防，一旦发生溃疡要认真进行处理。

清洗伤口一般用生理盐水，或用清热解毒、消肿止痛的草药，如半边莲、苦木、木芙蓉叶、鸡屎藤、木防己、杠板归、九里光、东风菜等任选2～3种约250克，洗净后加少许清水煎汁清洗伤口及伤周。或用0.1%胰蛋白酶溶液清洗。

清洗数日无效的伤者，检查伤口周围皮肤有瘀暗或有波动感，这是伤部深层组织溶解坏死现象的前兆，此时宜切开引流，让稀薄的暗褐色液体流出，并填入0.1%胰蛋白酶溶液纱条或5%生理盐水纱条或凡士林纱条引流，每日必须换药1次。五步蛇咬伤者，切开引流时要特别慎重，以防伤口出血不止。

若伤部已出现大面积坏死或溃烂，除每日按时用药液清洗伤口，清除已腐脱的坏死组织外，再用20%的银灰粉加80%的青黛散均匀地撒于伤口上，外用黄连素软膏纱布覆盖，包扎固定，以利排毒、祛腐、拔毒、消炎，待坏死组织脱落，生出新肉芽组织时，再改用生肌收口的药物按常规换药。

临床治疗中，有时可遇到少数蛇伤溃疡者，由于治疗不利或自身健康状况等原因，伤口会腐暗发黑、生蛆、脓水外溢、奇臭难闻的症状。对于这种情况，可选用消毒液浸洗伤口，并在伤口上撒上薄薄的一层中成药红升丹，外用凡士林纱布覆盖包扎固定，这样每日换药2～3次，蛆便会全部杀死。等腐臭逐渐消失后，再改用前面介绍的银灰粉加青黛散定时换药。

(三)后期治疗

治疗的重点是生肌敛口、恢复功能。蛇伤溃疡经祛腐拔毒治疗后，伤口脓腐已净、肉芽出生者，宜改用生肌药物治疗。伤口按常规清洁消毒后撒上九华粉，外加九华膏定时换药，直至伤口完全愈合。或用中成药“祛腐生肌散”每日换药。若肌体创面受损过大，肉芽生长良好且无分泌物时，应及早考虑植皮，以便早日消除受损创面。

蛇伤治愈后，有的病人可能出现患肢麻木、轻度肿胀、关节不灵活、筋骨疼痛、功能障碍等。可选用活血通络的中草药煎剂熏洗或温浴患肢。活血通络方为：川芎15克、桂枝3克、鸡血藤3克、红花10克、怀牛膝12克、伸筋草12克、蒲公英15克、野菊花12克。每天2次，5天为1疗程。同时，鼓励病人及早锻炼肢体功能，配合理疗、健身等自动或被动活动，以促进病人早日康复。

二、全身治疗（中医辨证论治）

中医学根据不同种类的蛇毒，进入人体后会产生不同症状，将其按病因辨证分为风毒、火毒、风火毒等三大类型。采用中医辨证分型论治方法，来治疗各种毒蛇咬伤。实践证明，效果较好，内外兼治，现将具体分型及医治方法分列如下：

（一）风毒型（神经毒）

常用于银环蛇、金环蛇、海蛇等毒蛇咬伤。

中医学认为："蛇虽阴类，却为火口"、"治风先治血，血行风自灭"。故治疗原则为：活血祛风、清热解毒。方剂药可用四黄解毒汤加味：黄连6克、黄芩6克、黄柏6克、苍耳子15克、甘菊花10克、金银花10克、野菊花15克、紫花地丁15克、透骨草15克、全蝎6克、僵蚕10克、蝉蜕10克、白芷10克。

治以祛风止痉、疏风排风、方药为青木香15克、徐长卿12克、防风12克、白芷12克、僵蚕12克、仙茅12克；半边莲30克、贝母10克、蝉蜕12克、野菊花12克。若风毒肆扰，出现动风之重症，如抽搐频繁，可加蜈蚣、全蝎等毒虫类。

（二）火毒型（血循毒）

常见于五步蛇、竹叶青、烙铁头、蝰蛇等毒蛇咬伤。

中医学认为："诸逆冲上，诸躁狂越，诸病附肿，疼痛惊骇，皆属于火"、"诸痛痒疮，皆属于心"。故治疗原则为：凉血、止血、利尿。解毒汤为：丹皮15克、生地15克、紫草10克、白及15克、旱莲草15克、焦栀仁10克、侧柏炭10克、藕节炭10克、白茅根15克、金银花15克、野菊花15克、汉防己15克、土牛膝15克、泽泻10克、万年青15克、仙茅10克、天花粉10克、蚤休10克，上述中草药可随病症轻重酌加减。

治以清热泻火、凉血解毒，方药为：银花12克、黄芩12克、黄柏

12 克、半边莲 30 克、黄连 12 克、大黄 20 克、丹皮 12 克、生地 12 克、麦冬 12 克、栀子 12 克。若火毒炽盛，出血不止的严重者加犀角。

（三）风火毒型（混合毒）

常见于眼镜王蛇、眼镜蛇、蝮蛇等毒蛇咬伤。治疗原则为：降火息风。方剂药为紫雪丹、安宫牛黄丸或犀角地黄汤加黄芩 6 克、黄连 6 克、板蓝根 15 克、大青叶 10 克。

治以清热泻火、祛风解毒。方药为：丹皮 12 克、银花 10 克、黄芩 12 克、半边莲 30 克、黄柏 12 克、黄连 15 克、青木香 12 克、大黄 20 克、龙胆草 20 克、徐长卿 15 克、蝉蜕 10 克、贝母 10 克。若火毒偏盛加栀子、知母；若风毒偏盛加全蝎、蜈蚣。

中医治疗蛇伤可以内外兼顾，是我国劳动人民长期同毒蛇做斗争的结晶。但根据民间有丰富经验的蛇医介绍，在蛇伤治疗期间，要忌用猪油、香蕉、芋头及辛辣食品，尽量从流食过渡到普食，期间不能同房，应安静休息，确保身体早日康复。

另外，中医还认为，在蛇伤治愈后的恢复期，由于蛇毒是燥烈之性，在蛇伤治疗的过程中，又重用泻火解毒的药物，因此，常有不可避免的体力损耗。表现为阴血不足、气血两亏的现象，为了使愈后伤者尽快恢复正常，可适当给予育阴、养血、补气类的药物。方药：北沙参、玄参、麦冬、生地、石斛、当归、白芍各 12 克、生甘草 3 克（见表 15、表 16）。

表 15　治疗毒蛇咬伤常用中草药及用量

药名	性味	功　效	常用量（克）
连翘	苦微寒	清热、散结、排脓	5～10
槟榔	辛温	通便行气止痛	6～12
地龙	咸寒	定惊、止痉、清热、利水	3～10
朱砂	甘微寒	安神、定惊、解毒	0.1～0.3

续表

药名	性味	功　效	常用量(克)
麝香	辛温	开窍、活血、辟浊	0.03～0.15
半边莲	辛平	利水解毒	10～15
车前子	甘寒	利水通淋,清热明日	3～12
白芷	辛温	发表、祛风、止痛	3～10
山药	甘温	健胃滋肾	6～15
贝母	苦寒	润肺、化痰、散结	3～18
当归	甘辛温苦	补血活血、调经止痛、润肠通便	3～12
甘草	甘平	补脾、润肺、解毒	3～10
冰片	辛苦微寒	芳香开窍、活血通络	0.3～1
龙骨	甘平	平肝潜阳、镇惊固涩	9～24
羚羊角	咸寒	平肝息风、清热解毒	1～4.5
木香	辛温	芳香健胃、行气止痛	1.5～10
青黛	咸寒	泻火、凉血、解毒	1.5～6
威灵仙	辛咸温	散风湿、活经络	3～12
天南星	苦辛温大毒	燥湿祛风化痰	3～6
麦门冬	甘微苦寒	清热养阴、润燥	3～12
牛膝	苦酸平	活血通经、消瘀、利关节	3～15
米仁	甘淡微寒	补肺健脾、除湿利水、清热消痈	3～18
射干	苦寒	泻火、解毒、散血	3～10
石菖蒲	辛温	开窍、和中、辟浊	1.5～10
白僵蚕	咸辛平	祛风清热、镇凉化痰	5～10
枳壳	辛苦平	行气消痞,散结止痛	3～10
乳香	辛苦温	活血定痛、排脓	3～10

续表

药名	性味	功 效	常用量(克)
全蝎	甘辛平小毒	息风止痉、解毒	1～4只
蜈蚣	辛温有毒	祛风、镇痉、解毒	1～3条
细辛	辛温	散寒、止痛、镇咳	1.5～6
生姜	辛微温	散寒祛痰、温中止呕	3～10
黄柏	苦寒	泻肺火、清湿热	3～6
黄连	苦寒	泻心火、燥湿解湿毒	1.5～6
黄芩	苦寒	泻肝火、清湿热	3～6
金银花	甘寒	清热解毒	10～30
栀子	苦寒	清热、利水、止血	3～10
牛黄	苦平	清心解毒、开窍定惊	0.5～2.5
龙胆草	苦寒	泻肝胆心、清湿热	3～6
赤芍	苦微寒	活血通经、凉血散肿	3～12
鲜生地	甘苦寒	清热、滋阴、养血	6～12
蝉蜕	甘寒	散风热、解痉、退疹	3～10
菊花	甘苦微寒	除风热、明目、养肝	3～12
夏枯草	苦辛寒	清肝火、散郁结	5～10
石膏	甘辛寒	清热降火、除烦止渴	10～60
丹皮	辛苦微寒	清热、凉血、散瘀	6～12

表16　蛇伤与蛇伤引发的破伤风症状鉴别

病类诊断	神经毒蛇咬伤	破伤风
发病时间	咬伤后4～12小时内迅速发病	潜伏期一般在7至14天
症状	(1)常见眼睑下垂 (2)有颈项强直、牵引感	(1)苦笑面容 (2)有角弓反张表现
对外界的反应	无反应	可诱发阵发性抽搐

三、用抗蛇毒血清治疗毒蛇咬伤

(一)抗蛇毒血清的分型

抗蛇毒血清大都是用马进行免疫、采血、提纯制备的，用抗蛇毒血清治疗各种毒蛇咬伤，是目前用作治疗蛇伤最为理想的特异性药物。它具有直接中和蛇毒的作用，临床的效果较为肯定。运用抗蛇毒血清越早，疗效越显著，也就越受欢迎。目前，国内由卫生部上海生物制品研究所生产的抗蛇毒血清，有精制抗银环蛇毒血清、精制抗蝮蛇毒血清、精制抗五步蛇毒血清、精制抗眼镜蛇毒血清、精制抗蝰蛇毒血清、精制抗金环蛇毒血清、精制抗新疆蝮蛇毒血清等。其中精制抗蝮蛇毒血清尚可治疗竹叶青和烙铁头等两种毒蛇咬伤；精制抗银环蛇毒血清与精制抗眼镜蛇毒血清合用，对眼镜王蛇咬伤亦有明显疗效。对人类和牲畜危害较大的几种主要剧毒蛇和毒蛇，现在基本上均可用特效精制的抗蛇毒血清进行治疗，它对人畜的生命安全做了重要贡献。

抗蛇毒血清通常又分为单价、双价和多价的3种。如只用一种蛇毒作为抗原，给动物免疫成功后，由免疫动物的血浆制备而成的抗蛇毒血清，称为单价抗蛇毒血清，单价的只能中和同种毒蛇的蛇毒，对其他蛇毒则不起作用，或只起部分中和作用。同理，由两种蛇毒制备成的抗蛇毒血清，称做双价抗蛇毒血清；若由 3 种或 3 种以上的蛇毒制备成的，叫做多价抗蛇毒血清。多价抗蛇毒血清可以治疗多种毒蛇咬伤的中毒，但临床中使用证明，一般单价的较多价的效果好。以多价的和单价的抗蛇毒血清相比，多价的优点是中和蛇毒的种类广。当有人被毒蛇咬伤后，可在未确定是被哪种毒蛇咬伤的情况下及早使用。单价的抗蛇毒血清虽对同种蛇毒的中和作用比多价的要强得多，缺点是所中和的蛇毒种类单一。所以，在临床上应用时，必须确诊被咬毒蛇的种类后才能使用。因此，可以说这两类抗蛇毒的血清各有利弊。

抗蛇毒血清的临床疗效在现有的蛇伤药物中，还没有一种药物的疗效能超过它，其他药物目前还只是作为抗蛇毒血清的辅助药物。抗蛇毒血清的疗效，主要取决于蛇伤患者的用药时间、用药途径及制品本身的质量和纯度。抗蛇毒血清仅供皮下、肌肉和静脉注射用，以静脉注射的疗效较好。一经静脉注射后，中毒症状即可控制住不再扩散、发展。

（二）抗蛇毒血清的用法

在使用抗蛇毒血清时，为了防止过敏反应，必须先做皮内试验。皮内试验后呈阴性者才可使用；若遇有皮试呈阳性者，而又必须使用抗蛇毒血清时，应按常规脱敏注射。如遇有伤口污染者，应同时注射破伤风抗毒素 1 500～3 000 单位，预防由蛇伤引发破伤风的发生。

（三）使用抗蛇毒血清的注意事项

1. 不必要地使用抗蛇毒血清

有些蛇医或医务工作者一见到蛇牙痕就使用抗蛇毒血清，这势必造成浪费和无意义的用药。只有在确诊为毒蛇咬伤和脱敏后，才能使用抗蛇毒血清。

2. 延误使用抗蛇毒血清的时机

患者就诊后应立即做出正确诊断，一旦确诊是毒蛇咬伤，应立即使用抗该蛇的抗蛇毒血清治疗。抗蛇毒血清的使用原则是越早越好。

3. 避免剂量不足

这常发生在小儿蛇伤患者的治疗中，毒蛇咬人时，其注入的蛇毒量是由该蛇的大小和蛇种所决定的，而不取决于被咬者体重的大小。因此，无论大人还是儿童，均应注入相同量的抗蛇毒血清。

4. 抗蛇毒血清的正确贮存

应贮存于25℃以下的阴暗处，但以2～10℃为最佳。

由卫生部上海生物制品研究所生产的各种单价精制抗蛇毒血清，如图52所示。

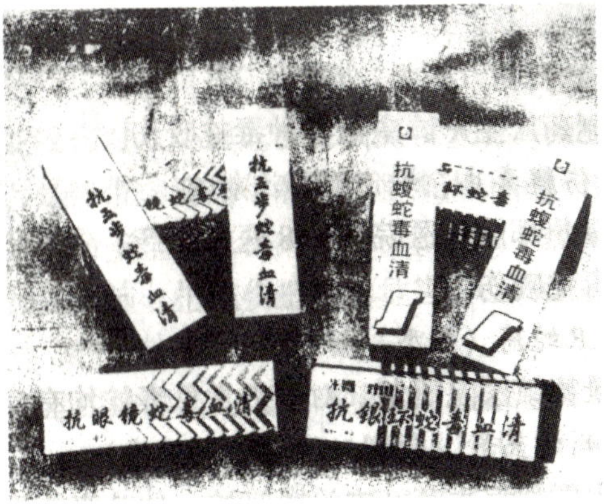

图52 卫生部上海生物制品研究所生产的各类单价（精制）抗蛇毒血清

四、我国目前常用的几种蛇药

（一）上海蛇药（剂型：片剂、针剂）

由上海中药二厂生产。主治蝮蛇、五步蛇、竹叶青等毒蛇咬伤；亦可治疗眼镜蛇、银环蛇、蝰蛇等的毒蛇咬伤。

（二）广西蛇药（剂型：片剂）

由广西荔浦制药厂生产。主治各种毒蛇咬伤，对眼镜蛇、竹叶青、银环蛇咬伤疗效更佳。

（三）广东蛇药（剂型：片剂、针剂）

由广东药厂生产。主治银环蛇、眼镜蛇、蝮蛇、竹叶青、烙铁头、金环蛇和海蛇等毒蛇咬伤。

（四）南通蛇药（剂型：片剂）

由南通药厂生产，又称季德胜蛇药。主治蝮蛇及血循毒类毒蛇咬伤。

（五）福建蛇药（剂型：水剂）

由福建制药厂生产。主治各种毒蛇咬伤。

（六）蛇伤解毒片、蛇伤解毒注射液

分别由福州部队总医院和168医院生产。主治华南地区常见的各种毒蛇咬伤。

（七）红卫蛇药（剂型：粉剂）

由江西景德镇医院研制。对国内常见毒蛇均有疗效。

（八）广州蛇药散（剂型：粉剂、流浸膏）

由广州中医学院生产。主治眼镜蛇、竹叶青、银环蛇咬伤。

（九）湛江蛇药（剂型：粉剂）

由湛江蛇药厂生产，又称“何晓生蛇药”。主治眼镜蛇、竹叶青、银环蛇咬伤。

（十）群生蛇药（剂型：片剂、针剂）

由上海中华药厂生产。该药对蝮蛇咬伤有特效。

另外，全国各地生产并投入市场的蛇伤中成药不下20种，还有许多如青龙蛇药、云南蛇药、祁门蛇药、群用蛇药等，在此就不一一介绍了。蛇伤发生后，可取当时最易拿到或购到的一种，先按说明书服、敷，随即再选取针对治疗该种毒蛇咬伤有特效的药物来治疗。

上述各种蛇药，国内各大药店均有出售。

服用蛇药后，会产生轻度腹疼、肠鸣和轻度腹泻。腹泻症状明显时，用药量应酌减。用药剂量不必按年龄、体重递减。孕妇服用蛇药必须慎重，以防流产或早产。

五、毒蛇咬伤的防护

毒蛇咬伤对人类的危害性确实较大，其死亡率和致残率相当高，是热带、亚热带和温带产蛇地区的一大自然祸害，给人们的生命安全带来很大威胁。因此，我们必须采取积极有效的预防措施，把蛇伤造成的危害降至最低点。

（一）做好个人防护

许多毒蛇的颜色与周围环境的景物颜色很相似，不容易被人发现。所以，在野外劳动或徒步行走，特别是进入深山草丛时，最好带上一根木棍，可以打草驱蛇避免蛇伤。另一方面，人被毒蛇咬伤的部位，多为四肢的裸露部位，如腕、踝关节、足背部及小腿等处。因此，在蛇类较多的地方干活或行走，最好不要赤脚走路，应该穿上高腰球鞋、胶鞋、长裤子，必要时绷紧裤角；晚上外出必须带上照明工具，这对预防毒蛇咬伤有一定作用。此外，捕蛇和购蛇的专业人员，不仅要掌握捕蛇方法和了解蛇伤的急救措施，更应做好个人防护，不要赤手捕蛇，以防因麻痹大意而造成意外伤害。

在集市观看毒蛇时，千万不要靠得太近，防止毒液进入眼睛引起中毒。尤其是眼镜王蛇和眼镜蛇，它在发怒时，会喷射毒液，射程达数米之远。毒液一旦喷入眼内，必须立即用清水或生理盐水反复冲洗，或用结晶胰蛋白酶 1 000～2 000 单位，加生理盐水 10～20 毫升溶解后，滴入眼睛浸洗，这样可将蛇毒破坏，从而避免了眼睛中毒的症状发生。

为了保证安全，从事收购和宰杀毒蛇的人员，特别要做好个人防护措施。操作时，最好戴上长筒革制手套，使用夹蛇钳，严防斩断的毒蛇头随地扔放，以防蛇头跳动而造成伤害。严禁自恃技术熟练而放弃防护。万一需要徒手拿取毒蛇时，一定要胆大心细、随机应变，千万不能冒失行事。一旦被毒蛇咬伤，应立即停止捕捉，马上进行局部排毒处理，或服、敷相应的蛇药，并及早就医治疗。

(二)消灭住宅区毒蛇的隐蔽场所

杂草丛中、乱石堆下,洞穴较多的地方,是各种昆虫、青蛙、蟾蜍、老鼠等繁殖或栖息的良好场所。这些小动物均繁殖得又多又快,它们也是毒蛇的喜食饵料,加之各类洞穴又是毒蛇天然的“住宅”,所以,无论是毒蛇还是无毒蛇,都比较喜欢到这些地方来。在蛇类猖獗的山区或平原,毒蛇还常常会因追捕青蛙、老鼠等而进入住宅中。有些毒蛇因爱偷食鸡蛋和鸭蛋,也会进入住宅内。它们藏身于住宅附近的洞穴之中,常活动于房前屋后,很容易被人不小心误踩导致咬伤。

如果把居住房屋周围的杂草铲除干净,乱石清除运走,修补好墙体缝隙,整修鸡鸭栏舍,消灭老鼠和昆虫,断绝毒蛇的食物来源,切实搞好环境卫生,消灭毒蛇的隐蔽场所,就能有效减少毒蛇因寻捕食物,而误入住宅伤人。

(三)普及蛇伤防治知识

预防蛇伤首先要从提高人民群众的科学文化水平入手,普及蛇伤的防治知识,消除人们长期以来存在“见蛇就怕”的恐惧心理,变被动的怕蛇避蛇,为主动的防蛇治蛇,真正使蛇类这一珍贵的自然资源化害为利,更好地造福于人类。

(四)药物防蛇

我国民间流传着利用雄黄、硫黄等物驱蛇的经验。由于这些物质具有浓郁的气味,所以在外出旅行或到野外活动时,身上佩带着这些物品,既可除病又能防止毒蛇咬伤,可谓一举两得。

常用的驱蛇药物有山鸡辣根、旱烟油、竹叶椒、一枝黄花、鱼腥草、徐长卿、芥菜子、辣蓼、石蒜全草、樟脑、乌桕嫩叶、蛇含草、鸡屎藤、侧柏、白茅根、大血藤等等。据说佛甲草捣汁涂抹在手上,也有相当气味,可以抑制毒蛇开口,故有“枉开口”之名。

(五)预防无毒蛇的伤害

无毒蛇咬伤人时,它虽没有毒液排放,但皮肤不好的伤者仍要做适当的处理，如洗冲、消毒等。另一类比较巨大的无毒蛇——蟒蛇，因其体长粗大，且力气也大，身体能灵活地蜷曲缠绕，形成强大的绞杀力，它能缠绕较大的哺乳动物，使其因呼吸窒息而死亡。然后，蟒蛇再慢慢吞食。如果人被它缠绕至颈部、胸部，也会因呼吸窒息、循环衰竭而毙命。所以，当人们在野外遇到或捕捉此类大型的蟒蛇时，要特别加以小心、谨慎，千万不要被它缠住身体。万一被缠绕住可迅速在地上打滚或滚向坡下，设法挣脱它的缠绕，以求在最短的时间内得到解脱。被蟒蛇缠住后，还可用手使劲地抠其鼻孔，使它的鼻孔受到强烈的刺激而松劲；或趁它受刺激后，减缓缠绕的那一瞬间而快速脱身。一旦上述方法无法实施时，千万不要灰心或惊慌，一定要打起精神，设法腾出双手紧紧地卡住蟒蛇的颈部，使其因窒息而停止缠绕，从而脱身或捕捉。

此外，无毒蛇中的王锦蛇，俗称“蛇王”或“菜蟒”，体长可达 2.5 米以上，体重达 5～12 公斤。因它动作敏捷，性情残暴凶猛，且会爬树，若在野外遇到或捕捉此类蛇时，对付的方法可同蟒蛇，但出手的速度必须快、准、猛。

六、我国最新研制精致冻干单价(或多价)抗蛇毒血清、蛇伤局部解毒制剂、蛇伤局部解毒包介绍

前面篇章介绍的各种单价、双价和多价抗蛇毒血清，由于那时的技术及相关未能解决的诸多问题，好多单价抗蛇毒血清还没有问世，导致在蛇伤明确无误的情况下而没有相应的产品可用，只能使用 1 种或 2 种不同的血清来与之匹配使用，如此一来不能起到很好的治疗效果，导致蛇伤救治的治愈率不甚满意。

如今社会在高速发展，科技日益更新突飞猛进，好多有针对性的单价抗蛇毒血清已经面世，例如成都军区疾病预防控制中心，在全军医学科研“十五”指令性课题及国家重大创新药等 8 项课题的资助下，采用新型免疫佐剂和最新的生产工艺，增加了先进的柱层析技术

对抗蛇毒血清进一步的精制纯化，大大降低了产品杂质的含量，采用冻干工艺，可使血清制品稳定性增加，在37℃条件下保存3年以上效价基本保持不变，添补了我国目前常见蛇毒制剂的空白。下面将把这些新产品一一介绍给大家。

（一）新增加的几种单价抗蛇毒血清

抗烙铁头蛇毒血清；抗眼镜王蛇毒血清；抗竹叶青蛇毒血清。

（二）蛇伤局部解毒制剂

其显著特点是：把被毒蛇咬伤后的普通急救方法与精制多价冻干抗蛇毒血清结合起来，在紧急情况下，可无需判断是何种毒蛇咬伤而采用这种新疗法而获得有效的救治。

（三）蛇伤局部解毒包

蛇伤局部解毒包使用方便，易于携带，安全经济，使用放心，尤其适合于野外工作者，更是毒蛇养殖场和蛇餐馆的蛇伤必备救治品。

（四）尖吻蝮蛇毒血凝酶

在抗蛇毒血清研制的同时，该中心博士后站的科研人员，从尖吻蝮蛇毒中分离到了尖吻蝮蛇毒血凝酶，并获国家发明专利。该药目前已进入国家1类新药临床研究，具有较大广阔的市场。

第十章 蛇类的综合利用

我们大力开展蛇类人工养殖，除为了保护野生动物资源，维持生态平衡外，还有一个目的就是利用。蛇全身是宝，集食用、药用、保健于一身。在我国以蛇入药，有着悠久的历史。早在2000多年前的西汉《神农本草经》和明代李时珍的《本草纲目》等著名的古医药书籍中，均有较为详尽的记载。人们在不断研究用蛇治病的实践中，逐步认识到蛇肉不仅无毒可以食用，而且味道鲜美，早在《山海经》里就有了食蛇的记载。为了充分利用好蛇类资源，本章将在蛇类的食用、药用等综合利用及加工方法方面作详细介绍。

谈到蛇类的食用，大都是利用蛇肉部分。主要由肌肉、骨骼组成，它的应用可分为食用和药用，现分别介绍如下。

第一节 蛇肉的食用价值

蛇肉是一种名贵的菜肴，国内食用已相当普遍，但吃蛇历史最久、最风行的，当推广东省。

说到广东人吃蛇，不仅历史悠久，而且他们烹调技术高超，销售量也占世界第一位，仅广州市每年就耗蛇50多万条，而且还有逐年增加的趋势。广东人养蛇，不仅供应本地区，还出口到香港、澳门及台湾等地区。香港每年吃掉的蛇约100万条，全部由大陆供给。广州市最大的一家百年蛇餐老店“蛇王满”，每年出售的活蛇达30多吨，约10万余条。蛇菜肴的做法多达100余种，蛇肉、蛇皮、蛇肠杂、蛇骨、蛇尾，可以炒、炖、爆、烩、炸、煮、焖等，能烹调出各色各样的美味佳肴。其中蛇菜代表“菊花龙虎凤”就是用各不相同的5种蛇（2种毒蛇，3种无毒蛇），竹丝鸡（凤）、果子狸（虎）为主料，配以冬菇、木耳、姜丝烩制而成的羹，号称是广东的一道“王牌菜”。在众多的蛇菜肴中，食客们最钟爱的往往还是蛇羹，它是用剔骨的净蛇肉为主料做成的，倍受食客青睐，尤其是老年人和儿童。

以蛇肉为佳肴在国外也普遍受到重视。在日本和菲律宾，都有把蛇肉当作食品出售的。在美国，响尾蛇不仅在市场上有售，而且制成蛇肉罐头，是社交场合食用的一种价格昂贵的新奇菜肴。

一、蛇的营养价值

蛇肉含有蛋白质、脂肪、糖类、钙、磷、铁、维生素A、维生素B_1、维生素B_2等，它所含的蛋白质几乎与精牛肉相等，有的还大大高于牛肉。黑眉锦蛇肉所含的蛋白质虽低于瘦牛肉，但却高于瘦猪肉、鲜鱼肉、鸭肉等；乌梢蛇肉的蛋白质含量与瘦牛肉相近；蝮蛇肉的蛋白质含量高于牛肉。蛋白质是由20多种氨基酸组成的，其中8种人体所必需的氨基酸，大部分从食物中摄取，而蝮蛇肉中恰恰含有这8种氨基酸。最近的研究发现，蝮蛇肉中还含有一种能增加脑细胞活力的谷氨酸营养素，以及能帮助消除疲劳的天门冬氨酸。因此，蝮蛇肉可与人参相媲美。所以，营养学家认为，常吃蛇肉能增进健康，提高免疫力，延年益寿。

蛇肉不仅味道鲜美、营养丰富，还可祛风活血，用于治疗风湿病或类风湿病，还可滋养皮肤，美容养颜，促进人体的新陈代谢。夏季常食蛇肉，对治疗和预防痱毒、皮肤病也有一定的效果。

中国科技大学方晓阳教授对一种以金环蛇、黑眉锦蛇、黄芪、红枣等原料作深加工的蛇营养液做了系统研究。发现蛇营养液具有很强的增强体力、提高抗缺氧力、降低心肌耗氧、延缓衰老等作用，同时能抗肿瘤、抗感染。

二、食蛇指南

蛇肉具有嫩鲜味美、滋补健身的功能。蛇肉的食用烹调方法很多，如清炖、红烧、爆炒、炸、焖、蒸、煮等，一般可根据各自的风俗习惯和烹调技术来操作。下面做些介绍。

(一)挑选活蛇

应该选择体质健康无病、个头较大、无外伤、活动凶猛、皮肤光滑无疮疥、肌肉丰满的活蛇；还要看有无内伤，因有内伤的活蛇，其受伤部位根本不能食用。检查时应用双手自然拉直活蛇的头尾(较长的蛇可需 2 人操作)，然后放于地上，看其蜷缩能力的快与慢。蜷缩能力快的说明无内伤。

另外，还需检测一下有无胆囊，因蛇胆是名贵药材，故它的药用价值和保健价值都很高。所以，我们要买有蛇胆的活蛇来食用。检查时用手触摸蛇胆的部位，它在头与肛门中间稍后一点的位置，用大拇指从上而下地轻压蛇腹部，便能触到一个类似我们鼻尖的滚动小硬物，那便是蛇的胆。若是反复触摸不到的话，很可能已被抽取了胆汁。最后，应注意不要买到注水蛇。500 克左右的活蛇能注水 150～200 克，被注过水的蛇，表现为明显的腹胀和身体不能自如灵活的盘蜷等。

(二)杀蛇剥皮

在加工蛇菜肴之前，要先将挑选好的活蛇杀死，以防被蛇咬伤。可采取摔死或用酒醉死的方法。

剥皮有 2 种方法。一种是筒状剥法，即用利刀或剪刀斩去蛇头、控干蛇血，并固定住蛇的头部，再从蛇颈处用力撕下整张蛇皮，同时也就得到一条粉色的净蛇。然后，再去掉蛇内脏和蛇尾(蛇鞭应剪下备用)，这种杀蛇、剥皮的方法适用于大多数的蛇类。但唯独对金环蛇却需要自尾向头的方向剥皮，否则蛇皮难以剥下。

另一种方法是条片状剥法，将蛇头斩下控净血后，从蛇颈部用锋利的剪刀顺蛇腹剪至肛门，越直越好。从肛门上约 2 厘米处剪掉蛇尾，而后自上而下直接用力撕下整张蛇皮。斩下的蛇头，一定要放在安全的地方，千万不要随地丢弃，以防造成伤人事故。因刚斩下的蛇头并未死亡，特别是较大型的毒蛇，一旦咬人后会本能地死死咬住、排尽毒液。若被此类毒蛇咬伤后，中毒症状往往特别严重，希杀蛇人员或围观者要特别注意。

（三）去骨剔肉

剥皮后的蛇肉连着骨头，因在食用时有时需将骨肉分开。一般可采用生拆和熟拆两种方法。

1. 生拆法

此法适用于个大而肥的大型蛇类，如黑眉锦蛇、王锦蛇、乌梢蛇、灰鼠蛇、滑鼠蛇等。方法是用利刀自蛇的肛门插入，然后在肛门两侧紧靠脊骨两边，将左右肋骨连肉纵形割开 3 厘米，两手分别将割开的蛇骨连着肉捏紧，用力向头部方向撕成两条；再将每侧的肋骨与外层肉分离，即可得到净肉。食用时可随意切成片、块、丝、丁或剁成肉末等。

2. 熟拆法

小型的蛇类或较瘦的活蛇，去骨剔肉时不宜采用生拆法，而是采用熟拆的方法。将杀死处理干净的蛇，在沸水中煮 20～25 分钟，捞出控净水分后再拆骨剔肉。拆骨时，应从头至尾轻轻地拆，以防用力过猛弄断蛇骨。操作时最好趁热动手，一旦冷却后，蛇肉粘在骨架上则难以拆下。拆下的净肉适合做蛇粥、馅、汤、羹等。

无论是采用生拆还是熟拆获取的净蛇肉，最好立即烹食。若当时用不完，剩余的鲜蛇肉可放入冰箱贮存，贮存期为 7～15 天，贮藏时间过长则鲜味大减。所以，最好尽快食用。

（四）去蛇腥臭味

俗话说："蛇肉好吃，腥臭难闻"。蛇菜肴烹调口味的好坏，关键是去除腥臭气味。蛇肉或蛇段在下锅之前，应先放入开水中焯一下，在沸水中翻几滚后捞出，并再用清水洗去浮沫，这样做有明显的去腥臭作用。还可在烹调时，加入少许甘蔗、辣椒、白糖、啤酒、料酒、葱白、胡椒粉、陈皮、八角、白菊花等调味品，可起到去蛇腥臭味的作用。

三、现场配制蛇胆酒、蛇血酒

下面介绍一下蛇胆酒和蛇血酒的勾兑方法及其药效。

（一）蛇胆酒的现场配制

杀蛇取出鲜蛇胆后，先用清水洗净血污、抹净水分后，再用干净的小剪刀直接剪开蛇胆，使鲜胆汁流入事先备好的酒杯中，拿55度以上的纯粮白酒直接勾兑，用筷子搅匀后即可直接饮用。

常饮鲜蛇胆酒，能平喘润肺、止咳化痰，对胃病、眼赤目糊有良好药效。还可直接将处理干净的2～3枚鲜蛇胆，放入55度以上的粮食白酒中，1个月后即可饮服。服后还有预防流行性感冒的疗效。

（二）蛇血酒的现场配制

杀蛇斩断蛇头后，用手握住蛇颈部，对准事先放好的酒杯，直接将鲜蛇血滴入杯中，用55度以上的粮食白酒即时勾兑，以防凝固成块。搅拌均匀后可直接饮用。

常饮鲜蛇血酒有活血、补血、消除肿痛的作用，对患有贫血症的患者，效果特别明显。

四、可供食用的蛇种

可供食用的蛇种大部分都是体型较大的蛇类。根据我国民间的食蛇习惯，可供食用的蛇种不少于30余种。

其中，无毒蛇类有蟒蛇，乌梢蛇、灰鼠蛇、滑鼠蛇、黑眉锦蛇、王锦蛇、黄脊游蛇、三索锦蛇、棕黑锦蛇、百花锦蛇及各种锦蛇等。

毒蛇类有眼镜王蛇、眼镜蛇、五步蛇、金环蛇、银环蛇、蝮蛇和各种海蛇等。另外，属后沟牙类毒蛇的赤链蛇、黄链蛇、粉链蛇，都是近年来较受欢迎的食用好品种，其次各类水蛇、铅蛇等也可食用。

两广一带及海南人食蛇，认为毒性越大的蛇种，其营养价值也就越高，故在那里毒蛇价高于无毒蛇；而在北方诸省（区），大多以体型大的无毒蛇较受欢迎。

五、蛇菜肴制作举例

蛇菜肴的制作方法多种多样，它虽以蛇肉为主料，但也能同其他动物的肉相配伍，如鸡、兔、猫、甲鱼、果子狸、鸽子及其他野味或山珍。在做蛇菜肴的同时，剥下的蛇皮也可做出多种可口的蛇皮菜。若与时令蔬菜搭配，更具色鲜味美之感，深受食客欢迎。现各列举五款蛇菜、五款蛇皮菜供大家参考。

（一）蛇菜肴五款

1. 清炖枸杞蛇

主料：活蛇 1 条约 500 克。

调料：精盐 10 克、味精 3 克、麻油 2 克、枸杞 25 克、猪油 5 克、料酒或南酒 7 克、葱段、姜片、香菜末少许。

制作：(1)将活蛇杀死剥皮后，去头、尾和内脏，即得“蛇壳”一副。将蛇壳洗净血污，剁成 3 厘米长的蛇段待用。

(2)锅上火放清水，水开后放入蛇段焯一下，捞出控净水分后，再放入高压锅内，加入料酒、枸杞、精盐、葱段、姜片、猪油、开水、啤酒、八角、陈皮等调料。放火上蒸 8 分钟以上(可根据蛇的大小适当掌握时间)。然后从高压锅内捞出，连汤倒入汤盆内，加味精、麻油、香菜末等调味后，即可食用。

特点：肉嫩汤鲜、老少皆宜，有滋补作用，是冬令进补的家常蛇菜。

2. 红烧双蛇

主料：活蛇 2 条 1 500～2 000 克(最好一条毒蛇，一条无毒蛇)。

辅料：笋片 100 克。

调料：精盐 2 克、老抽 10 克、味精 4 克、花椒油 7 克、大料、胡椒粉、陈皮、花椒粉各少许。

制作：(1)将蛇宰杀后剥皮、去头、去尾、去内脏，洗净血污，切成段后备用。

(2)锅放油烧至七八成热后下蛇段，稍微溜炸，至蛇肉出现“翻花”时捞出，放入高压锅内并放红烧料包、葱姜段、老抽、白糖，放在小火上经 10～12 分钟后捞出。

(3)炒锅内放色拉油，下葱姜烹锅，加入料汤、老抽、肉汤，再放入笋片、蛇段，待汤汁烘干后放入味精，用湿淀粉勾芡，加入花椒油即可出锅装盘。

特点：味美质厚，有“以味补质”的作用，四季皆可食用。

3. 五彩蛇丝

主料：取已处理好的熟蛇丝 200 克、熟鸡丝 50 克、冬菇丝 50 克、冬菇丝 50 克、笋丝 25 克、青椒丝 50 克。

辅料：姜丝 15 克、蒜茸 5 克。

调料：香油 3 克、精盐 10 克、味精 6 克、胡椒粉 1 克、绍酒 5 克、白糖 2 克、湿淀粉 10 克、生抽 50 克。

制作：(1)将笋丝、姜丝、青椒丝焯水后，倒入漏勺。

(2)起锅入油，将蛇丝用温油划透后，倒入漏勺。

(3)锅内留余油少许，放入葱丝、蒜茸烹锅，放入鸡丝、笋丝、冬菇丝、青椒丝、姜丝、蛇丝翻炒，加绍酒、精盐、味精、白糖、胡椒粉调味后，再用湿淀粉勾芡，淋香油即可出锅。

特点：色、香、味俱全，有爽口不腻的特点，尤适合夏季食用。

4. 菊花龙虎凤

主料：蛇肉 100 克、猫肉 100 克、鸡肉 100 克。

辅料：菊花 2 朵、薄脆 25 克、柠檬叶 10 克、香菇 25 克、木耳 25 克、姜丝 15 克。

调料：陈皮 25 克、料酒 10 克、胡椒粉 1 克、精盐 10 克、味精

3克、排骨粉2克、生抽10克、干淀粉4克、蛋清1个、芝麻油少许。

制法:(1)将蛇、鸡、猫肉先焯水除去血污,换冷水放入高压锅中,置于小火上经15～20分钟可得自制高汤,鸡、猫、蛇肉趁热与骨架分离,将骨架重新放入锅中。

(2)将姜丝、香菇丝、木耳丝、陈皮丝焯水待用。

(3)沙锅上火,加入自制高汤、胡椒粉、绍酒、味精、生抽及鸡肉、猫肉、蛇肉烧沸勾芡,淋麻油即成。

特点:味道浓郁芳香、口感嫩滑、营养丰富,是蛇菜肴中的代表菜。

5.二龙戏珠

主料:蛇2条,蛇体大小相似。

辅料:红萝卜(或冬瓜)1小块。

调料:葱、姜各2克、精盐5克、料酒8克、胡椒粉1克、肥猪肉50克、味精1克、陈皮3克。

制作:(1)将活蛇宰杀后放血,去除内脏,清水洗冲干净。将蛇分别盘成螺旋形,用竹筷(削尖)穿透,并用牙签将蛇头固定。红萝卜刻成球形,摆放在二蛇头中间。

(2)锅上火加水烧沸,放入蛇一氽捞出。将两条蛇相对有型地放入大鱼盘中,盘中放入清汤、葱姜、料测、陈皮、精盐,放入蒸锅内蒸30分钟左右。

(3)从蒸锅内拿出鱼盘后,将其中的汤倒入炒勺中,加入精盐、味精、胡椒粉调好味道,再重新浇在蛇体上,即可食用。

特点:形象逼真、奇特刺激、口味鲜美。

(二)蛇皮菜五款(均为去鳞后的鲜蛇皮)

1.香酥蛇皮丝

主料:蛇皮350克。

调料:精盐3克、鸡汤50克、嫩肉粉2克、椒盐3丸、豆油750克(实耗70克)

制作:(1)蛇皮切丝放入碗中,加入精盐、鸡汤、嫩肉粉拌匀,放置10分钟。

(2)锅内放油烧至七成热,放入蛇皮丝,炸至八成熟捞出,待油温升至九成热时,再放入蛇皮丝,炸酥捞出,装入盘中撒上椒盐即成。

特点:咸、鲜、酥、香。

2.龙衣凤蛋

主料:蛇皮1条,鸡蛋4~6个。

调料:精盐4克、料酒、花生油少许。

制作:(1)将蛇皮用高压锅打熟,捞出切成碎粒,放入鸡蛋碗中,加精盐、料酒拌匀后待用。

(2)锅放油烧至七成热,加入鸡蛋蛇皮摊成饼,煎至两面金黄,出锅装盘。

特点:软嫩适口,老少皆宜。此菜民间多用于预防和治疗中耳炎、腮腺炎及皮肤病。

3.凉拌双丝

主料:蛇皮200克、粉丝150克。

辅料:黄瓜50克。

调料:精盐4克、白醋15克、大蒜4瓣、麻油7克、味精少许。

制作:(1)蛇皮用高压锅煮熟切成丝,粉丝用开水泡透,黄瓜洗净也切成细丝,大蒜去皮捣成蒜泥备用。

(2)将蛇皮丝、粉丝、黄瓜丝放入汤碗中,加入精盐、蒜泥、白醋、味精、麻油拌匀后,装盘即可食用。,

特点:黑、白、绿相衬分明,嫩脆柔软,辣鲜可口,是夏季防暑之佳品。

4.蛇皮辣子

主料:蛇皮200克、精猪肉150克。

辅料:鲜辣椒4个、蛋清1个。

调料:精盐5克、味精2克、生抽15克、嫩肉粉1克、麻油8克、葱姜丝少许、湿淀粉 5 克、料酒 3 克、生油 500 克(实耗 50 克)。

制作:(1)蛇皮用高压锅煮熟,捞出切成丝,鲜辣椒也切成细丝,精猪肉切成丝放入碗中,加入精盐、嫩肉粉、蛋清、湿淀粉拌匀。

(2)锅放油烧至五成热,放入肉丝划熟后捞出备用。

(3)锅内放油烧热,放入葱姜丝、红辣椒烹锅,加入料酒、生抽、精盐翻炒几下,放入辣椒丝、蛇皮丝、瘦肉丝,把汤汁烘干,加味精、麻油装盘即可。

特点:口味浓香、鲜辣可口。

5. 翡翠龙衣

主料:蛇皮 200 克。

辅料:莴苣 300 克。

调料:精盐 5 克、大蒜 6 瓣、味精 3 克、麻油 10 克、香醋 20 克、大料 1 粒、葱姜少许。

制作:(1)将莴苣去皮切成象眼片,放入开水锅里焯下,捞出放入冷开水里过凉,大蒜剥去蒜皮,捣成蒜泥备用。

(2)将蛇皮放高压锅内煮熟,捞出切成象眼片待用。

(3)蛇皮、莴苣放入盆内,加入精盐、香醋、味精、麻油、蒜泥拌匀即成。

特点:入口香嫩爽脆,是春末、夏季的佳肴。

六、吃蛇肉的学问

随着人们生活水平的不断提高,吃蛇肉已不局限于经济发达的南方地区,而今已普及到全国各地,吃蛇肉成为现代人的一种时尚。吃过蛇肉的人赞不绝口,难忘其味鲜味美,没有吃过蛇肉的人跃跃欲试,可是你知道吗?吃蛇肉还真有一番学问呢?

据医学资料记载,蛇肉有温、平、寒三性之分。大多数毒蛇是温性的,无毒蛇则属平性,寒性的蛇一般较少,我国只有南方的水蛇属寒性。

蛇肉的吃法因人而异，或是根据季节的变化而吃相应的蛇。在炎热的夏季里吃属温性的毒蛇，有的人就会“上火”，并出现牙痛、流鼻血、生热斑等症状。经常“上火”或患有高血压、肝炎等疾病的人，病情会进一步加重。而属寒性和平性体质的人，吃了反而能起到强身壮体的作用。不过，属寒性体质的人任何季节都不要吃寒性的水蛇。属温性的蛇，最好是在立冬以后食用。

一年四季吃属平性的无毒蛇，也就是肉蛇，对各种体质的人都适宜，而且它价格不是太高，食后也无任何不良反应。因此，无毒蛇以其独有的优势，越来越受到人们的欢迎。

第二节　蛇的药用价值

以蛇入药在我国已有悠久的历史。我国第一部药典名著《神农本草经》（西汉时期）一书中就有相关记载；明代李时珍的《本草纲目》中，对蛇入药治病叙述得更为详细。其中叙述了 17 种蛇的药用及形态特征，记述最多的是蛇肉的药用。它有治疗风湿和类风湿、舒筋活络、定惊止痛、攻疮破毒等功效，还可滋补强壮。随着动物药理学研究的进一步深入，利用蛇类制药已普遍得到有关部门的重视。不仅扩大了入药蛇类的品种，而且对蛇类的药理研究更是有了新的发现，概括起来有如下的药用价值。

一、可供入药的蛇种

据专家考证，《本草纲目》中收集入药的 17 种蛇，属于真正的蛇只有 12 种。它们是蟒蛇、尖吻蝮（五步蛇）、乌梢蛇、水赤链游蛇、中国水蛇、黑眉锦蛇、赤链蛇、竹叶青、烙铁头、蝮蛇、钝尾两头蛇和海蛇；其余的 4 种不是蛇而属蜥蜴类。

在我国传统的中药材中，蕲蛇（五步蛇）、乌蛇（乌梢蛇）、金钱白花蛇（银环蛇幼蛇）、白花蛇（百花锦蛇主产广西，入药亦称白药蛇）

等，都是比较名贵的入药品种，其他蛇种则多在民间应用，药店中尚没有出售。

据近年来有关资料调查表明，我国有入药价值的蛇种共有 30 多种。现将入药蛇的名称介绍如下。

毒蛇类有眼镜王蛇、眼镜蛇、五步蛇、蝮蛇、金环蛇、银环蛇、竹叶青、烙铁头、青环海蛇、黑头海蛇、长吻海蛇等。轻毒性的蛇类有赤链蛇、黄链蛇、水赤链游蛇、锈链游蛇、虎斑游蛇、翠青蛇、中国水蛇、铅色水蛇等。

无毒蛇类有蟒蛇、乌梢蛇、双斑锦蛇、王锦蛇、灰腹绿锦蛇、玉斑锦蛇、红点锦蛇、黑眉锦蛇、草游蛇、乌游蛇、灰鼠蛇、滑鼠蛇等。其实入药的蛇种还远不止这些，还有许多蛇可以入药，这里就不一一列举了。

二、蛇肉的药用价值

一般认为以鲜蛇肉入药，可保留较多的生物活性物质，药效要胜于蛇干制品。所以，人们通常以食用蛇肉、配伍其他动物或中药来达到治病、健身的目的。

（一）治疗风湿性关节炎

1. 眼镜蛇法

将眼镜蛇（金环蛇或银环蛇）剥皮，去头尾、内脏，洗净血污后，加入白胡椒 15 克同炖，每 2～3 天吃 1 次，3 次为 1 个疗程。

加桂皮 10～15 克炖服，可治上身风湿。

加杜仲 8～15 克炖服，可治腰部风湿。

加生姜 30 克、米酒（老酒）50 毫升搅匀隔水蒸熟，分 3 次服用，可治产后风湿，3 天后减量服，5～7 天为 1 个疗程，有不良反应者停服。

2. 乌梢蛇法

取乌梢蛇 1 条，剖腹去肠杂、头尾，剥掉皮后并洗净血污，用沙锅在火上炖烂，酌加食盐、酒、姜等调味，每周1条次，10次10条为1个疗程。

3. 海蛇法

海蛇肉和猪蹄隔水蒸45分钟左右，根据个人嗜好酌加调料。食后不但美容，且能滋补强健，常食能很好地预防风湿病。若体虚，可将海蛇与老母鸡、瘦肉、胡椒根同炖食之。

（二）治疗皮肤生疖、小儿热痱

取水蛇1～2条杀死处理好，用开水烫透，趁热用钢丝清洁球蹭去鳞片，然后切成段，与糯米50克同炖。炖至米粒爆开后加入食盐、味精等调味，每周1～2次。无论是皮肤病还是皮肤过敏，均可在夏季吃水蛇粥来防治，具有清血抗毒的功效。

（三）治疗糖尿病

取水蛇肉500克，加入适量淮山药、枸杞、桂圆肉等滋补品加水炖食。常食可治糖尿病，对患者口渴焦灼、小便量和小便次数减少均有明显的疗效。

（四）治疗化疗白细胞减少

虎斑游蛇、赤链蛇、水蛇各1条（或蝮蛇、赤链蛇、水蛇各1条），选条重在40～60克左右的健康活蛇，杀死后除肠杂清洗干净，用沙锅煮炖后喝汤即是。病人若体质虚弱，可加入枸杞和怀山药适量，以利患者恢复。患者停止化疗后，每日吃食1～3次，连用7～15天，经医院化验后证实好转后逐自行停服食用该蛇。1个月后患者再度出现前况，抓紧再次食用该方15～30次，直至配合食用到化疗结束。

（五）治疗肝脏占位性肿瘤

白花蛇500克、金环蛇50克、蜈蚣50克共研为细粉，早、晚用食醋送服5～6克。

三、蛇胆的药用与加工

蛇胆，自古以来就是一种名贵的中药材，具有极好的药用价值。

以重量和体积来说，蛇胆与整条蛇相比，几乎达到可以忽略的程度。但是，就经济价值来说，却恰好相反，一条蛇的价值，其60%～70%就在胆上。

（一）取蛇胆的方法

蛇胆的颜色大多以碧绿色、绿色为佳，一般将淡黄或橙黄色的叫作“水胆”，因为它已无药用价值，通常不入药。一般冬季的蛇胆质量最佳，秋末、夏初两季的稍次些。平时要想获取到质量好的蛇胆，必须把活蛇饿上10～15天后再取胆。另外，取蛇胆之前，得把蛇激怒，再剖腹取胆，这样取出的胆会比平时大出许多。蛇胆取出后，宜放在避光、通风的阴凉处。鲜蛇胆一般现用现剖，不宜放置过久。那么，蛇胆究竟如何剖取呢？有下列3种方法。

1. 活蛇取胆

蛇胆一般位于蛇体吻端到泄殖肛孔之间的中间部位的偏后处，呈梨形或椭圆形，大者如大拇指，小者如花生米，再小者如豆粒。取蛇胆时最好2人操作，技术不熟练者负责拿着蛇头，取胆者拽尾，用另一只手从蛇腹由上至下地轻轻滑动触摸。若摸到一个滚动的小硬物，那便是蛇胆，给人的感觉如同触到人的鼻尖一样。然后，用剪刀剪开一个3厘米左右的小口，用两手指挤出蛇胆。取蛇胆时，应连同分离出的胆管一起剪下，剪至胆管的最长处，并用细线将胆管系好，以防胆汁外溢。若直接使用蛇胆的话，可不用系胆管。

取出胆囊的蛇，仍可存活数天不死。由此可见，蛇的生命力有多强。

2. 杀蛇取胆

杀蛇过程中，在剖腹至蛇胆稍上方时，刀具应斜至肋骨处，以防刺破蛇胆。取出的蛇胆可挂放于通风的阴凉处，也可用60度的白酒消毒后，放于白酒中贮存，或直接放于冰箱的贮藏柜贮存。

3. 活蛇穿刺取胆汁

为了从一条蛇获得更多的胆汁，科研人员或养蛇场人员现在大多采用“活蛇穿刺取胆汁”法。

取胆汁时，要先按住活蛇使其不能扭动，在探明胆囊位置后，稍加压力使胆囊微凸于蛇腹面，用酒精棉球擦拭消毒后，将备好的注射器针头垂直刺入胆囊，然后徐徐抽出胆汁。每次所抽取的胆汁以不抽尽为度，依蛇体的大小，每次可抽取 0.5～3 毫升，间隔 1 个月后可以继续抽取。抽出的胆汁，要装入已消毒干净的有色玻璃瓶中，也可进行真空干燥后贮存。

（二）蛇胆的加工方法

1. 蛇胆酒

鲜蛇胆在泡制胆酒之前，应先用清水洗净血污，并在少量的白酒中静放 5 分钟左右，捞出控干后放置在备有酒的瓶中，以 56 度以上的粮食白酒为宜。一瓶 500 毫升的白酒中，一般放置 2～5 枚蛇胆。三蛇胆酒应放品种各异的 3 枚蛇胆（2 种毒蛇胆，1 种无毒蛇胆），五蛇胆酒则放 5 枚不同种类的蛇胆(3 种毒蛇胆，2 种无毒蛇胆)，浸泡 3 个月后即可饮服。

2. 蛇胆汁酒

取鲜蛇胆 1～2 枚洗净后剪开，放入 500 毫升的粮食白酒中。这种泡法一般是现泡现喝，特别适合于蛇餐馆或酒店直接上桌，供客人们饮用；也可将鲜胆汁挤入盛酒的杯中直接饮用。

3. 蛇胆真空干燥粉

将抽取的鲜胆汁放入真空干燥器内，抽真空干燥，即可得到绿黄色的结晶粉末，装瓶或装袋备用。

（三）蛇胆的药用

一般地，蛇胆均有入药价值，尤以眼镜蛇、金环蛇、灰鼠蛇（合称“三蛇胆”）、五步蛇、银环蛇、眼镜王蛇、乌梢蛇、百花锦蛇、黑眉锦蛇、三索锦蛇等蛇的胆为优。三蛇胆酒或五蛇胆（“三蛇胆”再加银环蛇胆、百花锦蛇胆而成）酒内服后，能治风湿骨痛、神经衰弱、消化不良、头昏眼花等症。以蛇胆汁为主要原料制成的眼药水来滴眼，可治疗角膜溃疡、浅层角膜炎等。用蛇胆制成的蛇胆川贝液、蛇胆陈皮末、蛇胆追风丸等中成药，用于治疗小儿肺炎、支气管炎或伤风咳嗽等病，疗效极为显著。目前，市场上销售的蛇胆粉刺霜，就是用蛇胆配以其他药物制成的，它有消除面部粉刺及炎症的效果。将蛇胆汁置开水中服用，每次半个，对治疗小儿惊风有特效。蛇胆汁调麻油，涂于痔疮上，有明显的消炎镇痛作用。蛇胆兑酒吞服，可治眼雾不明，皮肤热毒及痱子。

其他药用价值介绍如下。

1. 抑制癌症有疗效

中医认为：蛇胆苦寒，能消热解毒，有消肿散结等作用，对食道癌或胃癌有较好的疗效，用蛇胆治疗癌症尤其是食道癌比较常见，且患者服用后均有抑制病情加重或延长生命、减少痛苦、提高生存质量的显著作用。

病例1：山东嘉祥县54岁，农民。

病症：1990年8月，咽部不适，有堵塞感，时疼痛口干，偶咳少量黏痰。半年后，咽疼加重，进食后胸骨出现滞留烧灼感，经大医院做病理检查后确诊为食道癌后期。

蛇胆使用方法：病人因经济条件有限，不想给家庭和子女加重负担，遂想放弃治疗。但病人回家后吞咽困难，最后连稀粥也难以下咽，有时喝后即吐，于是放开思想任其发展。家人听说蛇胆治疗食道癌有好处，然后就收集了许多活蛇，取出蛇胆立即用白酒10ml送服，每天1个，病人连服7个后，咽疼减轻，能进食一些面条之类的软食，身体也觉得较以前舒适有力，继用上法治疗病情未再加重，因活蛇来源有限，只好间歇服用。

病人于1993年8月复查：钡餐透视表明，食管腔隙较前增大，管壁弹性改善，无溃疡形成。1993年11月1日医院随访病人，病人一般情况尚好，无明显消瘦，能做一些轻体力的农活，心情也较舒畅，饮食同前。

病例2:山东某男,67岁,农民。

确诊时间:1989年6月发现是食道癌。治疗方法同病例1,存活时间近4年。主要原因是不能坚持治疗,其他情况基本同上,不再赘述。

中医讨论:食道癌病人,早期多无症状或误诊为咽炎和食道炎等疾病,一旦检查发现,多进入了中晚期,甚至已转移,给实施手术带来了困难。本文介绍了2例食道癌后期病人,口服活蛇胆医治后缓解了病情,延长了存活时间。充分说明蛇胆有抗癌作用,并且能有效抑制癌细胞的生长,提高食道癌病人的生活质量。

2.面部粉刺,皮炎,湿疹,雀斑,脚气

取新鲜的蝮蛇胆或赤链蛇胆,用牙签刺破后取蛇胆汁直接涂抹在清洗干净的患处,每日1～3次,尤以睡前涂抹为最佳,一般约7日左右便见显效。

3.面部花粉过敏,间歇性过敏,过敏性鼻炎

直接服用新鲜的或健康蛇宰杀后摘除自然晾干的蛇胆(水蛇、虎斑游蛇、乌梢蛇胆均可),每日1～2枚,温开水、汽水、淡茶水或清淡型饮料送服均可。

4.慢性胃炎,严重失眠,腹部长期饱胀打嗝不适

取新鲜蛇胆或蛇胆干(各种菜蛇胆即可),于每日三餐的饭前服用,约连用3～10天,不适感遂完全消除。

5.抗氧化,促进肌肤的新陈代谢,抑制色素沉积、去除老年斑的作用

中老年女性朋友由于雌激素逐渐减少的自身生理缘故,大多数人会脸色不好,皮肤粗糙,色斑暗沉,那么就请吃蛇胆吧。蛇胆具有很强的抗氧化作用,对促进肌肤的新陈代谢,延缓衰老及抑制色素沉积都十分有效,是清洁皮肤、排毒抗氧化的天然纯动物性良药。如果能每天睡觉前配以2汤匙黄芪粉吞服,其效果会更佳。

最后,值得一提的是,蛇胆的药用价值虽然极高,对许多种疾病

也均有良好药效，但在生吞生服蛇胆时，个别鲜蛇胆有时会携带细菌而进入人体，如沙门菌等。另外，蛇体内还常有寄生虫。所以，生吞生服蛇胆是非常不卫生的，并且有一定的危险，严重者可引起急性胃肠炎、伤寒等疾病。吃蛇胆的正确方法是蒸熟后再服用，或者浸酒后服用。

总之，我国开发和利用蛇胆系列药品或保健品，已进入了一个产销两旺的黄金时代。

四、蛇蜕的药用

蛇蜕，中药称为龙衣。它是蛇类的正常生长过程中脱下的体表角质层。蛇蜕极轻薄，有股微腥的气味。入药一般以完整条长，具有光泽的为最佳。在野外，全年除蛇类冬眠期以外，均可拾取到。

蛇蜕入药，在《神农本草经》中早就有记载。蛇蜕含有骨胶原等成分，具有清势解毒、祛风杀虫、明目消炎的功能。主治惊风抽搐、诸肿毒、咽喉肿痛、乳房肿痛、腰痛、痔漏、疥癣、脑囊虫、角膜炎等症。一般以散剂或煎剂用之，无风毒者及孕妇忌用。现介绍几种蛇蜕治病的民间验方，供大家参考。

（一）治疗荨麻疹

由蛇蜕、蝉蜕、生地、当归等药物熬成抗荨汤，对治疗荨麻疹等风热性皮肤病有特效。

（二）治疗流行性腮腺炎、乳腺炎

蛇蜕 9 克、鸡蛋 1 个，水煎 20 分钟，冷后内服。

（三）治疗皮肤瘙痒、疥癣

蛇蜕 6 克、蛇床子 30 克、苦参 15 克、白矾 9 克，加水适量煎之，取汁洗患处。

（四）治疗急性乳腺炎初发时乳房红肿胀痛

蛇蜕 1 条，烧灰后用酒送服。

(五)治疗带状疱疹

蛇蜕适量,炒至微黄后研成末,用油调后涂抹患处。

(六)治疗小儿面部或局部生疮

蛇蜕适量,烧灰研末,油调敷患处,每日 2 次。

(七)治疗中耳炎

蛇蜕适量煅灰调油、滴患处。

(八)治疗腰痛

蛇蜕 6 克焙黄研末,鸡蛋 3 个各开小孔,将蛇蜕装入后封住,烧熟后食之,每日 1 次。

(九)治疗白癜风

蛇蜕煅后研成细末,用醋调涂患处,或煎汁搽。每日数次,直至皮色转为正常。

(十)治疗老年牙根松动

将蛇蜕卷入烟叶中抽吸。

(十一)治疗外痔发炎、内痔脱出肿痛

蛇蜕 6 克焙焦,冰片 0.5 克共研末,用油调涂痔核上,每日 2～3 次,直至痊愈。

五、蛇干的药用与加工

蛇干系用整条鲜蛇,去肠杂后干燥而成的干体。取蛇体入药,固然用鲜的比较好,但传统入药的制品还是蛇干,这为保存和远运外销确实带来了很大的方便。目前,药市或药店出售的蛇干制品有蕲蛇干(五步蛇干)、乌蛇干(乌梢蛇干)、金钱白花蛇干(银环蛇幼蛇干)、白花蛇干(百花锦蛇干)、海蛇干、直型或盘型的蝮蛇干等。其中以蕲蛇干、乌蛇干、白花蛇干、金钱白花蛇干最为名贵。

以上蛇干均系我国的名贵药材,出口国际市场,深受外商青睐。

(一)蛇干的主要加工方法

1. 蛇饼制法

将活蛇处死，剖开腹部，除去内脏，用清水冲洗干净，用布揩净水分后，浸泡于60%～70%的酒精内，6～8小时后取出稍微晾干。最后将蛇体盘成圆饼状，放有盖的炭火上烘干。以头尾齐全、色泽明亮者为佳品。大宗加工者，可用电烤箱。

2. 盘蛇制法

对于个大而名贵的五步蛇、乌梢蛇之类，加工中除用蛇饼制法外，大多采用盘蛇法。将活蛇杀死、剖腹去尽内脏后，用竹片将其腹部撑开成片状。使蛇头居正中，依次向外盘成圈，圈与圈之间腹部边缘的相邻接处，缀以白线。烘干后，就成为大于蛇干的圆形片状物。这种加工方法虽比制蛇干费时、费力，但商品外观优于蛇干制品，干燥时较容易。

3. 棍蛇制法

将蛇处死，去肠杂后拉直，把它烘干或晾干。此种加工方法简单，像海蛇、蝮蛇之类需大量加工时，尤为方便。

(二)蛇干的药用

1. 治疗坐骨神经痛

蕲蛇干15克、全蝎15克、蜈蚣15克，分别焙干研末，分8次内服。第1天服1次，以后每天上午服1次。

2. 治疗小儿麻痹

金钱白花蛇干研成粉末，每次3克，日服2次，用黄酒送服。

3. 治疗癫痫

乌蛇干500克，文火烘干焙成细末，成人每服15克，每日2次，温开水送服。服完500克为1个疗程，可继续服2～3个疗程。

4. 治疗风湿关节痛

蝮蛇粉每服1克，日服2次，连服3个月，或饮蛇汤亦可。

5. 治疗骨关节结核

乌蛇干1条研成细末，过筛装入胶囊。第1、第2周早、晚各服2枚；第3周早、晚各服3枚，中午加服；第4周早、中、晚各服3枚；

第5周早、中、晚各服4枚。

6. 治疗脉管炎

乌蛇干20克、赤芍15克，浸入500毫升的白酒中，2日后开始饮酒，每日饮2克，每次10毫升。

7. 治疗牛身不遂、风湿骨痛

白花蛇干60克，南藤、独活、当归各15克，桂枝、防风各9克，白酒1 000毫升浸泡1个月，每日饮服25～50毫升。

8. 治疗慢性瘘管

赤链蛇干研成细末，用纸捻粘少许插入瘘管内，并在溃疡面撒上蛇粉，每隔2天换药1次。同时取板蓝根15克、夏枯草5克煎服，每日1剂，15日为1个疗程。

9. 治疗麻风

蝮蛇粉5～10克，入睡前用适量黄酒送服，连服3～4个月，服药期间要多饮水，以利于解毒。

10. 治疗骨结核、骨质增生

虎斑游蛇干研末，每天吞服2～5克，直到服完整条蛇。

11. 治疗类风湿关节炎

蕲蛇干30克、地龙干30克，共研末等分成4份，每天服1包，重病者加倍服。若加地鳖虫、僵蚕各9克，蜈蚣1条，研末后等分于各包中，疗效更佳。

12. 治强直性脊柱炎

复方多种药用蛇干50克，全蝎50克，鸡血藤35克，马钱子5克，生干草15克，续断40克，仙灵脾45克，枸杞子45克，补骨脂45克，共将上述药材粉碎成细末，装入0号空胶囊即可。病人每天饭后服用2粒，每日3次，30天为1个疗程，连续服用3个疗程。服用该胶囊的同时必须配合推拿、按摩以及规范的功能恢复锻炼，使僵硬的脊柱逐步放松，提高改善局部的血液循环，控制或减缓疾病的进一步发展，有效避免肌肉萎缩，关节僵硬的病感，病人多数会自感日日轻松许多。年龄大，病龄长的患者不妨多延长几个疗程，具体药物的变动可与自己的中医保持联系，切忌自行添减。

（三）几种名贵蛇干的药用与加工

1.乌蛇干的药用与加工

（1）乌蛇干的药用

乌蛇干又名乌梢蛇干，为传统的名贵药材。可治风湿性关节痛、中风、口眼歪斜、半身不遂等顽固性疾病。与其他补益中药配伍，还可治疗小儿惊风及破伤风所引起的筋脉拘挛、儿童体虚脱肛、妇女子宫脱垂等病。对皮肤病中的干湿癣、慢性湿疹、荨麻疹、皮炎等均有特效。

（2）乌蛇干的加工制作

秋季是加工制作乌蛇干的最佳季节，此季的蛇最肥、最壮。其加工方法如下：

将健康无病的乌梢蛇处死、去掉内脏、脂肪及血污。从蛇头为中心逐渐向外盘成圆饼形，蛇尾盘入紧挨着的蛇腹内侧。这种盘法只见蛇头未见蛇尾，是比较常用的一种加工方法。另一种盘法是，将蛇尾绕经蛇腹，直接从蛇头旁引出，并将蛇尾含在蛇口中，形成头尾相连的形状。

无论采用哪种盘法，均用细竹签以“十”字形，插入蛇体内加以固定后，放置在备好的铁丝架上，用文炭火烘干；也可用电烤箱，但一定要掌握好温度，千万别烤煳烤焦，以免影响药效和质量。如数量较少，可直接采用日光晒的自然干燥方法。

烘干、凉透的乌蛇干，应注意密封保存。乌蛇干的质量，以蛇体干燥、皮黑内呈黄白、体质坚实、无霉无虫蛀、腥而不臭、无烤焦煳现象的即为上品。

2.金钱白花蛇干的药用与加工

（1）金钱白花蛇干的药用

药材金钱白花蛇干，是银环蛇幼蛇挖去内脏的干燥体。是一种可用来预防和治疗多种疾病的名贵药材，有祛风、活络、镇痉、攻毒的功效，主治半身不遂、四肢麻木、抽搐痉挛等症。

(2)金钱白花蛇干的加工制作

在银环蛇幼蛇孵化出壳后，经过7～10天的饲养，当幼蛇体长至30厘米左右时，即可捕杀加工成药材。加工时，用铁钳夹住幼蛇的头颈部，先将蛇尾和蛇身放入盛有酒精的玻璃器皿中，再将幼蛇的头部塞入，用高浓度酒精把幼蛇醉死。将醉死的幼蛇剖腹时，最好先拔去幼蛇的毒牙，以防在加工时伤人。剖腹宜从颈部至肛门处直线剖开，将内脏清除干净，并用清洁的纱布将血污、水分揩干净。最后将已剖腹的幼蛇，以蛇头为中心，把蛇体弯曲蜷成圆饼状，并使蛇尾含入幼蛇口中，使其首尾相连。再用两根细竹签，交叉横穿过蛇体，固定成形。这个环节很重要，因为金钱白花蛇干的品质按收购部门的标准分为三等。一等品的直径为3.0～3.3厘米，价格最高；二等品的直径为3.3～4.0厘米，价格次之；三等品的直径为4.0～5.0厘米，价格最低。

对盘卷成刚饼形的幼蛇，可用烘箱或电烤箱烘干，也可用炭火慢慢地烘烤，温度约保持在50℃左右为宜，直至烘焙干透。在烘焙时，既要防止烤焦烤煳，又要防止污染，以确保产品质量。把烘焙好的幼蛇干用干净的白蜡纸包好，放入备好的纸箱内，即可出售。如需长期贮存，可将其放置在干燥、通风的地方。为保险起见，可按每10千克蛇干用40～60克硫磺粉熏蒸，3天后取出，再按层放入木箱等容器内密封贮存。

(3)金钱白花蛇干的质量鉴别

成品蛇干的背部呈黑色或灰黑色，有若干白色环纹，并有一条突出的脊棱，蛇鳞片细密有光泽，腹尾齐全、肉色黄白，以盘径小者为佳。假冒品赤链蛇干、粉链蛇干、黄链蛇干及水赤链蛇干均不具上述特征，用时可以辨别，以防买到赝品。

3.蕲蛇干的药用与加工

(1)蕲蛇干的药用

蕲蛇干是著名的中药材,由五步蛇(尖吻蝮)去除内脏干燥制成。五步蛇以湖北蕲春所产的最为有名,故又称为蕲蛇。蕲蛇干气味腥臭,味微咸,有祛风、定惊的显著功效。主治风湿、瘫痪、麻风、疥癣、惊风、抽搐、破伤风等症,临床应用较为广泛。

(2)蕲蛇干的加工制作

五步蛇大多在夏秋两季捕捉加工,其加工方法可参照金钱白花蛇干制法,也可采用盘蛇制干法。杀后除去内脏并洗净,用竹片撑开腹部,在未僵之前以蛇头为中心卷曲成圆盘形,用竹签交叉穿插定型,用文火烘干或晒干即为成品。

医用时,需加工炮制,其方法是将蛇干去头、尾和鳞片,用温水洗涮干净后晒干切段,用高度的粮食白酒按 1∶1 的比例拌匀后,放在锅内微炒,待酒干后取出晾干,即名“炙白花蛇”。也可直接浸酒入药,后面将有蛇干泡酒的详细泡制方法。

(四)蛇粉的加工

将蛇剖腹去除内脏,脂肪和血污后,烘干、粉碎成细末后即成。一般多用体小或表皮破损严重的蛇来加工。在粉碎和收存时,不可将品种不同的蛇粉相互混和。

以上介绍的几种蛇干和蛇粉制品,均带着蛇皮烘焙。蛇干电有剥皮的,如蝮蛇和棍蛇就有剥皮后干燥的,但头部的蛇皮大多予以保留,目的是容易鉴别蛇的种类。这样,带有蛇皮的头部便不易干燥,烘焙时就得适当多烘一会儿,或待蛇体烘干后,再将蛇头集中在一处烘烤。

六、蛇鞭的药用与加工

(一)蛇鞭的药用

蛇鞭即雄蛇的生殖器官,一副完整的蛇鞭包括两只睾丸、两条交接器,它含有雄性激素、蛋白质等成分。在中医上有“以脏补脏,同气相求”的理论，如动物中的海狗肾、黄狗肾、鹿鞭等具有补肾壮阳的作用，而蛇鞭也具有同样药效。据有关科研部门测定，蛇鞭所含的补肾物质要比鹿鞭高出10%，比海狗肾、狗肾要高出30%以上。蛇鞭具有补肾壮阳、温中安脏的功能，可以治疗阳痿、肾虚、耳鸣、慢性睾丸炎、妇女宫冷不孕等症。蛇鞭再加入其他补益中药，药效则更佳，可起到补血养精的作用。对于男性精液少，以及活力低所致的不孕症，女性内分泌紊乱、排卵差、继发性闭经和经量少所致的不孕症均有疗效，显效率高达92.5%。目前，用蛇鞭为原料制作的“蛇鞭丸”、“蛇鞭散”等，已投放香港及国内外市场，深受患者欢迎。

（二）蛇鞭的加工

1. 蛇鞭干

将蛇鞭取出，洗净血污、抹净水分后，悬挂于通风处晒干或烘干即可。

2. 蛇鞭散

将烘干、无虫蛀、无霉变的蛇鞭研成极细的粉末，用真空包装贮存。

3. 蛇鞭酒

取新鲜蛇鞭或蛇鞭干，直接浸泡于50度以上的粮食白酒中，3个月后可饮服。用完后可再浸泡1次。

4. 蛇鞭丸

蛇鞭加辅助药物，如枸杞、鹿茸、熟地、怀山药、巴戟天等，炼蜜为丸，用时按医嘱服用。

七、蛇皮的利用

蛇皮不同于蛇蜕，它是从蛇体上剥离下来的，健壮的蛇或蜕皮不久的蛇，蛇皮的外观清晰艳丽，迅速干燥后一般可保持原色彩不变。蛇皮以无破损、无霉、无虫蛀、皮张大而厚实者为佳。狭小的皮张不受欢迎，这在客观上对保护蛇类资源是有利的。就其用途来说，除医院上用于治疗牙痛和滋补外，主要用于制作日用工艺品。

蛇皮花纹美观，图案独特，而且有一定的韧性，可用来制作皮鞋、钱袋、手袋、皮带、领带、烟盒、书签、工艺标本等精美别致的工艺品；也可用来制作乐器的琴膜和鼓皮。蟒蛇皮质地坚厚，用于制作音调低沉，婉转悠扬的二胡、四胡、大胡等乐器，三弦、手鼓也可用蟒蛇皮制作。乌梢蛇皮质地薄韧，用于制作音调高昂、激扬的胡琴，京胡就是用乌梢蛇皮制成的。目前，皮张上品首推滑鼠蛇皮，即俗称的“水律皮”。近年来，采用大蟒蛇皮制成的特大“低音胡”，它的音质和音响效果，可以代替弦乐中的大提琴，产品极受欢迎，成为深受音乐爱好者喜爱的乐器。

（一）蛇皮的剥制方法

大致上可分为2种，一种是筒状剥法，另一种是条片状剥法。具体操作可参见本章第一部分。

1. 筒状剥法

筒状蛇皮干燥时，可在筒内装入干燥的细沙，并均匀地拉伸，将蛇皮撑匀后再晾干。由于此种剥法蛇皮的内面朝外，比较容易干燥，晾干后将细沙倒掉，即可收藏或出售。

2. 条片状剥法

剥下的蛇皮应立即展开铺平，钉于长条木板或墙壁上固定。固定时最好2人操作，钉蛇皮时应两边同时进行。每隔约1厘米一钉，将蛇皮钉得均匀对称，然后放置在通风处使其自然干燥。切忌在阳光下直接暴晒，不然皮张猛缩会挣脱钉子，致使蛇皮破裂卷边，影响出售的价格。蛇皮卷起收贮时要内放樟脑粉，以防虫蛀和发霉变质。

蛇皮的剖法，前几年曾流行过从蛇背剖开的方法，现在除水律蛇皮外，其余一律要求从蛇的腹面剖开。水律蛇皮沿用背中部剖开法的原因，在于某些制鞋企业用于制作蛇皮鞋，这样蛇皮具有完整而宽大的腹鳞，用来做鞋面正合适。

(二)蛇皮的药用

用做入药的蛇皮，有损破或小一点均无妨，不影响药效，但发霉变质的蛇皮不能入药。

1. 牙痛

将蟒蛇皮煨焦后研末，调麻油点于患牙。

2. 疔肿、恶疮、骨疽

取蝮蛇皮一张烧灰研末，调油敷之。

3. 腮腺炎

蛇皮末 1.5 克，鸡蛋 2 个，加油、盐适量炒食。

4. 化脓性指头炎

取活水蛇 1 条，去头不剖腹，作筒状环剥其皮，蛇皮内侧朝里，按手指长度套于化脓的手指上，然后自然束紧，外面用消毒纱布包敷。

5. 白癜风

蛇皮 30 克、斑蝥 5 克于 100 毫升 75%酒精中浸泡，1 周后取酒精涂患部。

6. 体质虚弱

取新鲜蛇皮，加水炖熟，连汁食用。

八、蛇酒的药用及浸泡方法

(一)蛇酒综述

以蛇浸酒在我国已有悠久的历史，高度的纯粮酒能使蛇体内的有效成分完全溶解释放，而且容易保存，饮用方便。纯粮酒本身就有温通血脉的作用，蛇借酒性，酒助蛇力，更可加强搜风通络之功能。制作精良、配方科学的蛇酒，对多种疾病有辅助治疗的作用。现在市场上的蛇酒品种繁多，比较有名的是“三蛇酒”、“五蛇酒”、“乌蛇酒”。

蛇酒具有祛湿搜风、滋补强壮、治疗跌打损伤的功效。若再加入其他药用动物或补益中药共泡，可使药效增强。如湖南岳阳产的“龟蛇酒”，用眼镜王蛇和金龟，配以当归、党参、枸杞、杜仲、蜂王浆、冰糖等多种原料，以优质小曲在地下室浸泡而成。它具有味香醇和、甘甜润肺、滋刚补肾、强筋健骨之功效，被誉为珍品，畅销海内外。另外，市场上还有蚁龙神酒、参蛇酒、三蛇蛤蚧酒等，都受到消费者的喜爱。国外以日本的陶陶酒和养命酒最具盛名，内含蝮蛇，被称为高级营养健康神剂，畅销世界各地。以上蛇酒的临床使用证明，饮后可提高机体免疫能力，使肌肉消除疲劳，并有增食、提神的作用，有利于身体健康。

一般的蛇酒，成品透明，色呈淡黄，由于浸泡时浸出物有时会析出，故会有沉淀，气味略带芳香及蛇腥气，味腻清润又微涩。蛇酒的色、香、味，还可加入适量中药予以改变。如加入红花、五加皮之类的中药，可使酒色鲜艳美观；加之白砂糖、冰糖、蜂蜜，可使蛇酒甜美适口。泡制蛇酒的目的，是为了让蛇体内有效成分溶入酒中，但为了达到防腐保质的目的，必须用酒精含量高的粮食白酒，一般应在 50 度以上。酒内泡蛇或其他药材后，应定期搅拌或摇动，这样泡制成的蛇酒口味比较纯正。

(二)蛇酒的浸泡方法

蛇酒的浸泡方法，大致分为蛇干泡酒、鲜蛇生浸和鲜蛇熟浸等 3 种方法。

1. 蛇干泡酒

将蛇干去鳞屑、洗净抹干水分后，直接泡于酒中，白酒与蛇干的比例一般在 5～10 倍，泡进蛇干后的酒需用蜡密封瓶口，存放 3～6 个月后即可饮用。经第一次浸泡饮完后，可再加入酒浸泡，只是药效会比首次浸泡时降低许多，之后若再浸泡的话，则无多大药效了。

2. 鲜蛇生浸

此法泡出的蛇酒虽略有蛇腥味，但多数消费者认为是“地道产品”，故目前国内的蛇酒厂，大多采用鲜蛇生浸的方法来泡制蛇酒。鲜蛇生浸泡酒有 3 种不同的用蛇方法。

(1)将活蛇杀死，剖腹去尽肠杂，洗净血污，抹净水分后或挂阴凉处晾干后直接浸泡。

(2)整条蛇不剖腹直接浸泡。先用清水洗净蛇体，自肛门前10～15厘米处用力向尾部挤压，将肠道内的排泄物排尽。为了使蛇消化道内的食物消化彻底，多在浸酒前先把活蛇饿上7～10天，或用一块大小及形状似拇指般大的生姜自蛇口塞入腹内，勒至肛门出来。这样可多反复勒几次，目的是除净蛇肠内的粪便及污物。此种浸泡法用酒量略高。

(3)整条蛇不剖腹，除肠杂后浸泡。可取一根细长而光滑的细棒或竹竿，自蛇口塞入后直通到肛门，用棒竿将蛇肠顶出体外，然后拉出切断(蛇肠内多含有寄生虫或虫卵，故而除之)。再用纱布之类的洁净物绑于竿头，重新塞入蛇腹，以期达到除净血污及污物的作用，然后再行浸泡。

以上这3种用蛇方法，在泡制蛇酒的操作过程中，第1种用得最普遍，优点是大宗加工时，既省时间又能保证质量；第2、第3种方法不常用，因除污物或去肠杂的手续比较繁琐费时，但从外观上看比第一种方法美观。不过，若从卫生角度上来讲，还是第1种用蛇方法更好、更安全。

3.鲜蛇熟浸

此法跟蛇干泡酒法基本上差不多，浸泡所用酒亦为50度以上的粮食白酒，用酒量为所浸鲜蛇重量的3～5倍，封存3～6个月后可饮。初时宜10天左右振摇泡酒的酒具或用筷子挑动蛇并在酒中搅拌，目的是让蛇能充分接触到酒，免得蛇体堆积处因酒精未能充分透入，而不能将药用成分浸出。再者，蛇体中透入的酒精过少还会引起蛇变质。这样至少搅拌3～4次后，就可密封静置贮存，直到开启饮用。

浸泡时，将处理好的鲜蛇隔水蒸熟，然后浸入酒中密封。广州制作的“三蛇酒”，目前仍采用鲜蛇熟浸法，优点是没有蛇腥气味，并有一种特殊的香气，受到众多消费者的喜爱。只是鲜蛇在蒸熟的过程中，会致使某些营养成分和药用成分，或多或少地被破坏掉。所以，目前国内的蛇酒生产厂家，大多主张采用鲜蛇生浸的方法来泡制蛇酒。

常常有人会提出疑问，眼镜王蛇、眼镜蛇、五步蛇、金环蛇、银环蛇、蝮蛇等均是毒蛇，有的甚至是剧毒蛇，为什么用毒蛇浸泡的蛇酒却没有毒？专家告诉我们，即便是剧毒蛇，在制干时经过烘烤或晾晒其毒力早已丧失，再者蛇毒是一种蛋白质，经与酒精等理化因素作用以后，会发生变性，从而失去毒性。只要是制作程序合格，通过国家卫生防疫部门检测，获准生产上市的各种蛇酒，消费者可根据个人的情况选购饮用，至今尚未有中毒或过敏反应的报道。

（三）三蛇酒、五蛇酒的用蛇品种及搭配

蛇酒中的三蛇酒、五蛇酒比较著名，也深受消费者的喜爱。主要用于治疗运动系统的疾病，如风湿及类风湿性关节炎、关节劳损等，还有滋补身体等多种作用。不过，在浸泡时所用的具体蛇种，各地区因地制宜有所不同。但是，有一点各生产厂家是共同的，即浸泡蛇酒用的“三蛇”或“五蛇”大部分为毒蛇，小部分即一二种为无毒蛇。浸泡“三蛇酒”和“五蛇酒”的配伍因地而异，常见的配伍大致如下：

1. 三蛇酒

（1）眼镜蛇、金环蛇、灰鼠蛇。

（2）眼镜蛇、金环蛇、滑鼠蛇。

（3）眼镜蛇、银环蛇、灰鼠蛇。

（4）眼镜蛇、金环蛇、三索锦蛇。

（5）眼镜蛇、金环蛇、乌梢蛇。

（6）眼镜王蛇、金环蛇、乌梢蛇。

2. 五蛇酒

（1）眼镜蛇、金环蛇、银环蛇、灰鼠蛇、三索锦蛇。

（2）眼镜蛇、金环蛇、银环蛇、滑鼠蛇、百花锦蛇。

（3）眼镜蛇、金环蛇、银环蛇、灰鼠蛇、百花锦蛇。

(4)眼镜蛇、金环蛇、银环蛇、三索锦蛇、百花锦蛇。

(5)眼镜蛇、金环蛇、银环蛇、乌梢蛇、百花锦蛇。

(6)眼镜蛇、金环蛇、蝮蛇、乌梢蛇、百花锦蛇。

(7)眼镜蛇、五步蛇、蝮蛇、乌梢蛇、翠青蛇。

浸泡蛇酒时加入的中药材,多具祛风活血、滋补强身等功效,如当归、杜仲、黄芪、党参、红花、川芎、木瓜、牛膝、枸杞、灵芝、肉桂、熟地、天南星、羌活、鹿茸、蛤蚧、千年龟等。

(四)蛇酒的药用

1. 治疗麻风

活蝮蛇 1 条,人参 15 克,共泡于 60 度白酒 1 000 毫升中,密封后放置 3 个月后可饮服,每日临睡前服 5～10 毫升,盖被入睡发汗。

2. 治疗风湿麻木、半身不遂

乌梢蛇 1 条,羌活、白芍、秦艽、木瓜各 15 克,独活、桂枝、川乌、巴戟天、防己、白术、松节各 12 克,黄芪、豹骨各 3 克,浸泡于 50 度以上的粮食白酒 5 000 毫升中,密封 3 个月以后饮用,每天早、晚各饮 25 毫升。

3. 治疗皮肤瘙痒、筋脉拘急

在 60 度高粱酒 1 000 毫升中放入大的活蝮蛇 1 条,再放入人参 15 克,密封放于阴凉处,3 个月后可饮。每日饮 1～2 次,每次 5～6 毫升。也可存放 1 年以上,也是每日饮 2 次,每次 10～15 毫升。

4. 治疗风湿性关节炎

活海蛇 1 条,或活蝮蛇及活赤链蛇各 1 条,剖腹除肠杂后浸泡于 60 度以上的粮食白酒中,1 个月后即可饮用,也有人取用活的赤链蛇或黄脊游蛇,同上法浸泡。

5. 治疗类风湿性关节炎

取眼镜蛇、蝮蛇、赤链蛇或乌梢蛇各 1 条,饿 1 周后,按活蛇鲜浸法将蛇处理干净,称重。以蛇重的 3～5 倍浸于 50 度以上的粮食白酒中,密贮 3 个月后,每天早、晚各饮酒 25 毫升。

6. 治疗胃痉挛

取蝮蛇浸于 50 度以上的粮食白酒中，经半个月后，于饭后适量饮用，每日早、晚各服 1 次，3 周为 1 疗程。

7. 风湿性关节痛、四肢麻木

五步蛇肉干品 30 克、天麻 60 克、狗骨 60 克共研为细末，用米酒浸后加水共煮，煮至稠如膏状，加入姜汁半杯调匀，每天服 2 次，每次服半匙。

8. 风湿骨痛、半身不遂

取百花锦蛇干品 60 克，加南藤、独活、当归各 15 克，桂枝、防风各 9 克，浸于 50 度白酒 1 000 毫升中，1 个月后取饮，每日饮 25～50 毫升。

9. 风湿性关节痛、四肢麻木、半身不遂

方一：用蕲蛇干 60 克，当归、秦艽、羌活、天麻、五加皮各 30 克，红花 5 克、防风 15 克、白砂糖 300 克，共置于 5 千克 50 度以上的白酒中，封贮 1 个月以后取用，每天饮 2 次，每次饮 30～50 毫升。封存时间越长越好，若想早日浸出有效作用，可先将蛇干研碎再泡酒。

方二：蕲蛇干 60 克、金钱白花蛇 1 条、徐长卿 10 克、五加皮 15 克、木瓜 20 克、淫羊霍 10 克。若上肢痛加桂枝 10 克、威灵仙 10 克。下肢痛加牛膝 10 克。腰痛加杜仲 10 克。上述各药，用 60 度的粮食白酒浸泡 1 个月以上，以酒略高于药面为度。每日早、晚各饮 1 次，每次 1～2 汤匙。

九、蛇血的药用

据中国药用动物志介绍，蛇血清中含有细胞毒，可以杀死多种细菌，如伤寒沙门菌、霍乱弧菌和普通变形杆菌等。此外，蛇血还有中和及承受一部分蛇毒的双重作用。

印度尼西亚人认为雄蛇血有壮阳健体的作用，可使皮肤光润嫩滑。泰国人认为眼镜蛇血是“最猛烈的催情药”，具有极强的促进性机能的作用，是该国在“情人节”最畅销的饮品。在我国的南方，民间相信蛇血能够治病，饮的都是活蛇滴出的鲜血。将蛇血冲入等量的米酒，鸡蛋2个、白糖100克、生姜15克加水适量煮熟，并与蛇血酒混匀后服用。用于治疗血虚，有补血、活血、抗心力衰竭的疗效。不过，也有人认为喝蛇血不卫生，为了慎重起见，吸饮蛇血前，对所食蛇体的健康状况应予以严格检验，这样就可以大大减少某些可能出现的副作用。

蛇血可以减轻风湿性关节炎、关节变形的症状。蛇血和蛇胆同吃对治疗白血球降低有一定的“升白”作用。

另外，蛇血还有祛风、活血、镇痛的作用，对风湿性关节炎、脊柱结核、偏瘫均有良好疗效。

十、蛇蛋(卵)

蛇蛋或剖蛇时取出的蛇卵可以食用，不但味美、营养丰富，而且有清凉解毒、滋阴补肾等功效。

蛇卵入药，记入古代医书的不多，不过民间有用蛇卵治病的方法，现摘录如下。

(一)治疗淋巴结核

取蛇卵1枚，加白酒30毫升拌匀后，置瓦上焙焦，研末调植物油涂于患处。

(二)治疗赤白痢

将蛇卵盐渍后，加米以文火熬粥食之。

(三)产后增乳

取孕水蛇剖腹取其卵，加入水和酒共煮，连汁食用。

(四)免疫力低下

取蛇蛋数枚，隔水蒸熟后吃食，每日3～9枚，连用半个月停服。

十一、蛇骨的药用

蛇骨的药用在《本草纲目》中有介绍，民间的疗法有如下几种。

(一)治疗腹泻

将蛇骨焙焦呈黄色后研成细末，加红糖用开水冲服，每日2～3次，每次1～3克。

(二)治疔疖

蛇骨焙焦研末，调麻油外搽。

(三)治痢疾

蛇骨适量，洗净后置瓦上焙黄，研末后再焙至成黑炭色，用红糖水送服。每日2～3次，每次3～10克。

(四)治冷漏

取蛇骨洗洗净晾干后研成末状，存放于玻璃瓶中，疼痛时调以杏仁制膏，涂于患处。

(五)蛇骨胶囊

蛇骨不是废弃物，可以家庭自制成蛇骨胶囊。可经常服用自己吃蛇后剩余的蛇骨头。用铁锅炒熟透后制成粉末，将其装入空胶囊壳(各地药店有售)加工成纯蛇骨胶囊，既服用安全放心又做到了废物利用，可谓一举两得。临床上主要用于增加人体钙质的迅速补充和吸收，同时还可用于增强人机体的免疫能力，提高体弱人群的抗病能力。该蛇骨胶囊按每日3次9枚的剂量按时服用，对各种肿瘤有很好的辅助治疗疗效；亦对各种皮肤性疾病有特效。

这种家庭式自供自给的纯蛇骨胶囊，不花钱、取料方便、干净卫生，如果蛇骨太少，可再把自己吃链鱼头(甲鱼壳、黑鱼头、胖鱼头均可)后得到的鱼骨一块利用，其效果更加显著。

经常服用纯蛇骨胶囊，可对各种顽固性皮肤病有显著效果，如皮肤瘙痒，奇痒难耐，脐疮流脓，面颊红肿，神经性过敏，皮肤汗斑，不明原因的皮肤蜕皮裂纹等等。重症者不妨买来现成的活蛇或蛇干，自已用干豆豆浆机加工蛇粉或蛇骨粉，这样既能保证药效，干净卫生，又能做到随吃随加工，使治病更省钱省心、便捷可靠。

十二、蛇内脏

蛇的内脏如肝、肾等，均具有丰富的营养成分，但因内脏中多有寄生虫，吃时必须煮熟。在医学上可用于治疗肺结核。

十三、蛇舌

蛇舌应用较少，民间有人取蛇舌浸酒或直接吞服来治疗疼痛，据称疗效特佳。

十四、蛇粪

蛇粪烘干研末，调麻油外搽痔瘘、疔疖效果较好，在民间应用较多。

十五、蛇油

（一）蛇油的用途

蛇油是在杀蛇叫从蛇体内剥得的脂肪，熬炼成油脂后可以食用。它含有多种脂肪酸，含量最多的是亚油酸，它对防止血管硬化有很好的作用。蛇油虽具有营养和保健物质，但蛇腥气味太重，大多数人接受不了，而多是将其作为外用药。

除用于医疗外，还有将蛇油作为某些工业用原料的。

（二）蛇油的药用

1. 治疗带状疱疹、米丹毒

将水桐树根的粗皮去掉后，烧灰存性，用蛇油调敷有特效。

2. 治疗血管硬化

蛇油 1～2 滴，用冷开水送服，每日 2 次。

3. 治疗漏疮

蛇油和黄蜡一起加热，搅匀成膏状涂患处，10 天为 1 个疗程。

4. 治疗冻伤、烫伤

蛇油中加入冰片或磺胺结晶适量，调匀后涂患处。

5. 治疗湿疹、干癣

湿疹、干癣是由于地域的环境原因造成的常见皮肤病，即民间所说的："南生疹，北生癣"。

蛇油是纯天然的动物性油脂，有很好的渗透性或油润性。用熬炼好的纯蛇油涂抹洗净后的患处，每日 1 次或多次，不日即可收到满意效果。

十六、蛇头的药用

"蛇头废弃物，竟是良药方"。有毒蛇头含有大量毒素，是医治风湿、增强机体免疫功能的良药，蛇毒中还含有特殊的止痛有效成分。若会同中草药中的驱风活血、软坚散结、行气止痛、散瘀通络的药物共同发挥作用，会收到意想不到的满意疗效。

（一）蛇头酒治疗腰肌劳损

用金环蛇、银环蛇、眼镜蛇、过树榕蛇等蛇头各适量，50 度纯米酒适量，中药威灵仙、秦艽、麻黄、当归、牛耳枫、千斤拔等各适量，放入瓷器中密封浸泡 1 年后饮用。每天口服 3 次，每次 30～50 毫升，并取少量外擦患处，每天 3 次。

（二）蛇头治疗风湿

蛇头 7 个与杜仲一起炖服，喝完汤药后把药渣与蛇头晾干研磨成细末一并吞服，每日 2～3 次，每次 1～2 汤匙，半个月自觉疼痛大大好转，坚持服用 2 个月后效果更佳。为方便患者服用，可把同等剂量的粉末装入空胶囊后再吞服，用黄酒或红糖做药引子送服最佳。

十七、淘汰乳蛇（幼蛇）的药用

何谓乳蛇，读者们也许就不了解了，只听说过烤乳猪、乳羔羊、乳鸽子、乳娃娃儿童奶饮料等等，单单没听人说过有“乳蛇”这个名词的，何为“乳蛇”呢？答案很简单，顾名思义就是刚刚出壳不久或仅能存活几天，但身体明显短小、没有喝水和进食、没有人工养殖或观赏意义的淘汰幼蛇，即乳蛇(小蛇)。

下面养蛇女人介绍 3 种乳蛇(幼蛇)酒的组方和疗效，感兴趣的读者或养蛇同行们可在家自行炮制，刨除自己和家人饮用外，逢年过节的拎上个二三瓶走亲访友，即节省了购买礼品的开销，又为养蛇的同行解除了存有僵蛇的后顾之忧，收到礼品乳蛇酒的亲戚朋友肯定会格外珍惜的，毕竟此酒不是用钱能轻易买到的，有条件的养蛇同行或感兴趣者不妨试一试吧！

原料三蛇：3 种不同的药用幼蛇，如蝮蛇、乌梢蛇、水蛇或赤链蛇、虎斑游蛇、蝮蛇等。

每瓶容量：500 ml。

完整组方：3 种药用幼蛇，即幼蛇。黄芪、石南藤、丹参、甘草、枸杞、木瓜、苡米、何首乌、海桐皮、乳香、羌活、独活共 12 味中药适量。

酒的外观：泡好的乳蛇三蛇酒，每瓶(500ml)肉眼可见 3 条不同种类的幼蛇，色呈天然红棕色，味微腥，芳香浓郁，纯甜绵长，风味独特。

疗效：具有驱风除湿，透筋活络，散淤止疼，强身健骨的功能。可用于风湿痹疼，腰膝酸痛，四肢麻木，半身不遂，跌打损伤等病症。适量长期服用可乌须黑发，驱病延年，抗衰老。原酒喝完后，可再加 50 度粮食白酒继续浸泡，半个月后可服用，亦保持疗效。

中医认为：三药用幼蛇能驱风，通络，定惊；羌活、独活、海桐皮、石南藤、木瓜、乳香、苡米能驱风除湿，伸筋，止痛；枸杞、丹参、何首乌、黄芪、甘草能养肝益肾，补气补血，活血。诸药合用，组方合理，是治疗以上病症的理想处方。

三乳蛇酒除定量口服外，还是治疗扭伤，挫伤的局部按摩佳品；夏季涂抹该药酒能有效的驱赶蚊子，预防痱子。

第十一章　养蛇放生

何为养蛇放生呢？顾名思义就是社会上的一些心善之人或绿色生态组织，自掏腰包把蛇类养殖场的活蛇买来，然后将蛇放生到人迹稀少的荒郊野外或偏僻山区，人为的给蛇恢复了“自由身”。此举非常有利于自然界的生态平衡，同时也被社会认同是一种值得提倡的义举或公益活动。值得一提的是：放生蛇类要充分考虑到自然界的生态平衡问题，放生也是要讲究科学性和严谨性，这些都需要养蛇人明白无误地告知买方。因为，动物与动物之间都有其固定的生存环境，如果放生出去的地方不一定适合蛇类的生存，那就不是纯粹的放生了，而有“杀生”之嫌，有违善人们或生态组织的好心和初衷。那么究竟哪些蛇类可以放生到野外去，并且还活得好好的呢？下面请放生者注意养蛇女人有关放生蛇方面的详细介绍吧。

一、放生蛇品种至今没杂交

蛇类品种虽说种类繁多，但到目前为止没有发现杂交（少数变异品种除外）品种，蛇至今固守着自有的种类隔离性。俗话说得好：一方水土养育一方人。蛇虽然不是人，但蛇跟人一样也是有生命体的物种，现实中的蛇可远不如人的适应能力强，仅从蛇有冬眠习性便可见一斑。连科学家都认可蛇是古老而又原始的物种，蛇没有杂交行为也是最好的解释和说明。养蛇女人跟蛇打交道快 20 年了，我的大蛇园多年来一直搞着蛇的混合养殖，可至今也没有发现蛇有杂交之事实，更没见蛇园里出现过貌似杂交的蛇。杂交蛇新品种，这点与近几年新发现的莽山烙铁头有天壤之别。我一直相信野外尚有许多人类未曾发现或未知的蛇类新品种，以莽山烙铁头为例，它在野外一直就有，只不过野外分布的数量及其少见，一旦被有识之士发现了肯定不会“放过”，要不莽山烙铁头怎会被我等寻常百姓所知晓呢！再有，中国地大物博、野生物种资源十分丰富，南北区域分布又十分明显，同样物种的适应能力也带有一定的局限性、地域性，就拿放生蛇类来说就是再简单不过的例子，更何况是人为炒作出来的所谓杂交蛇，子虚乌有的事，不信也罢。

二、放生蛇类有地域上的科学讲究

（一）放生蛇类的地域讲究

我国南方普遍的温暖潮湿，野外分布的蛇类品种多、食物来源丰富，故放生变得简单易行、举手可得；北方则不同，首先四季区分明显，热时很热似桑拿，冷时能冻坏人的耳朵，要是不分南北、随便在不明事理的情况下，把南方蛇放生于寒冷的北方乃至更加寒冷的东北或大西北，春秋夏季节还好说些，可一旦进入寒冷漫长的冬季，待到明春春暖花开季节，还能不能见到先前放生的蛇，谁都不知道。毋庸置疑，恶劣气候下不分地域盲目放生蛇类的答案是悲惨、也是肯定的，那就是蛇难逃活命，使善意的放生失去最起码的意义。因此，养蛇女人建议：了解蛇类，巧选地点，才能做到理性放生。因此，南方特有的蛇最佳的放生地带就是南方，同样的道理也适合于北方，即江南蛇放南方，江北蛇放北方，东北西北则放当地能够生存的蛇，否则就事与愿违了。

有关蛇类放生的话题，养蛇人或卖蛇人的社会功德要随时植于心。养蛇女人这里要说的是：北方的蛇放生到南方，如同南方大部长不出寒冷北方特有的冬虫夏草、开不出圣洁美丽的雪莲花一样；而南方蛇放生到北方，如同野地里不可能生出南方的槟榔果、长不出椰子树是同样的道理。地域差异的巨大，使得养蛇户或卖蛇人要自律，购买的放生组织或个人要起码懂得蛇了解蛇才行，这才是养蛇放生的最佳“产销绝配”啊！

(二)放生蛇类在科学上的讲究

凡事得讲究科学，养蛇放生也是如此。于是，就有专家提出了“科学放生、理性放生”公益倡导。据养蛇女人了解，在全国各省市有很多放生团体，一些寺院、民间团体、生态组织，每周每月、或定期或不定期，都有一些放生项目的集体活动。有好多市民或佛教人士出于善意或从保护野生动物的角度出发，更有不少人士为表达对生命的热爱，也越来越多地加入到放生行列。时下的现状是很多市民放生的动物，大部分是从市场上或养殖场买来的，对放生方面的诸多专业知识了解甚少，只是简单的一放了之。殊不知放生蛇类是一门学问，应该倡导科学而理性的放生。野生动物保护方面的专家同时也明确表示，如今越来越多的人为了放生去市场上买动物，这将会形成一种浅而易见的供需暗流，贩卖野生动物的商贩也就会越来越多，从而导致更多的人在利益的诱惑下铤而走险，加入到捕捉野生动物的行列，从而促成一种放生意义上的恶性循环。

三、放生品种可选择

放生(生态)组织或个人究竟该放生什么品种的蛇为好呢？首先要看放生(生态)组织或某个人的购买能力了。经济宽裕又真舍得放生呢，建议放生王锦蛇、棕黑锦蛇、赤峰锦蛇等；资金不算充足但还说的过去呢，可放生乌梢蛇、黑眉锦蛇、大赤链蛇、黄脊游蛇等；如果资金紧张或热衷于零星放生的呢，那就放生一些常见不值钱、泼辣宜存活、种群数量大的各种小些的蛇吧。如双斑锦蛇、红点锦蛇、白条锦蛇、虎斑游蛇、鱼游蛇、小赤链蛇等等的被养蛇人称谓“小杂蛇”的便宜蛇，花很少的钱可以放生很多的蛇，这样的蛇多为放生(生态)组织或个人所乐意接受的。即花少量的钱，放生更多的蛇类，满足放生者的美好意愿。

四、毒蛇千万不能放生到野外，所有卖(养)蛇人要自律

毒蛇伤人，严重时致人死亡是人人皆知的事儿，我国每年死伤于蛇口的人不计其数。因此，毒蛇是万万不能放生到野外或山区的。首先，卖蛇人要有最起码的社会公德，甭管是放生(生态)组织还是个人，也甭管人家出的钱多钱少、是温暖如春的南方还是寒冷难耐的北方，养蛇女人唯一需要告诫养殖户的就是：不能放生毒蛇，否则就是造孽了。2011 年春天，各种媒体竞相报道，有在青岛崂山、平度大泽山、济南大明湖附近发现了放生野外的各种蝮蛇。后来，通过有参与放生而又不愿透露姓名的人透露消息说：他们是在不知道底细的状况下买下的，很明显是被昧良心的养蛇人或市场上的不法卖蛇人给忽悠了。鉴于此，各地的养蛇人或卖蛇人做事要有社会公德和道德，不能光为了挣钱而不顾众生的安危，随意把毒蛇卖与不知底细的放生人用于放生，如果还一意孤行、唯利是图，有毒蛇就乱卖放生(生态)组织或个人的话会受到社会谴责的。因为，北方擅长医治蛇伤的专业医院几乎是没有的，真被放生到野外的毒蛇不小心咬伤的话，后果简直不敢想像，但一定是人命关天的惨剧。所以，毒蛇千万不能放生到野外。除非是放生到没有人烟的广袤原始林区。

五、放生蛇的季节选择

2011 年春天刚刚转暖时，就有好多信奉佛教的善人居士或生态保护组织，与我联系蛇放生野外的事宜。面对找上门来的生意，说话不绕弯、做事直爽实诚的养蛇女人，总是如实跟他们一一解释说："蛇放生现在还不是时候啊！"可偏偏就有人要坚持放，原来他们早已找人看好了所谓的"日子"，况且这个"好日子"是绝对不能更改的。每每如此，我总是极尽耐心地告诉他们："此季节放生也可以，但寒风料峭时节放生蛇类有一些注意事项，一定得遵循，否则还不如不放。比如说：一定要把蛇放生到选定地界的向阳面，尽量选择中午前后暖和

的时候，有条件的尽量驱车远离郊区，直接放生到人迹罕至的大山深处和荒郊野外，有没有水源在此季节倒是次要的，能抵御忽高忽低的多变天气才是最最重要的，诸多如此细节等等”。身为养蛇人的我深深的懂得，放生恰到好处的，着实达到了放生境界的最高实质意义，反之则适得其反，既违背了自然界的生态平衡，又浪费了钱财，使得蛇放生失去了最起码的意义。那么，哪个季节又是北方蛇类放生的最佳季节呢？

物择其境，优胜劣汰的基本生存法则，在“蛇儿们”的身上照样体现得淋漓尽致。在每年的“五一”节以后，北方的气温有时也是今天高明天低的，气温变化无常。蛇是较为聪明的变温动物，对气温的感知能力相信对蛇稍稍有点了解的人都知道。所以，尽管联系放生的人有些着急了，看着南方蛇类放生进行得轰轰烈烈的竟有了着急的心态。遇到此类人养蛇女人总是如实的告知，一再说明，大宗放生不同于三三两两的少许放生，一旦有闪失，损失的可不单纯是钱的问题，蛇能不能顺利健康地活下来才是最最主要的。鉴于此，北方的蛇类放生最好从每年的“五一”节后放生即可。如遇特别温和的天气也是可以放生的，前提是必须依据当地的气象预报，根据具体的天气放生才行。

六、初出冬眠期的蛇放不得

春风吹拂，冬眠的蛇刚刚苏醒过来，在看似温暖的季节里究竟能不能放生蛇，一直都是所有养蛇人或卖蛇人，都不愿说得“明明白白”的一件事儿，打马虎眼的、哈哈一笑的、搪塞的都大有人在。初出冬眠期的蛇到底能不能放生呢？答案特简单，南方春来早，野外的蛇早早地就蜕去“厚重的、粗糙的”的冬装，一条条蛇摇身一变个个都成了“美女蛇”，可口的食物、充足的水分补给，身体恢复的那叫一个“溜”，条条膘肥体壮，煞是叫人喜爱！而北方的蛇就明显的不行了，刚刚从“暖被窝里”懵懵懂懂的醒过来，既不吃也没想喝，卷缩的身段还未伸展利落呢，悠悠散散闲逛中还没明白咋回事呢，就被主人捉了装进袋子，在不情愿中被搬上车子，一路几经周折，才到了放生组织早已选好的放生地儿。众目睽睽的虔诚“注目礼”中一下子被倾倒而出，少许身体较弱的、瘦小的、在运输途中“挨挤受压”在最底层的，自然早早的驾鹤西去了，好好“活着”的使命自然就落到了“蛇坚强”的同类身上，真是难为了还未完全解除冬眠期的蛇了。如果遇到气温骤变，如强降温、降雪、冰雹等等，找到适当藏身窝所的可以活命，反之则不尽蛇“意”。

所有放生蛇的人，初衷总是美好的。但综上所述，冬眠刚刚结束的蛇不宜过早的放生，待气温全面回升，再放不迟嘛！

七、家养蛇的价格，明显“干”不过野生蛇，放生蛇也是如此

(一)野生蛇价低走俏，人工养的蛇价高

按照时下的说法，啥东西都是野生的“吃香”，啥东西也是野生的贵，家养便宜的说法已经在某些养殖品种中得到具体体现了。如百天迅速长大的猪、几十天养大的鸡、28 天甚至 22 天就能育成的肥鸭等等，在科学“配方”支持下的它们不仅长势快、价格低，经大宗屠宰肢解后纷纷变成了这样或那样的美味食品，除深受工薪族和低收入家庭的人士喜欢外，有钱人是不会怎么“碰”的；相反野生的兔子、甲鱼、山鸡、乌龟、笨鸡、笨鸭以及它们的蛋等，价格均要比人工养殖的贵得多，但依旧大有市场，且消费的人数日益上升。蛇给人的印象也是野生的好，并且价格应该也贵才对，而蛇类却正好恰恰相反，在人们的逆向思维中仿佛跟人们开了个不大不小的玩笑。野生的蛇类一般要比养殖场便宜的多，少则几元，多者十几元甚至更多，也许有人就不能理解了，到底是为什么呢？

(二)市场上的蛇价低，养蛇场的蛇价高

这一直是养蛇行业多年来形成一个不成文的规矩，也是好多养蛇人深知内幕但又不愿提及的、不成秘密的秘密。养蛇场家为了长

久地做下去，要给他们所养的蛇好吃好喝的伺候着，这其中肯定离不开饲养成本的问题。尤其是王锦蛇，时下该蛇的成本是越来越高，有的养户若联系不到较为便宜的成批淘汰幼雏，按每只一毛五到二毛五不等的价格买来喂蛇的话，一年下来其养殖成本是相当高的，这账与野生的王锦蛇相比，立马就“败下阵来”，二者根本没有可比性嘛！野生的是“拿来”就买，顶多蛇贩子中间多赚点，一手货的捕蛇人是没有多大利钱的，可捕蛇人做的是无本生意，捕到的蛇反正既不存也不养，钱多钱少的给钱就卖，这样一轮一轮的计算下来，进入市场的野生蛇除占价格低廉的优势外，百分之百的摊贩均给野生蛇注了水，注水量的多少就看摊贩自己了。年前有外地的客户说他们在当地花 130 元买的王锦蛇可肥了，哪条都“胖到尾巴梢儿”，并且尾巴还翘翘着。我一听就笑了：那是注水后造成的，连蛇尾巴都吸收进水分了，抓紧用吧，不然隔三差五的会有蛇死掉。不出所料，几天后客户来电说真那样，随即发自内心的感慨到：动物注水真是无处不在，摊贩连冬天的蛇也不放过，价贵点还是买你们养蛇场里的放心啊！

（三）家养的蛇价格直接“干”不过野生蛇

纷杂世界何处有净土，不古人心唯有放生救。因着这样那样的缘故，现在加入放生活动的人群可谓日趋增多，蛇在佛教界称之为“小龙菩萨”。因此，各种小而杂、肤呈黄绿青红黑的草蛇们成为放生人士的首选。毕竟放生也是需要计算成本的，花少量的钱就能解开心中不愿提及的疙瘩、或难以名状的“心结”还是很划算的。据养蛇女人了解，目前还没有人把各种价格不菲的锦蛇类作为大宗放生首选呢！缘由同样简单而易解，野生的小杂蛇由于价低量大，很容易成为放生组织的“新宠”，在同样道理的支撑下，家养的各种小杂蛇，照旧“干”不过野生的。但有一点是肯定的，那就是放生组织只认低价的野生蛇，异地远途运输后直接进入餐馆或酒店的倒没什么，可盲目放生野外不一定达到他们想要的心灵超度或灵魂慰藉，原因特简单，放生的异地蛇类有好多是不会存活的，死于水土不服的却是占了多数，那么善人居士们的放生活动自然也就失去了意义。

八、莫把放生变为“杀生”

放生本为佛教中语，但在我国放生习俗古已有之。《列子说符篇》载：“正旦放生，示有恩也”。

放生体现的是人与动物的和谐相处，体现的是对地球母亲和大自然的热爱之心和绿色环保意识。但如果我们在放生方面选择了错误的物种、错误的时间、错误的地点、错误的环境、错误的方式，就会事与愿违，适得其反，将好端端的放生无意中演变为“杀生”。2010 年的 5 月 25 日《新京报》报道，5 月 22 日上午，北京怀柔北部山区分水岭遂洞北约 500 米处，上千条蛇从山上爬下来过马路，其中数百条被车轧死。怀柔区森林公安部门表示，大量蛇的出现系人为放生所为。此类现象并非鲜见，这就需要我们在放生时要注意选择合适的蛇种、合适的时间、合适的地点、合适的环境、合适的方式，以保证所放生的蛇类能正常生存，达到我们最简单的放生目的。

其次，如果放生人员自身经济条件允许的话，应将蛇往无人居住的荒岛或还未开发的偏远地区放生。这是因为，无人居住或人烟稀少的这些地方有很多老鼠，蛇不仅有了充足美味的食物，又能对当地有效抑制鼠害或维持生态平衡起到了很好的作用，放蛇控鼠，功不可没，乃是造福子孙后代的善事，此举值得提倡。

第十二章　宠物蛇养殖

一、家养宠物蛇的种类

蛇种类繁多，花纹缤纷，深受当今"玩家们"的喜欢，全国各地的花鸟鱼虫市场、宠物店铺及网上的宠物蛇园等，更是少不了宠物蛇靓丽妙曼的身影。宠物蛇的体长既有大的也有小的，体态膘情有肥的也有瘦的，颜色既有红的也有绿的，黄的花的蓝的黑的粉的褐色的白的，每每多得数不胜数，花纹斑驳的娇艳的小巧玲珑的大如桶般的，着实令人眼花缭乱、美不胜收，实在好看极了，难怪时下玩蛇的专业或非专业"玩家们"的队伍越来越庞大壮观。国内"玩家们"玩的常见宠物蛇有如下几种，养蛇女人现一一介绍给大家。

(一)水蛇家族(俗称小锦蛇、草蛇、杂蛇)

水蛇可谓兵强马壮的，数量和种类在蛇族中均拔得头筹，就像双斑锦蛇、红点锦蛇、白条锦蛇等，在养蛇女人眼里就是一条小水蛇，叫那么多名字真是啰嗦。该蛇小巧灵活，敏捷不愚钝，喜欢上树晒晒太阳，更喜欢下水泡泡澡游游泳，天气炎热难耐时大有泡在水里死活不出来的劲头儿，由此可见，它们个个都聪明着呢！水蛇基本上全天都有活动，受到惊吓了激怒时会做出张口扑咬状，一伸一缩的，麻溜溜儿的那个小模样真是可爱至极。

买来的水蛇刚刚到家后，一定不能过度地骚扰"人家"，毕竟"人家"倒了汽车上火车的，有的还走航空被网友戏称坐"灰机"的呢！"人家"刚刚一路被动的下来，极不情愿中到了全新的陌生之处，即使好吃好喝的伺候着也浑身上下的不舒坦。在给水的情况下先静养几天，待其慢慢出来活动了，少量投以喜欢吞食的泥鳅、小鱼、蛙类等，只要吃上食物了多会给新主人面子的，那就是好好为新主人和自己活着。“人家”知道活着的诸多好处呢，这就是水蛇好养殖好伺候的地方，它的适应能力还是蛮强的。水蛇的生殖方式是卵胎生，直接产出的就是条条水灵活泼的小小水蛇仔，那个娇嫩啊！皮肤透明透亮的给人一种吹弹可破的奇妙感觉，情不自禁中好多人一下子就喜欢上了它，就是人们常说的一见钟情吧！

（二）虎斑游蛇（虎斑颈槽蛇，小青蛇，又称小美女蛇）

虎斑游蛇是目前国内爬友较为喜欢的品种之一，喜欢“她”黄绿黑颜色的巧妙搭配，身形一抵一的婀娜别致，妩媚灵巧而又分长叉的黑舌头，杂食性的百姓大众化肠胃等等，这些都是爬友们乐意接受“她”的主要原因。“她”在全国各地都有分布，主要以蛙类、鱼类、鼠类、小型蛋类、昆虫类为主要食物，在食物充足多样化的新主人那里其长势十分理想；倘若食物不是太充足、吃食也不是太多样化的环境里，“她”也能适应这稍稍带有虐待式的喂养方法，只是体形不能重现古代美人杨贵妃式的“婴儿肥”，反倒有现代港星张柏芝式的骨感美了。

（三）赤链蛇（吉祥红蛇、发财蛇、中国红）

该蛇以整体红色示人，从头到尾全身布满红黑相间的有序环纹，红宽黑窄的匀称分布，给人一种全身通红、红火喜庆的感觉。所以，该蛇又有红蛇或火赤炼的别名，更有吉祥蛇、发财蛇、中国红之美誉。该蛇借着通体通红的鲜艳色彩、体形中等的S美体、死活通吃的好胃口、耐寒稍显健壮体魄等诸多优点，是众多蛇类中颇独具一格、超好伺候的宠物家居蛇。该蛇好养，泼辣的胃口适合“粗茶淡饭”，南北皆宜抗热抗冻的超好习性那是没得说，该蛇喜欢吃的“美味儿”实在是太多了，如青蛙、癞蛤蟆、小鱼、泥鳅、小鸡、小鸭、小鹅、小鹌鹑、鸡蛋、鹌鹑蛋、老鼠、各种鸟类等，均是它喜欢的。在有吃有喝、能吃饱喝足的新主人那里，上述食物它也有吃腻的情况，有条件者再给它弄条小水蛇偶尔吃吃是再美不过的事了。有幸吃了蛇后的赤链蛇，玩家不久后就会发现其体色花纹逼真、油光锃亮、水灵艳丽！竟有种色诱的感觉，很纯真纯美的那种暖红色，不经意间让人有了目不转睛、一直想瞅下去的意味，美得人不能自拔、深陷其中，但也乐在其中。如此诱人而蠕动的色韵，叫人怎能“色戒”！

(四)黑眉锦蛇(花锦蛇、大美女蛇)

俗称“家蛇”，她的端庄典雅、秀气温顺可是全国公认的，好名声好卖相那也是有目共睹的，养在家里有诸多好处。比如说，蛇美自然养眼，“她”有人见人爱的独特自然之美，凡是美得特别的东西，必具有超凡魅力，这就是集美貌、身段、色彩为一体的黑眉锦蛇。“她”还是著名的捕鼠高手，大有见了老鼠不吃进肚子里绝不罢休的韧劲儿、狠劲儿。家养时可别忘了时不时的给“她”喂个鼠，哪怕是几个小小的鼠崽子呢，也比没得吃强多了。她要是经常能吃到鼠，长势很快、蜕皮完整、体色鲜艳、皮肤肉油油的泛着花瓣一样的诱人亮光儿，让人有横瞅竖瞅咋瞅都舒坦的感觉。居家饲养在没有鼠投喂的情况下，可以投喂给各种蛋类和各种孵化场淘汰的幼雏，这些东西也均是“她”喜欢吞食的美味佳肴。

(五)赤峰锦蛇(黄花松、黄松、松花蛇)、棕黑锦蛇(黑花松、黑松、松花蛇)

赤峰锦蛇和棕黑锦蛇就像现实生活中的双胞胎、姊妹花，爬虫界多俗称蓝颈蛇、黑颈蛇，东三省则称其为黄花松和黑花松。

1. 赤峰锦蛇

该蛇性情温顺、长势理想、主要以各种蛋类或各种带毛的东西为主食，家养情况下尤喜欢吞食鹌鹑蛋，接受食物的多样性决定了人们喜欢把“她”养在家里当宠物。另外，“她”的身体基本没有太大的异味，可以称“她”是蛇族中的“大家闺秀”，身体不会散发太浓重的蛇腥味，又被玩蛇者昵称“香蛇”或“香香蛇”，更有甚者喜欢把“她”玩在手中或带在身上，若是不自己说身上藏着蛇，相信是不会被人嗅到蛇味的，这也是人们选择她们做家养宠物蛇，甚至养在卧室、抱在怀里、捧于手掌、时常亲吻的主要原因吧。

2. 棕黑锦蛇（松花蛇、黑花松、黑蛇、黑花锦）

它是标准的北方蛇无毒蛇，严格的来讲是东三省排第一的大型蛇类，目前体型超过它的蛇还没有，倒是它的“姊妹”蛇赤峰锦蛇与之不相上下，只是“肤色”略有不同而已。时下，这个蛇“好生了得”，身价一下子飚升进四五千元乃至万元的行列，被媒体广泛称为“神秘黑蛇”或价值超万元的黑色“金蛇”。只要感兴趣的网友在网上搜索“神秘黑蛇”或“黑蛇”，定会看到一连串相关信息。咱们姑且不表它到底值不值钱，养蛇女人在这里是把它作为宠物蛇来专门介绍的。言归正传，棕黑锦蛇体大身无异味，性温顺极易让饲养者上手玩耍，这也是广大爬友们喜欢它的主要原因之一，再者它吃食泼辣、容易管理、上膘快、耐严寒、产卵多、卖价高，不仅深受国内人士喜爱，它还特别得到韩国人的极度青睐呢，难怪“人家”近段时间在媒体的数次“热捧”下，大有走出东三省，红遍全中国，跨出国门之势头！

（六）乌梢蛇（乌蛇、大眼美女蛇、乌乌儿）

该蛇被李时珍等古代名中医宣传得太多太好了，可谓食药兼用，古往今来名气实在不小，几千年来一直备受市场青睐。现在影视明星唐国强、赵雅芝等的乌蛇胆广告，又加剧了该蛇在市场中不可撼动的“黑老大”地位。该蛇药用第一，食用第二，玩宠只能放第三了。该蛇属少有的大眼睛蛇类，尤其是刚刚蜕皮后的乌梢蛇，眼睛大而圆、明而亮，用炯炯有神、摄人魂魄来形容是再贴切不过了。该蛇喜食青蛙、泥鳅、蟾蜍、老鼠等，由于该蛇体色变化的多样性，故又被人们分为黑乌、青乌和黄乌，作为家养宠物蛇，啥颜色的不重要，重要的是生长中颜色亦会随环境的变化而有所变化，多数体中或体尾的颜色也不尽相同。该蛇是蛇族中的多产母亲，蛇龄适中、蛇体康健，正值生育旺年的青年乌梢蛇一次可产 20 多枚蛋，倘若把这些蛇蛋一次性捧在男性朋友的大手里也是比较困难的，太多了，你说喜不喜人吧！噢，忘记告诉大家了，乌梢蛇还有爬友给出的新昵称，称作“大眼美女蛇”。心动不如行动，还不赶紧上网，鼠标一点抱得“美人”归吧！

（七）王锦蛇（大王蛇、王蛇）

“蛇中之王”说的就是它，它可是蛇族中的伟丈夫、大蛇王，因为它吃蛇的习性，仗着硕大的身材，依着凶猛的做派，让许多剧毒蛇都望而生畏、退让三分，唯恐躲避不及成了它的腹中餐，稀里糊涂中丢了蛇的小命。家养宠物蛇的爬友中也有不少人喜欢它，有的还养了多条。它吃食多而猛，面对可口美食，即使新主人在旁边单眼瞅着它也照吃不误，要不它这身膘咋一年能长好几斤肉呢！它一年咄咄逼人的长势有的蛇“忙活”一辈子也长不上，人在感叹不能和其他人相比的同时，蛇界可能也会发出这样的声音吧，愤愤不平、怨恨有加的诸多声音王锦蛇是绝不理会的，该吃蛇照吃、该长肉照长，简直羡煞蛇族同类了。

它喜欢吞吃的东西太多了，蛋类中的有鸡蛋、鸭蛋、鹌鹑蛋（鹅蛋笔者没有喂过，故不敢乱讲）和各种鸟蛋；孵化场淘汰的幼雏中有鸡雏、鸭雏、鹅雏、鹌鹑雏；鼠类中有家养的鼠、野生鼠、宠物鼠及各种鼠崽子；鸟类中有麻雀、斑鸠、喜鹊、燕子等；喜欢吞吃的蛇类有赤链蛇、蝮蛇、虎斑游蛇、乌梢蛇、眼镜蛇、五步蛇、金环蛇、银环蛇和各种水蛇等等。王锦蛇的生殖方式是卵生，母蛇产的卵同我家红嘴鸭产的蛋一般大小，招人喜欢。

二、宠物蛇可以这样养

最后，笔者欢迎大家来到拍拍网《宠物蛇园》、关注《宠物蛇园》，欲想订购《宠物蛇园》“蛇蛇们”的玩宠新手，请先将你的目光在这里停留几分钟，了解或掌握些“蛇蛇们”的不同习性和具体的嗜好，为养好你的宠物蛇先打下一定基础吧。宠物蛇养好了首先受益的是你啊！谁不希望自己的宠物蛇在进“家”后的不久就能恢复得好好的，吃得足足的，膘情肥肥的、皮蜕得完完整整的，便便排得少少的（吸收的好），养上多年后都不会玩完的，并且还能产下后代的，哪怕就生个"一男半女"的。那么，就请随着养蛇人的思路进入《宠物蛇园》的"模拟家养区"，先试着摆弄这些蛇宝贝吧。

（一）刚刚到家后"蛇蛇们"的侍弄

蛇刚刚到家后，一定不能过度的骚扰"人家"，毕竟"人家"在不想"旅游"的情况下倒了汽车上火车的，有的还走航空被网友戏称坐"灰机"的呢！"人家"刚刚一路被动的走下来，极不情愿中到了一个全新的陌生之处，即使好吃好喝的伺候着，"人家"还不一定领情呢，甭说新主人再热情过度、喜爱不已，每每捧在手心当"宝"似地、目不转睛的死瞅着"人家"，还不把"人家"吓傻了、惊呆了，幸亏"人家"没有长着手和足，不然的话都不知道咋安放了。

蛇刚到家后，放手不管就是最好的管理方法。一般在"人家"还未到家前，新主人多数早已侍弄好蛇窝窝儿了，并且也已经添好饮用水、放好供蜕皮用的石块、插好让其锻炼身体或爬上爬下用的树枝、多多少少的放上了一点食物，这样做着实不错，准备工作扎实有序，为下一步养好"人家"打好了坚实基础，一步步的准备工作值得肯定和表扬。

（二）给刚刚到家后的"蛇蛇们"洗个澡吧

也许有人说了，时下洗澡咋这么流行啊！难道连蛇也不例外嘛？是的，蛇也非常非常的"好"这口儿。远途运输、一路颠簸下来，尤其是多条蛇多种蛇混装在一起。不，一条也不行，装蛇的容器多是凑合着用（目前没有专门的装蛇容器，尤其是宠物蛇），蛇在多番折腾后能活着来到新主人家，堪称养蛇人眼中的"蛇坚强"。言归正传，咱们接着说洗澡和洗澡后的身后事吧！

1. 洗澡水的温度

洗澡水的温度以手感不冰不凉为好。新主人若是还有些惧怕蛇，戴个胶皮手套即可。此时宜轻轻的把蛇按入水中，无需像人洗澡那样揉啊搓的，也无需用这个香波那个浴液的，清水就是最好的也是最适合蛇的。给蛇洗澡时若松手后看到蛇自由畅游的一幕，干脆放手让蛇自己折腾就行。约 5～10 分钟洗澡结束后，应用干净无异味、柔软不粗糙的毛巾或纸巾给蛇擦拭干净，轻轻放回蛇窝静养几日即可。

2. 静养期间的蛇不易经常骚扰

蛇在静养初期，一般给水即可，暂时不要投放食物，除非特别胆子大的、早早就出（窝）来逛荡的除外。多数胆小警觉、像缩头乌龟一样躲藏在窝窝里几天都不敢出来“面见”新主人。此时，新主人要给蛇创造一种静谧清幽、安静无嘈杂的环境，待其慢慢适应后就不用谨小慎微的了，一切照旧即可。

（三）给蛇投以可口美食

人是铁饭是钢，一顿不吃饿得慌。这话用在蛇身上不一定贴切，蛇毕竟不是每天都能顺利进食的动物，但每月进食几次还是有的，这点新买家一定得仔细照顾好了。

1. 投喂给蛇可口食物

蛇跟人一样也有“众口难调”的状况，有的在“老家”吃得好好的，一旦到了新主人家该吃的食物反而不吃了。遇到此种情况，千万不能操之过急，一定得让蛇有个适应的时间，投喂后不吃也照样投喂，以期让蛇感到食物的存在，刺激蛇吃食的欲望。早期到家的蛇，新主人在食物的投喂上可能有些许浪费，但与蛇日后能正常吃食相比也就显得微不足道了。千万别因蛇短期内不吃食物而把蛇“晾”在一旁，仿佛跟蛇赌气似地不管不顾，这样反而促成蛇特有的闭食行为，一旦养成那是饿死乃至打死也不会进食的。

2. 待蛇吃食喝水排便正常后日常的管理一定得跟上

养好宠物蛇不是一朝一夕、心血来潮的事儿，也不是三天打鱼两天晒网就能“糊弄”好的。养蛇老手会感到管理很轻松简单、无需像“事妈儿”那样伺候着，可新手就不一样了，初期要细心观察，在日常的玩弄中顺带着观察一下蛇的具体情况，看蛇有无寄生虫、外伤、枯尾病等，发现得早均很好处理，相关细节请参阅笔者编写出版的《科学养蛇问答》、《蛇类无公害综合养殖新技术》、《立体蛇场的建造与蛇养殖技术》、《蛇养殖技术》等书即可。

附记一

养蛇“养”出好眼力是有科学依据的

蛇相貌着实丑陋，但作为养蛇女人的我整天与这些冰冰冷冷的生灵们在一起，倒是啥感觉都没有了，反正天天得侍弄它们，即便是寒冷的冬天也几乎是天天与它们“碰面”的，毕竟用蛇的人们可不管它冬不冬眠的。只要有人上门来买蛇，我就得根据来人的需求随取随卖，不然养蛇女人怎么敢对外“炫”称四季有蛇出售呢！

养蛇女人虽然上学不多，学问不高，视力没因上学少而达到1.5，反而早早的就把近视＋色弱的矫正眼镜戴上了。虽说我出生在农家，是土生土长的农家女，但上帝给了我一颗不安分的心，加之接受新生事物快的缘故，配的眼镜反正没戴几天，在博士伦隐形眼镜刚刚进入青州小城时我便拥有了。20 世纪 90 年代初期，近视眼患者不知道有准分子治疗近视眼这一说，倒是角膜切开术矫正近视还是非常流行的，我的近视眼便是在那时就已经“做”了，虽说视力恢复正常了，但 10 多年来还是不能长时间的读书和看报，更甭说跟个“网虫子”似地整天泡在网上了，否则眼睛会异常的模糊和疲劳，那滋味真是难受极了。好在我养着蛇，蛇胆可以隔三差五的随意吃，眼睛才不至于红肿和疲劳。好长时间，一直为拥有一双与正常人无异的眼睛而祈祷和期盼，同时也暗自庆幸，幸亏养上了蛇才经常有蛇胆可以用来明目养眼，看书看报久了不疲劳，应该有蛇胆的一大功劳吧，起码在没有看到以下报道时我一直这样认为。那份报道是这样的：美国研究称恐惧蛇类可能帮助人类视觉进化。

新华网北京 2010 年 7 月 22 日电：蛇的行踪诡异、攻击性强而且被毒蛇咬伤可能致命，是大多数人惧怕的对象。而美国研究人员公布的一项研究显示，对蛇的恐惧可能帮助人类近距离视觉的进化。加利福尼亚大学戴维斯分校人类学教授琳恩·伊斯贝尔在《人类进化期刊》上报告说，出于对蛇的恐惧，人类和其他灵长类动物必须迅速察觉蛇类等爬行动物以避开攻击，这种应急反应促使人类的近距离视觉系统得到进化。

伊斯贝尔教授认为，捕食者与它们的猎物在各自进化过程中是一种类似“军备竞赛”的关系。当灵长类动物的视觉系统和避险反应能力在进化过程中不断增强后，蛇类也会变得更加善于隐蔽或毒性更大。随后，灵长类动物又会做出相应调整，它们的视觉系统也因此不断进化。她还认为，人类、猿类和其他灵长类动物的良好辨色能力、伸手和抓握动作等都是从对蛇的躲避反应中进化而来。

是的，养蛇女人赞同后者，毕竟我几乎天天与众蛇打交道，跟它们“混”得再熟，冷血的它们也有“翻脸儿”不认主人的时候，适时快速地躲避开被蛇咬的本能反应，是我多年练就的本事，不能说完美的做到眼疾手快吧，对它们攻击时的反应应该快于其他众人，这可能就是伊斯贝尔教授所说的恐惧蛇类可能帮助人类视觉进化，尤其是近距离视觉系统得到进化。

养蛇女人眼睛恢复得异常好原来如此啊！今天，可算找到除蛇胆外的第二个可以让我信服的答案了！蛇胆的养眼功效是肯定的，但我与蛇长期近距离打交道的同时，视力得到常人得不到的锻炼，也是我视力得到进化或优化的可靠保证。感谢我的蛇们，让我重新拥有了常人般的一双慧眼。看来，养蛇养出好眼力是有科学依据的，起码我就是最现实有效的例证之一呢！

附记二

虎斑游蛇与蟾蜍之间捕食时有“借毒”关系

大家都知道，多数毒蛇天生就有毒液分泌，就连刚出生的幼蛇从娘胎里就带着“毒”降生了。好在只在抵御它认为的“敌人”侵犯时咬上一口。然而那些有微毒（后毒牙）的蛇怎么防身呢？美国科学家研究发现：一种亚洲蛇能捕食某种蟾蜍，在其吞吃它时，可将其体内的毒液截留并消化到自己的颈部毒腺内，然后用于帮助自己有效地吞吃和攻击敌人，这种蛇就是被许多人戏称为“美女蛇”的虎斑游蛇。

研究人员发现：虎斑游蛇与蟾蜍之间捕食时有“借毒”关系。研究人员在日本的几个岛屿上对虎斑游蛇进行了实地测试。过程为：在一个岛上投放大量蟾蜍，另外一个岛上1只蟾蜍都没有，并将用于试验的两组蛇与日本本岛的虎斑游蛇进行对比分析。

由于日本本岛蟾蜍分布极少，这也是把试验地选择在这里的主要原因。试验结果发现：虎斑游蛇颈部毒腺中是否储存有毒素，完全取决于它们能不能捕到蟾蜍进食。它们捕食蟾蜍后，就能将蟾蜍体内的毒素截取转化，成功地储存在自己的颈部毒腺中。一旦受到攻击或捕食较大猎物时，虎斑游蛇就会将该毒液或它自身的毒液，合并后双重地释放出来，作为自己的防卫性武器。而生存环境中没有蟾蜍的那组虎斑游蛇，在遇到危险时，则倾向于迅速转身逃跑，大多不做主动性的攻击。

研究人员称：在现有的爬行动物中，这种在吞食过程中有效截获毒素的现象极为少见，这一重大发现将有助于进一步研究不同生物背后的生态关系及复杂机制。

附记三

山东有大美　蛇岛在烟台

一提起蛇岛，人们往往首先想到的是大连“蛇岛”，这也不足为怪嘛，毕竟大连小龙山岛的“蛇岛”历史悠远，名声在外，堪称国内一绝。现在好了，我们山东也有自己的“蛇岛”了，就在美丽富饶、环境优美的海滨城市——烟台。

烟台芝罘东北的海面上，星罗棋布的环列着几十个小岛，它们如众星捧月般簇拥着主岛——烟台芝罘崆峒岛。就在这主岛西北面不远的夹岛上，便是众多蛇类的王国，这里堪称蛇的家园，被当地渔民亲切称为“蛇岛”。烟台“蛇岛”也称为夹岛、大黑山岛，与“鳖砣子”岛相连。“蛇岛”悬崖临海，山险沟深，制高点海拔189米。黑褐色的玄武岩是蝮蛇的天然保护色，极适宜岛上蝮蛇隐居。山上岩石风化裂隙多，若逢丰水年，山泉溪水常流不绝。这里远离村庄，人为干扰少，林木混交，灌木丛生，植被覆盖率高，原始生态保持良好，自然形成的向阳背风的沟谷，为岛上蝮蛇和其他蛇类的长期生存，提供了天然的天时、地利、“蛇和”的绝好环境，是我国较稀有的海上“蛇岛”之一。“蛇岛”面积7.4平方公里，是长岛县境内的第三大岛。远眺其形如海龟俯卧海中，神态悠悠自得。“蛇岛”高61.6米，宽0.224公里，长0.7公里，它的海岸线长2.5公里，宽0.16平方公里，距大陆岸线近点约4.3海里。“蛇岛”的周缘是海蚀平台，成东南西北方向形成锥形分布，东北面怪石嶙峋，崖壁陡峭，象怒目的金刚阻挡着北来的寒风狂浪，而南坡和西南面，灌木丛生，植被丰厚，气温温和，各种昆虫种类繁多，为过岛捕食的鸟提供着天然美食。岛上的蛇类资源很是可观，70%以上是黑眉蝮蛇，其他像白条锦蛇、双斑锦蛇、虎斑游蛇、黄脊游蛇、草游蛇、乌梢蛇等的存有量，在风调雨顺的高峰年可能达到数万条。据有关部门的调查统计:岛上仅蝮蛇就有近万条,这个密度一点也不亚于大连小龙山“蛇岛”,是目前国内名副其实的第二个“蛇岛”,与隔海相望的大连“蛇岛”相差无几,可谓我国除大连“蛇岛”外的第二大自然“蛇岛”了。

山东烟台“蛇岛”上蝮蛇的出没规律,同样受食物(指鸟类)制约,有明显的季节变化和日变化。每年的季节变化总脱离不了春秋两季的捕食高峰期。捕食期内的日高峰为早、晚 2 次,因为,此时正是候鸟季节性迁徙和鸟类早出觅食,晚归入林栖息的高峰期,也正是因为鸟的这些特有习性,为蝮蛇静候充饥捕食提供了绝好的捕食机会。再者,蝮蛇具有超长时间的耐饥性,吞食一只普通的鸟雀,可长达半年不再进食。蝮蛇还有很好的捕食耐性,“守株待鸟”是它们的拿手好戏,为了捕食鸟类,可以在树枝上稳缠不动长达数小时,直至达到捕食的目的。

对蛇感兴趣的山东、河南、河北、山西、陕西等地的蛇友们,无需再漂洋过海的去大连“蛇岛”看蛇了,“家门口”就近可以登蛇岛、观海景、吃海鲜,相信大家一定会欢喜的不得了。在省却鞍马劳顿、日夜兼程的同时,还能省下不少钞票!

山东有大美,“蛇岛”在烟台。人杰地灵的齐鲁大地,无处不显现天地之间创造的千宗万物,点点处处保存完好的生态环境,鬼斧神工的独特地理神韵及美丽宜人的风光海景,这一切尽在奥妙无穷、魅力永存的烟台“蛇岛”。今天,“蛇岛”正以开发搞活的崭新姿态,热忱欢迎大家的前往!

参考文献

1. 李怀鹏等. 捕养蛇及蛇伤防治. 南宁:广西科学技术出版社,1990
2. 劳伯勋. 蛇蛇类的养殖及利用. 合肥:安徽科学技术出版社,1990
3. 杨东镇. 蛇伤防治与蛇的养殖利用. 北京:中国医药科技出版社,1990
4. 黄美华. 蛇伤防治学基础. 杭州:浙江大学出版社,1993
5. 汤宽泽. 海鲜野味与祛病健身. 上海:上海医科大学出版社,1993
6. 黄祝坚等. 养蛇技术,北京:金盾出版社,1993
7. 宋廷同等. 特种动物养殖. 长沙:湖南科学技术出版社,1994
8. 彭孟德等. 特种药用动物养殖与加工技术. 长沙:湖南科学技术出版社,1994
9. 谭振球. 蛇的饲养及产品加工. 长沙:湖南科学技术出版社,1994
10. 覃公平. 中国毒蛇学. 南宁:广西科学技术出版社,1995
11. 王倩等. 药膳经济动物养殖技术. 北京:中国农业出版社,1996
12. 吴卯斌. 赤链蛇毒器的发现及离体毒腺的产毒量. 蛇志,1996,(1):15
13. 马晓海. 牛蛙、蛇人工养殖. 郑州:中原农民出版社,1996
14. 顾学玲等. 人工养肉蛇常见病防治. 蛇志,1997,(4):13
15. 顾学玲等. 乌梢蛇的药用及加工制作. 蛇志,1997,(4):68
16. 吴卯斌. 赤链蛇咬伤 2 例报告. 蛇志,1997,(3):82
17. 韩雅莉等. 药用动物养殖大观. 北京:中国农业出版社,1996
18. 顾学玲等. 蛇鞭的药用与加工. 蛇胆的药用与加工. 蛇志,1998,(2):37,45
19. 王利忠. 人工饲养蟒蛇技术. 蛇志,1998,(2):79
20. 马连科等. 蛇类养殖技术. 北京:中国农业出版社,1998
21. 杨东镇. 蛇伤防治与常见动物综合利用,1998
22. 李荷超. 怎样养蛇. 郑州:河南科学技术出版社,1998
23. 顾学玲等. 蛇场的四季管理、人工养蛇要注意的几个问题. 蛇志,1996,(2):60

24. 王亦民. 水赤链游蛇毒器的解剖及离体达氏腺的产毒量. 蛇志,1997,(2):11
25. 王利忠. 蟒蛇的人工填喂及越冬管理技术. 蛇志,1998,(4):67
26. 汪志铮. 介绍多层立体式地下蛇房. 蛇志,1998,(4):36
27. 蓝海. 从流行"蛇宴"说开去. 大众医学,1998,(3)
28. 刘振刚. 蛇菜肴制作. 中国烹饪,1998,(11)
29. 陈平等. 新编农村家庭副业手册. 北京:北京出版社,1992
30. 赵庆华. 农家科学致富 400 法. 北京:金盾出版社,2000
31. 顾学玲等. 蛇类无公害养殖综合新技术,北京,中国农业出版社,2003
32. 顾学玲. 蛇养殖技术. 北京:中国农业大学出版社,2003
33. 顾学玲等. 科学养蛇问答. 北京:中国农业出版社,2004
34. 顾学玲. 立体蛇场的建造与蛇养殖技术. 北京:中国农业出版社,2011

内 容 简 介

本书共十二章，较为全面地介绍了蛇的生物学习性和特征，重点介绍了蛇场建造、立体地下大蛇房、种蛇培养、种类引进、实际饲养、科学繁殖、幼蛇养育、无冬眠养蛇、蛇伤预防治疗以及蛇产品的制作加工等内容。

全书内容新颖独特、图文并茂、通俗易懂，融科学性、实用性、趣味性和自创性于一体，可供专业或业余养蛇人员及野外工作者参考，是人们认识蛇类、了解蛇类的有效途径。